Tablas para el Cálculo Práctico del Hormigón Armado

Monografías ceac de la construcción

Tablas para el Cálculo Práctico del Hormigón Armado

Sabino Gómez Sánchez

Arquitecto Técnico

ediciones ceac

Perú, 164 - 08020 Barcelona - España

Perú, 164-08020 Barcelona (España)

24.ª Edición: Septiembre 1992
ISBN: 84-329-2926-3
Depósito legal: B. 33.618-1992

Impreso por: GERSA, Industria Gráfica
Tambor del Bruch, 6
08970 Sant Joan Despí (Barcelona)

Impreso en España
Printed in Spain

Introducción

Los tratados de hormigón armado se pueden clasificar en tres grupos, según el sentido en que estén orientados.

Pertenecen al grupo 1.° aquellos que, partiendo de hipótesis admitidas, deducen las fórmulas para el cálculo del hormigón armado.

Al 2.° pertenecen los que, partiendo de las fórmulas deducidas en los tratados, pertenecientes al grupo anterior, insertan tablas en las que figuran fórmulas y datos de aplicación práctica para el cálculo del hormigón armado. Los ejemplos de aplicación que es obligado desarrollar en estos tratados facilitan la comprensión de las tablas.

Al grupo 3.° pertenecen aquellos otros formados por tablas o ábacos que comprenden los resultados de los ejemplos de aplicación de las fórmulas prácticas de los tratados orientados en el segundo sentido, considerando como datos los casos de esfuerzos que se pueden presentar en el hormigón armado.

Las tablas que forman el presente libro pueden considerarse como un complemento de los tratados de hormigón armado pertenecientes al grupo segundo.

Los del grupo primero son los Tratados de hormigón armado, en el sentido literal de este título. Los pertenecientes a los dos últimos grupos, generalmente reciben la denominación de Formularios para el cálculo de hormigón armado.

Las obras de hormigón armado que más he consultado al escribir la monografía *Cálculo práctico del hormigón armado* (número 19 de esta colección) son:

Del grupo 1.º.

El hormigón armado, por el Dr. Ing. Rudolf Saliger.
Hormigón armado, por el Prof. H. Kayser.
Estructuras continuas del hormigón armado, por Cross-Morgan.
Cálculo de estructuras reticulares, nudos rígidos, por Carlos y José Luis Fernández Casado.
Hormigón armado, por Fernando Moral Martínez, conferencias publicadas por la Escuela Central de Ingenieros Industriales.

Aunque tratan en general de las estructuras, ya sean de hierro o de hormigón armado, pueden incluirse en el grupo primero las siguientes obras:

Teoría de las estructuras, por E. Timoskenko y D. H. Young.
Estática aplicada, por Rudolf Saliger.
Teoría de las estructuras, por Arthur Morley.
Resistencias de materiales, por Arthur Morley.
Compendio de resistencia de materiales, por Isidoro Rubio Sanjuán.
Elástica y resistencia de materiales, por Manuel Velasco de Pando.
Estabilidad de las construcciones, por Miguel Letelier.

Están comprendidas en los dos grupos primeros las obras:

Il cemento armato, por el Prof. Ing. Luigi Santarella.
Construcciones de hormigón armado, por C. Kersten.
La práctica del hormigón armado, por el Dr. Ing. Luz David.
Hormigón armado, por el Dr. Ing. Otto Gottshalk.

Pertenecen al grupo segundo las obras:

Cálculo de las estructuras porticadas hiperestáticas, por el Prof. Dr. Ing. A. Keinlogel.
Calculista de estructuras (hormigón armado, hierro y madera), por el Ing. Simón Goldenhorn.
Manual práctico del calculista de hormigón armado, por el Ing. Rodolf Morino.
Cálculo práctico del hormigón armado, por F. Arquero (autor de la presente introducción).

Cálculo elemental y ejecución de las obras de hormigón armado, por F. Martín de la Escalera.

En el grupo tercero podemos incluir las obras:

Tabellen für Eisenbetonkonstrucktoonen, por el Dipl. Ing. George Kaufmann.

Hormigón armado, Abacos para el Cálculo de Secciones, Editada por la Dirección General de Arquitectura.

Estructuras de edificios, por Carlos Fernández Casado.

La bibliografía de las obras pertenecientes al último grupo es muy corta, únicamente se han publicado numerosos ábacos análogos a los de la Dirección General de Arquitectura.

Al terminar de escribir el manual *Cálculo práctico de hormigón armado,* publicado por Ediciones CEAC, tenía el propósito de hacer tablas con los resultados de las fórmulas que figuran en dicho manual, como suplemento al mismo, con el fin de ahorrar aún más tiempo a los que se dediquen al cálculo de hormigón armado. La labor que tenía que desarrollar era ingente, ya que tenía que emplear un tiempo durante meses y meses; pero la feliz coincidencia de venir destinado a Valladolid mi distinguido compañero el aparejador Sabino Gómez, número uno de su promoción, me dio la oportunidad de conocer algunos de sus numerosos y utilísimos trabajos sobre Construcción, entre ellos, tablas y datos análogos a los que proyectaba yo desarrollar para completar el manual *Cálculo práctico del hormigón armado.*

Por el índice del presente manual el lector puede ver que trata de las fatigas de trabajo en el hormigón armado, tablas con la carga que pueden soportar los pilares, carga que pueden absorber las vigas de sección rectangular, placas, zapatas de hormigón en masa armado, diagramas de las vigas apoyadas y continuas de uno, dos, tres, cuatro y cinco tramos, y además tablas con el peso propio de los distintos materiales que intervienen en la construcción en función de las dimensiones de los mismos.

Sería imposible publicar tablas con la resolución de los numerosos casos que se pueden presentar en el cálculo de estructuras de varios tramos y pisos. En la obra de Carlos Fernández Casado, incluida en la bibliografía del grupo tercero, que lleva por título *Estructuras de edificios,* después de exponer de una manera general la forma que ha empleado para calcular las estructuras de hormigón armado, inserta ejemplo con los resultados del cálculo de varias estructuras en los que ha intervenido; pero solamente comprende diez ejemplos, los cuales únicamente son aprovechables en el cálculo de estructuras análogas.

Ha sido necesario vencer la modestia de mi compañero Sabino Gómez Sánchez, para que se decidiera a conseguir que se publicara parte del trabajo que tenía hecho. Después ha sido preciso recurrir a Ediciones CEAC a fin de que resolviera las dificultades materiales que suponía el publicar tablas y más tablas; pero, en fin, se han vencido todos los inconvenientes y me cabe el honor de presentar un manual complemento de *Cálculo práctico de hormigón armado*. Los lectores del presente manual se darán cuenta de la utilidad de las tablas y datos que figuran en el mismo. Con el manual citado, se ahorraba tiempo, pero era encesario verificar algunas operaciones matemáticas elementales; con el presente manual no es necesario ni siquiera hacer operación alguna para determinar las secciones de las piezas de hormigón armado y las secciones necesarias de las armaduras, conocidos los esfuerzos a que están sometidas. Comparando ambos manuales, podemos invertir el sentido de la conocida frase «ahora más difícil», que en este caso sería «ahora más fácil».

Este manual está escrito por uno que trabaja para aquellos que trabajan o quieren trabajar en el cálculo de estructuras de hormigón armado», pero con el empleo mínimo de tiempo y sin necesidad de verificar operaciones aritméticas. Este libro del compañero Gómez Sánchez será realmente útil, ya que «el tiempo es oro» en la época actual, y las tablas que figuran en el mismo ahorrarán tiempo a todos los que hagan uso de ellas.

FRANCISCO ARQUERO ESTEBAN

Prólogo

Después de lo expuesto por mi compañero en la Introducción, nada me queda que añadir para dar a conocer al lector el objeto del presente manual. Quiero aprovechar esta ocasión para testimoniar mi agradecimiento y consideración al consagrado escritor técnico Francisco Arquero Esteban, que en todo momento ha sabido darme ánimo y guiarme con su experiencia en esta difícil tarea.

El prestigio de mi compañero avala esta publicación: perito industrial y aparejador, autor de la monografía «*Cálculo práctico del hormigón armado*», ha sido nombrado Socio de mérito de la Asociación Nacional de Peritos Industriales.

Gracias a su ascendiente sobre Ediciones CEAC ha conseguido que ésta supere las dificultades que representa editar un libro de estas características técnicas. Espero que la utilidad que ha encontrado en él mi distinguido compañero Arquero, la hallen también los que lo lean.

EL AUTOR

Contenido

I. Fatigas de trabajo en el hormigón armado

FATIGAS DEL HORMIGON EN KG/CM²

Las cargas mínimas de rotura del hormigón a los veintiocho días de fraguado deben ser:

Para cemento corriente	R_{28} =	120 kg/cm²
Con cemento de alta resistencia . .	R_{28} =	160 kg/cm²

medidas en probetas cúbicas.

Las fatigas que deben tomarse para el cálculo son:

COMPRESION

Pilares:

Hormigón con cemento corriente, $R_{28} \geqslant$ 120 kg/cm²

En general	35 kg/cm²
En edificios de varios pisos:	
Los soportes de los tres primeros pisos, contados desde arriba . . .	35 kg/cm²
En el 4.º piso, contando a partir de arriba .	40 kg/cm²
A partir del 5.º, contando desde arriba .	45 kg/cm²

Hormigón con cemento con resistencia, $R_{28} \geqslant$ 160 kg/cm²

En general	55 kg/cm²
En edificios de varios pisos:	
Los soportes de los tres últimos pisos, a partir de arriba	55 kg/cm²
En el 4.º piso, contando a partir de arriba .	60 kg/cm²
A partir del 5.º, contando desde arriba .	45 kg/cm²

Si se comprueba que la resistencia de la probeta cúbica a la rotura R_{28} es mayor de 160 kg/cm², verificando repetidamente esta condición en el curso de la obra, se realiza el cálculo rigurosamente, y la ejecución por persona de mucha experiencia, pueden emplearse los siguientes valores, cuando la esbeltez del soporte (altura dividida por la dimensión mínima sea inferior a veinte):

En general . . . . R_{28}:3 kg/cm²
En edificios de varios pisos:
Las columnas de los tres últimos pisos R_{28}:3 kg/cm²
En el 4.º piso, contando desde arriba (R_{28}:3) + 5 kg/cm²
A partir del 5.º piso, desde arriba (R_{28}:3) + 10 kg/cm²

Estos tres coeficientes no pasarán, sin embargo, de 60, 65 y 70 kg/cm², cuando la menor dimensión del soporte no exceda de 40 cm y en ningún caso se pasará de 70, 75 y 80 kg/cm², respectivamente.

Cimientos:

Para una dosificación de 1 : 2 : 4 (300 kg de cemento por m³ de hormigón): En general a fatigas de 30 a 35 kg/cm².

FLEXION

Para elementos sometidos a flexión simple o compuesta, se tomará:
Hormigón con cemento corriente ($R_{28} \geqslant$ 120 kg/cm²)... 40 kg/cm².
Hormigón de alta resistencia ($R_{28} \geqslant$ 160 kg/cm²)... 50 kg/cm².

En el caso de medirse la resistencia $R_{28} \geqslant$ 160 kg/² repetidamente durante la obra, calculándose y ejecutándose ésta rigurosamente como anteriormente se indicó, R_{28} : 3 kg/cm², pero sin que exceda de 65 kg/cm².

Estas tensiones se aumentarán para los nervios de las vigas T y suelos nervados en los momentos negativos, tomando, respectivamente, 50, 65 y R_{28} : 2,5 kg/cm².

Estos coeficientes pueden aumentar, en 10 kg/cm², una sola vez en los siguientes casos:

a) Pórticos, arcos y entramados, cuando se calculen rigurosamente, para los casos de sobrecargas en las posiciones más favorables, y teniendo en cuenta los efectos de temperatura y retracción.

b) Placas fungiformes y de armadura cruzada.

c) Vigas de sección rectangular o placas de más de 20 cm de altura.

Placas:

En placas armadas en una sola dirección:

espesor < 8 cm a 30 kg/cm² para dosis 1 : 2 : 4
espesor ⩾ 8 cm a 35 kg/cm² para dosis 1 : 2 : 4
espesor ⩾ 8 cm de 40 a 45 kg/cm² para dosis 1 : 2 : 3

en placas armadas en dos direcciones:

espesor ⩾ 8 cm a 40 kg/cm².

Vigas:

En general, 40 kg/cm².

FATIGA DEL HORMIGON A TRACCION

En general puede llegar a valer 1 : 4 de la compresión.
Debe tomarse 8 kg/cm² para hormigón armado.
Debe tomarse de 3 a 4 kg/cm² para hormigón en masa (generalmente en cimientos sin armar).

FATIGAS AL DESLIZAMIENTO O ADHERENCIA (entre hierro y hormigón)

En general, 5 kg/cm².
Con hierros en gancho o doblados a 45º en vigas, etcétera, o cuando las barras son de diámetro inferior a 25 mm, tómese 10 kg/cm².
No es preciso comprobar la fatiga de adherencia cuando las barras son de diámetro inferior a 25 mm, ni para las barras a compresión, siempre que lleven los terminales de las barras doblez en gancho, o en patilla, formando ángulo recto o cualquier sistema de anclaje, según indican las «Normas», pero aconsejamos comprobar todos los casos, no pasando de una fatiga de 10 kg/cm².

FATIGAS DE HIERRO PARA HORMIGON ARMADO

No debe ser inferior a 1 200 kg/cm² ni superior a 1 400 kg/cm².
Para fatigas del hormigón de 30 a 35 kg/cm² se empleará en el hierro de 1 200 kg/cm²; y para las de 40 a 45 kg/cm² se usará en hierro de 1 400 kg/cm².

ESFUERZOS TANGENCIALES

Si descomponemos la fuerza **F** (figura 1), en las componentes **X** e**Y** nos dará dos fuerzas **V** y **H** normales. Hay dos fatigas tangenciales: una la componente en **X**, que se llama esfuerzo **cortante**, y otra, sobre la componente **Y**, que produce el **esfuerzo de deslizamiento desgarramiento.**

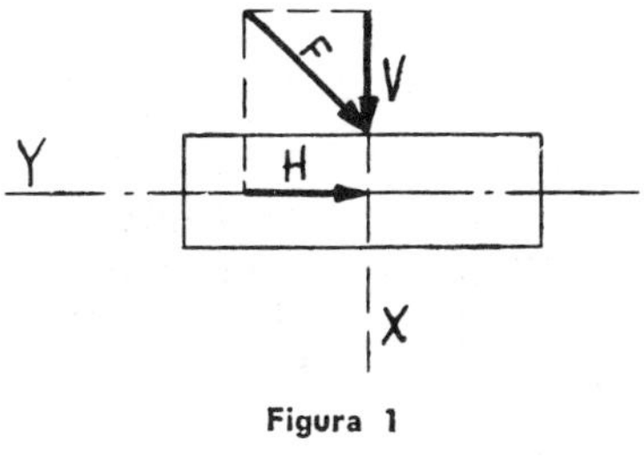

Figura 1

La representación gráfica del esfuerzo de deslizamiento puede verse en la figura 2, que al flexar tiende a desplazarse en la forma indicada en la figura 3.

Figura 2

Las fatigas al esfuerzo cortante **V** y al esfuerzo de deslizamiento **H** son iguales (por esta razón basta con calcular una de las dos, en general el esfuerzo cortante).

Figura 3

Si llamamos

τ = Fatiga al esfuerzo cortante en kg/cm^2.

V = Carga en kilos que produce el esfuerzo cortante (generalmente igual a las reacciones).

b = Ancho de la viga en cm (b en vigas T).

z = h· β para **β = 0,889 cuando** la viga va empotrada.
β = 1 cuando va apoyada.

Fatiga al esfuerzo cortante en hormigón $\tau = \dfrac{\mathbf{V}}{\mathbf{z\ b}}$

Fatiga τ para cemento corriente (en general)

Si $\tau < 4$ El hormigón absorbe el esfuerzo cortante.

Si $\tau > 4 < 14$ Precisa estribos o hierros doblados o ambas cosas a la vez.

Si $\tau > 14$ Hay que aumentar la sección de la viga.

En losas de cimentación, losas macizas pueden tomar $\tau \lesseqgtr$ 6 kg/cm^2.

En losas nervadas con un redondo en cada nervio $\tau \lesseqgtr$ 4 kg/cm^2

En losas nervadas con dos o más redondos en cada nervio $\tau \lesseqgtr$ 6 kg/cm^2

Fatiga τ para supercementos (casos especiales)

Si $\tau < 6$ El hormigón absorbe el esfuerzo cortante.

Si $\tau > 6 < 16$ precisa estribos o hierros doblados o ambas cosas a la vez.

Si $\tau > 16$ Hay que aumentar la sección de la viga.

En losas de cimentación, pueden tomar $\tau \lesseqgtr$ 8 kg/cm^2.

En losas nervadas con un redondo en cada nervio $\tau \lesseqgtr$ 5,5 kg/cm^2.

En losas nervadas con dos o más redondos en cada nervio $\tau \lesseqgtr$ 8 kg/cm^2.

ESFUERZOS DE DESLIZAMIENTO O ADHERENCIA

Consiste esta tensión en procurar una íntima unión entre el hierro y el hormigón para evitar que el hierro resbale dentro de la masa del hormigón, para lo cual es aconsejable en vez de poner «pocas» varillas de mucho diámetro, poner «muchas» varillas de poco diámetro por conseguirse así mayor perímetro, o sea mayor superficie de adherencia.

La adherencia será mayor cuanto más pastosa sea la mezcla, cuanto más cemento lleve dicha mezcla y cuanto más oxidadas estén las varillas.

Todas las varillas en sus terminales llevarán un doblez en gancho. Con buenos cementos se puede llegar a resistencia de deslizamiento o adherencia de 20 kg/cm² de superficie de la armadura en contacto con el hormigón.

Si llamamos:

τ_1 = Fatiga al esfuerzo de deslizamiento en kg/cm².
V = Carga en kilos que produce el esfuerzo cortante.
U = Perímetro, en cm, de todas las barras que lleve en el ancho **b**.
z = Brazo del par = **h** β tomándose z = 0,889 **h** si va empotrada.
z = 1 **h** si va apoyada.

Fatiga al esfuerzo de adherencia $\tau_1 = \dfrac{V}{u\,z}$ en el centro < 5.

Si llevase los hierros con doblez en gancho, hierros doblados o estribos suficientes puede tomarse un esfuerzo mitad (generalmente en los extremos de las vigas) o, lo que es lo mismo, con la fórmula anterior se puede llegar hasta 10 o aplicar en término general la siguiente:

$$\tau_1 = \frac{V}{2\,u\,z} \text{ en los extremos } < 5$$

Si pasase de estos valores sería preciso o modificar la distribución de las barras, bien poniendo otras varillas de menor diámetro o adoptar disposiciones especiales para el anclaje en los extremos de las barras.

Las «Normas» indican que no es necesario comprobar la fatiga de adherencia cuando las varillas son de un diámetro inferior a 25 mm ni para las barras a compresión.

En zapatas sometidas a grandes cargas es recomendable comprobar la adherencia para cualquier diámetro de varillas, principalmente cuando las zapatas son combinadas para varios pilares.

SECCION TRANSVERSAL DE VARILLAS (HIERROS REDONDOS)

TABLA 1

Diám. en mm	Peso en kg/ml	Area cm^2 1 red.	Area cm^2 2 red.	Area cm^2 3 red.	Area cm^2 4 red.	Area cm^2 5 red.	Area cm^2 6 red.	Area cm^2 7 red.	Area cm^2 8 red.	Area cm^2 9 red.	Area cm^2 10 red.
1	0,0061	0,007	0,016	0,024	0,031	0,039	0,047	0,055	0,063	0,070	0,079
2	0,0246	0,031	0,063	0,094	0,126	0,157	0,188	0,219	0,251	0,282	0,314
3	0,0554	0,070	0,141	0,212	0,282	0,353	0,424	0,494	0,565	0,636	0,706
4	0,0985	0,125	0,251	0,376	0,502	0,628	0,753	0,879	1,000	1,130	1,250
5	0,1540	0,196	0,39	0,59	0,79	0,98	1,18	1,37	1,57	1,77	1,96
6	0,2219	0,282	0,57	0,85	1,13	1,41	1,70	1,98	2,26	2,54	2,83
7	0,3020	0,384	0,77	1,15	1,54	1,92	2,31	2,69	3,08	3,46	3,85
8	0,3945	0,502	1,01	1,51	2,01	2,51	3,02	3,52	4,02	4,52	5,03
9	0,4993	0,636	1,27	1,91	2,54	3,18	3,82	4,45	5,09	5,73	6,36
10	0,6164	0,785	1,57	2,36	3,14	3,93	4,71	5,50	6,28	7,07	7,85
12	0,8875	1,130	2,26	3,39	4,52	5,65	6,79	7,92	9,05	10,18	11,31
14	1,210	1,539	3,08	4,62	6,16	7,70	9,24	10,78	12,32	13,85	15,39
16	1,500	2,010	4,02	6,03	8,04	10,05	12,06	14,07	16,08	18,10	20,11
18	2,000	2,544	5,09	7,63	10,18	12,72	15,27	17,81	20,36	22,90	25,45
20	2,470	3,141	6,28	9,42	12,57	15,71	18,85	21,99	25,13	28,27	31,42
22	2,980	3,801	7,60	11,40	15,21	19,01	22,81	26,61	30,41	34,21	38,01
24	3,550	4,523	9,05	13,57	18,10	22,62	27,14	31,67	36,19	40,72	45,24
25	3,824	4,908	9,81	14,72	19,63	24,54	29,45	34,36	39,26	44,17	49,08
26	4,170	5,309	10,62	15,93	21,24	26,55	31,86	37,17	42,47	47,78	53,08
28	4,830	6,157	12,32	18,47	24,63	30,79	36,95	43,10	49,26	55,42	61,58
30	5,550	7,068	14,14	21,21	28,27	35,34	42,41	49,48	56,54	63,62	70,69
32	6,310	8,042	16,08	24,13	32,17	40,21	48,29	56,30	64,34	72,38	80,42
34	7,074	9,079	18,16	27,24	36,32	45,40	54,48	63,56	72,63	81,70	90,79
35	7,532	9,621	19,24	28,86	38,48	48,10	57,72	67,34	76,96	86,58	96,21
36	7,990	10,178	20,36	30,54	40,71	50,90	61,07	71,26	81,43	91,61	101,79
38	8,836	11,341	22,68	34,02	45,36	56,70	68,04	79,38	90,73	102,0	113,41
40	9,870	12,566	25,13	37,70	50,26	62,83	75,40	87,96	100,5	113,0	125,66
45	12,391	15,904	31.81	47,71	63,62	79,52	95,42	111,30	127,20	143,10	159,04
50	15,296	19,635	39,27	58,90	78,54	98,17	117,8	137,40	157,00	176,70	196,35

Distancia que corresponde entre varillas según el número de ellas, por metro lineal:

3 por m. l. = 1 cada 33 cm
4 por m. l. = 1 cada 25 cm
5 por m. l. = 1 cada 20 cm
6 por m. l. = 1 cada 16,7 cm
7 por m. l. = 1 cada 14,3 cm
8 por m. l. = 1 cada 12,5 cm
9 por m. l. = 1 cada 11,1 cm
10 por m. l. = 1 cada 10 cm
11 por m. l. = 1 cada 9,1 cm
12 por m. l. = 1 cada 8,3 cm
13 por m. l. = 1 cada 7,7 cm
14 por m. l. = 1 cada 7,1 cm
15 por m. l. = 1 cada 6,6 cm

Ejemplo de aplicación

¿Cuántos hierros redondos de 14 mm de diámetro se pueden colocar en un pilar de hormigón armado con 6,12 cm^2?

Se busca en la primera columna el diámetro 14 mm y se sigue la línea derecha, hasta encontrar el número que más se aproxime por exceso a los 6,12 cm^2 y encontraremos 6,16. A partir de esta cifra se sigue la columna y encontraremos es 4 redondos.

PERIMETRO DE VARILLAS O HIERROS REDONDOS PARA EL CALCULO DE LA ADHERENCIA

TABLA 2

Diám en mm	Perím. cm 1 red.	Perím. cm 2 red.	Perím. cm 3 red.	Perím. cm 4 red.	Perím. cm 5 red.	Perím. cm 6 red.	Perím. cm 7 red.	Perím. cm 8 red.	Perím. cm 9 red.	Perím. cm 10 red.
1	0,314	0,629	0,942	1,256	1,570	1,884	2,200	2,513	2,827	3,141
2	0,628	1,256	1,884	2,513	3,141	3,769	4,398	5,026	5,654	6,283
3	0,942	1,885	2,827	3,770	4,712	5,655	6,59	7,54	8,48	9,42
4	1,256	2,51	3,76	5,02	6,28	7,53	8,79	10,05	11,30	12,56
5	1,571	3,14	4,71	6,28	7,85	9,42	10,99	12,56	14,13	15,70
6	1,885	3,77	5,65	7,54	9,42	11,31	13,19	15,08	16,96	18,85
7	2,199	4,39	6,59	8,79	10,99	13,19	15,39	17,59	19,79	21,99
8	2,513	5,02	7,53	10,05	12,56	15,07	17,59	20,10	22,61	25,13
9	2,827	5,65	8,48	11,30	14,13	16,96	19,79	22,61	25,44	28,27
10	3,141	6,28	9,42	12,56	15,70	18,84	21,99	25,13	28,27	31,41
12	3,769	7,53	11,30	15,07	18,84	22,61	26,38	30,15	33,92	37,69
14	4,398	8,79	13,19	17,59	21,99	26,38	30,78	35,18	39,58	43,98
16	5,026	10,05	15,07	20,10	25,13	30,15	35,18	40,21	45,23	50,26
18	5,654	11,30	16,96	22,61	28,27	33,92	39,58	45,23	50,89	56,54
20	6,283	12,56	18,84	25,13	31,41	37,69	43,98	50,26	56,54	62,83
22	6,911	13,82	20,73	27,64	34,55	41,46	48,38	55,29	62,20	69,11
24	7,539	15,07	22,61	30,15	37,69	45,23	52,77	60,31	67,85	75,39
25	7,854	15,70	23,56	31,41	39,27	47,12	54,97	62,83	70,68	78,54
26	8,168	16,33	24,50	32,67	40,84	49,00	57,17	65,34	73,51	81,68
28	8,796	17,59	26,38	35,18	43,98	52,77	61,57	70,37	79,16	87,96
30	9,424	18,84	28,27	37,69	47,12	56,54	65,97	75,39	84,82	94,24
32	10,053	20,10	30,15	40,21	50,26	60,31	70,37	80,42	90,47	100,53
34	10,681	21,36	32,04	42,72	53,40	64,08	74,76	85,44	96,12	106,81
35	10,995	21,99	32,98	43,98	54,97	65,97	76,96	87,96,	98,95	109,95
36	11,309	22,61	33,92	45,23	56,54	67,85	79,16	90,47	101,78	113,09
38	11,938	23,87	35,81	47,75	59,69	71,62	83,56	95,50	107,44	119,38
40	12,566	25,13	37,69	50,26	62,83	75,39	87,96	100,52	113,09	125,66
45	14,137	28,27	42,41	56,54	70,68	84,82	98,95	113,09	127,23	141,37
50	15,708	31,41	47,12	62,83	78,54	94,24	109,95	125,66	141,37	157,08

La adherencia $\tau = \dfrac{\mathbf{V}}{\mathbf{u}\,\mathbf{z}}$ $\tau, < 10$ cuando los hierros van doblados a 45°

$\tau, < 5$ cuando todas las varillas son rectas.

Ejemplos de aplicación:

Al calcular una viga nos ha dado 6 Ø 24 mm = 27,14 cm². Reacciones **V** = 6 500 kg. Altura de la viga sin recubrimiento **h** = 50 cm **z** = 0,8 H = 0,8 × 50 = 40 cm.

El perímetro **u** se encuentra en la tabla. En la primera columna se busca el Ø 24 y se sigue la línea derecha hasta encontrar la columna encabezada por 6 redondos y su encuentro es de 45,23 cm = **u**.

$$\tau_1 = \frac{6\,500}{45,23 \times 40} = 3,5 < 5 \text{ valen los 6 Ø 24 mm.}$$

Si en vez de ser $\tau_1 = 3,5$ hubiese salido $\tau_1 > 5$, los 6 Ø 24 mm se cambiarían por más varillas de menos diámetro (sin variar los 27,14 cm² de hierro necesario).

II. Esfuerzo cortante que absorben los estribos y hierros doblados

Existen varios procedimientos para contrarrestar el esfuerzo cortante. Uno, sólo con estribos a distancia, caso exacto; otro, absorbiéndolo por los hierros doblados y, si es insuficiente, el resto se absorbe con estribos. En este segundo caso, la separación de estribos da un número único medio que después se distribuye en separación creciente si la carga es uniformemente repartida Véase los ejemplos en vigas rectangulares.

Primer caso. — Esfuerzo cortante absorbido por estribos solamente

Si llamamos **V** = Esfuerzo cortante en kg (generalmente igual a la relación).

c = Longitud de esfuerzo cortante que va absorbiendo cada estribo.

f. = Sección en cm² del estribo o más patas.

σ_e = Fatiga del hierro (en los estribos se debe hacer trabajar a σ_e = 1 400).

z = h β, puede tomarse **z** = 0,889 h.

K = Esfuerzo cortante que absorbe el hormigón en masa para un ancho de viga **b.** (**k** se toma 2,8 a 3 y como máximo 4 kg/cm² en vigas).

$$c = \frac{f \cdot \sigma_e}{\dfrac{V}{z} - k\,b}$$

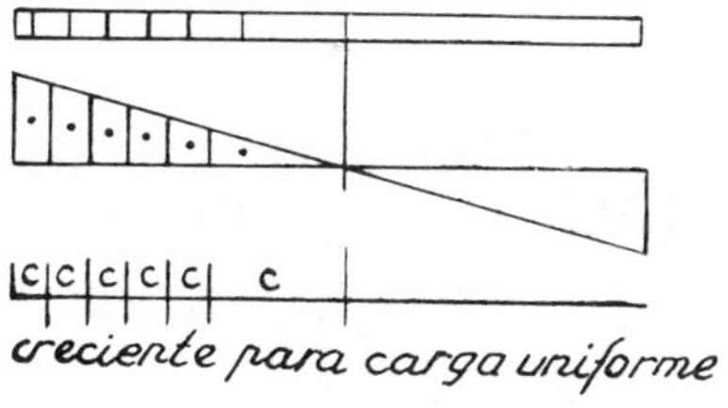

Figura 4

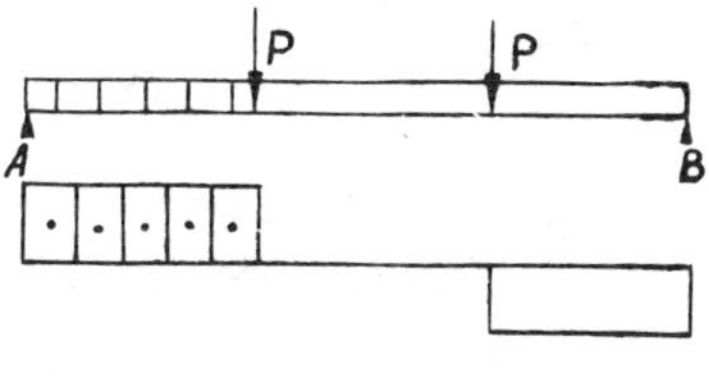

Figura 5

La separación **c** es creciente desde los apoyos hacia el centro de la viga cuando la carga va uniformemente repartida (fig. 4) y queda a sepa ración constante cuando hay concentraciones (fig. 5).

Segundo caso. — Esfuerzo cortante absorbido por hierros doblados a 45⁰ y estribos.

(Si los hierros doblados no llevasen 45.⁰, no se tendrá en cuenta el esfuerzo cortante que absorben, dejándolo por entero a los estribos).

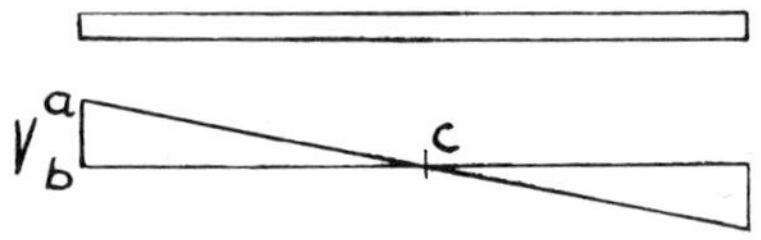

Figura 6

A. = Area del diagrama **a-b-c en kg.**

$$(\text{fig. } 6) = \frac{V\ bc}{2}$$

V = Esfuerzo constante

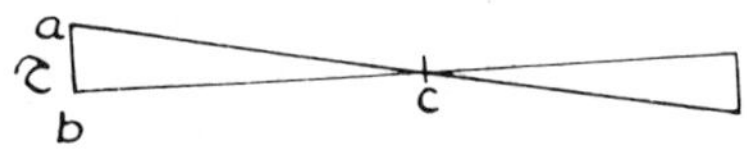

Figura 7

Esfuerzo de desgarramiento en una semiviga:

$$T_1 = \frac{A_v}{z}; \qquad T_1 = \frac{M\ \text{máximo}}{z};$$

$$T_1 = A\tau \ .\ bc = (\text{fig. } 7)$$

para $A\ \tau$ = área diagrama **a-b-c** $= \dfrac{\tau \cdot bc}{2}$ y $\tau = \dfrac{V}{b_\circ \,.\, z}$

de $T_1 = \dfrac{A_v}{z} = T_3 + T_2$; $T_3 = n\ .\ f_\circ\ \sigma_\circ$ esfuerzo que absorben los n estribos.

$T_2 = S_\circ\ \sigma_\circ \sqrt{2}$ = Esfuerzo que absorben los hierros doblados a 45⁰ para $S_\circ$ = sección en cm² de los hierros a doblar; $\sqrt{2} = 1{,}4142$.

$$n = \frac{T_3}{f_\circ\ \sigma_\circ} = \text{número de estribos}$$

ESFUERZO CORTANTE QUE ABSORBEN LOS HIERROS DOBLADOS

TABLA 3

$T_2 = S \cdot \sigma_e \cdot \sqrt{2}$ Fatiga σ_e = 1 200 kg/cm²

	número de hierros a doblar									
	1	2	3	4	5	6	7	8	9	10
	kilos que soporta									
Ø 10 mm	1332	2664	3996	5328	6660	7992	9324	10650	11988	13320
Ø 12 mm	1917	3834	5751	7668	9585	11502	13419	15336	17253	19170
Ø 14 mm	2611	5222	7833	10444	13055	15666	18277	20888	23499	26110
Ø 16 mm	3410	6820	10230	13640	17050	20460	23870	27280	30690	34100
Ø 18 mm	4317	8634	12951	17268	21585	25902	30219	34536	38853	43170
Ø 20 mm	5330	10660	15990	21320	26650	31980	37310	42640	47970	53300
Ø 22 mm	6450	12900	19350	25800	32250	38700	45150	51600	58050	64500
Ø 24 mm	7675	15350	23025	30700	38375	46050	53725	61400	69075	76750
Ø 25 mm	8328	16656	24984	33312	41640	49968	58296	66624	74952	83280
Ø 26 mm	9009	18018	27027	36036	45045	54054	63063	72072	81081	90090
Ø 28 mm	10448	20896	31344	41792	52240	62688	73136	83584	94032	104480
Ø 30 mm	11994	23988	35982	47976	59970	71964	83958	95952	107946	119940
Ø 32 mm	13647	27294	40941	54588	68235	81882	95529	109176	122823	136470
	Fatiga σ_e = 1400 Kg cm²									
Ø 10 mm	1553	3106	4659	6212	7765	9318	10871	12424	13977	15530
Ø 12 mm	2236	4472	6708	8944	11180	13416	15652	17888	20124	22360
Ø 14 mm	3045	6090	9135	12180	15225	18270	21315	24360	27405	30450
Ø 16 mm	3977	7954	11931	15908	19885	23862	27839	31816	35793	39770
Ø 18 mm	5034	10068	15102	20136	25170	30204	35238	40272	45306	50340
Ø 20 mm	6216	12432	18648	24864	31080	37296	43512	49728	55944	62160
Ø 22 mm	7522	15044	22566	30088	37610	45132	52654	60176	67698	75220
Ø 24 mm	8951	17902	26853	35804	44755	53706	62657	71608	80559	89510
Ø 25 mm	9712	19424	29136	38848	48560	58272	67984	77696	87408	97120
Ø 26 mm	10506	21012	31518	42024	52530	63036	73542	84048	94554	105060
Ø 28 mm	12184	24368	36552	48736	60920	73104	85288	97472	109656	121840
Ø 30 mm	13987	27974	41961	55948	69935	83922	97909	111896	125883	139870
Ø 32 mm	15915	31830	47745	63660	79575	95490	111405	127320	143235	159150

TABLA 4

ESFUERZO CORTANTE QUE ABSORBEN LOS ESTRIBOS DE DOS PATAS

$T_3 = n \cdot f \cdot \sigma_e$ Fatiga σ_e = 1 200 kg/cm²

	número de estribos a doblar											
	1	2	3	4	5	6	7	8	9	10	11	12
	kilos que soporta											
Ø 4 mm	301	602	903	1204	1505	1806	2107	2408	2709	3010	3311	3612
Ø 5 mm	468	936	1404	1872	2340	2808	3276	3744	4212	4680	5148	5616
Ø 6 mm	684	1368	2052	2736	3420	4104	4788	5472	6156	6840	7524	8208
Ø 7 mm	924	1848	2772	3696	4620	5544	6468	7392	8316	9240	10164	11088
Ø 8 mm	1212	2424	3636	4848	6060	7272	8484	9696	10908	12120	13332	14544
Ø 9 mm	1512	3024	4536	6048	7560	9072	10584	12096	13608	15120	16632	18144
Ø 10 mm	1884	3768	5652	7536	9420	11304	13188	15072	16956	18840	20724	22608
	Fatiga σ_e = 1400 Kg cm²											
Ø 4 mm	351	702	1053	1404	1755	2106	2457	2808	3159	3510	3861	4212
Ø 5 mm	546	1092	1638	2184	2730	3276	3822	4368	4914	5460	6006	6552
Ø 6 mm	798	1596	2394	3192	3990	4788	5586	6384	7182	7980	8778	9576
Ø 7 mm	1078	2156	3234	4312	5390	6468	7546	8624	9702	10780	11858	12936
Ø 8 mm	1414	2828	4242	5656	7070	8484	9898	11312	12726	14140	15554	16968
Ø 9 mm	1775	3550	5325	7100	8875	10650	12425	14200	15075	17750	10525	21300
Ø 10 mm	2198	4396	6594	8792	10990	13188	15386	17584	19782	21980	24178	26376

NOTA. — Si se desease de 4 patas se multiplica por 2 el número de kilos.
Si se desease de 6 patas se multiplica por 3 el número de kilos.
Si se desease de 8 patas se multiplica por 4 el número de kilos.
Por ejemplo: Un estribo de dos patas (para fatiga 1 200) en Ø 4 mm absorben 301 kg, el mismo para 6 patas, resisten 301 × 3 = 903 kg.

DISTANCIA Y SEPARACION DE ESTRIBOS

TABLA 5

Nº de estribos	1	2	3	4	5	6	7	8	9	10	11	12	13	14	15	16	17	18
Verticales	5	15	30	50	75	105	140	180	225	275								
Horizontales	5	10	15	20	25	30	35	40	45	50								
Verticales	5	12	22	34	49	67	87	109	134	162	192	227	267	312				
Horizontales	5	7	10	12	15	18	20	22	25	28	30	35	40	45				
Verticales	5	11	18	26	35	45	56	68	81	95	110	126	143	161	180	200	222	246
Horizontales	5	6	7	8	9	10	11	12	13	14	15	16	17	18	19	20	22	24
Verticales	6	14	24	36	50	66	84	104	126	150	176	204	234	266	300	336	374	414
Horizontales	6	8	10	12	14	16	18	20	22	24	26	28	30	32	34	36	38	40
Verticales	6	15	27	42	60	81	105	132	162	195	231	270	312	357	405	456		
Horizontales	6	9	12	15	18	21	24	27	30	33	36	39	42	45	48	51		

Horizontales: Separación entre estribo en cm
Verticales: Suma en cm desde el origen.

EJEMPLOS DE APLICACION SOBRE LOS ESFUERZOS CORTANTES QUE ABSORBEN LOS ESTRIBOS Y HIERROS DOBLADOS

Primer caso. — Esfuerzo cortante por estribos solamente

Una viga de 3 m de luz ha de soportar 3 000 kg por m. l. y va apoyada. Calculada sale una reacción **V** = **4.977** kg. Sección de la viga **b** = 25 cm; **h** = 51 cm; **d** = 56 cm; **z** = 0,889 × 51 = 45 cm.

σ_e = 1 200 kg/cm².

Se colocarán estribos Ø 4 mm de dos ramas f. 0,25 cm².

Aplicando la fórmula:

$$C = \frac{f \cdot \sigma_e}{\frac{V}{z} - 3\,b} = \frac{0{,}25 \times 1\,200}{\frac{4\,977}{45} - 3 \times 25} = 8 \text{ cm} = 0{,}08 \text{ m}$$

(referido en metros por estar la carga por m. l. referida en metros).

A los 8 cm hay un esfuerzo cortante **V** = 4 977 — (3 000 × 0,08) = = 4 737 kg.

$$C = \frac{0{,}25 \times 1\,200}{\frac{4\,737}{45} - 75}$$

A los 10 cm hay un esfuerzo cortante **V** = 4 737 — (3 000 × 0,10) = = 4 437 kg.

$$C = \frac{0{,}25 \times 1\,200}{\frac{4\,437}{45} - 75} = 13 \text{ cm} = 0{,}13 \text{ m},$$

a esta distancia **V** = = 4 437 — (3 000 × 0,13) = 4 047 kg.

$$C = \frac{0{,}25 \times 1\,200}{\frac{4\,047}{45} - 75} = 21 \text{ cm} = 0{,}21 \text{ m};$$

a esta distancia **V** =

$$= 4\,047 - (3\,000 \times 0{,}21) = 3\,417 \text{ kg.}$$

$$\mathbf{C} = \frac{0{,}25 \times 1\,200}{\dfrac{3\,417}{45} - 75} = \frac{300}{0} = \text{no necesita más estribos.}$$

Solución. — Los estribos irán separados a partir de los apoyos y en cada semiviga **C** = 8-10-13-21 cm.

Segundo caso. — Esfuerzo cortante absorbido por hierros doblados y estribos.

Viga de 3 m de luz, apoyada, que soporta 3 000 kg/m. l.; produce una reacción **V** = **4 977** kg; sección de la viga **b** = 25 cm, **h** = 51 cm; **d** = 56 cm; **x** = 0,889 × 51 = 45 cm; con 4 Ø 16 mm, fatiga del hierro 1 200 kg/cm² momento máximo 373 270 kg/cm.

Se comprueba $\tau \dfrac{\mathbf{V}}{\mathbf{b\,z}} = \dfrac{4\,977}{25 \times 45} = 4{,}4 > 4$ por ser mayor de 4 precisa estribos o hierros doblados o ambas cosas.

$\mathbf{T_1} = \dfrac{\textbf{máximo}}{\mathbf{z}} = \dfrac{373\,270}{45} = 8\,307$ kg. que se precisa absorber $= \mathbf{T_2} + \mathbf{T_3}$.

Si doblamos a Ø 16 absorbentes (Tabla 3): Se busca primera columna Ø 16 mm y se sigue la fila hasta encontrar la columna encabezada por 2 hierros a doblar y da $\mathbf{T_2}$ = 6 820 kg.

La diferencia $\mathbf{T_1} - \mathbf{T_2}$ = 8 307 — 6 820 = 1 487 kg = $\mathbf{T_3}$ que ha de absorber los estribos. Poniendo estribo Ø 4 mm. se busca (Tabla 4) en la columna el Ø 4 mm y se sigue la fila derecha hasta encontrar el número que más se aproxima por exceso a T_3 = 1 487 y es 1 505, cuya columna encabeza con 5 estribos.

Solución. — La viga precisa doblar 2 Ø 16 mm a cada lado y poner 5 estribos Ø 4 mm en cada semiviga (el reparto creciente de estribos puede simplificarse aplicando la tabla 4).

MEDIDAS PARA EL DOBLADO DE HIERRO a 45°

TABLA 6

$b = a \times 1{,}414$

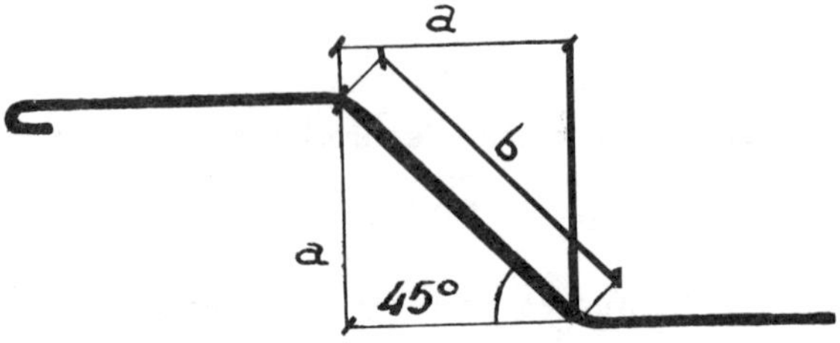

a cm	b cm	a cm	b cm	a cm	b cm	a cm	b cm	a cm	b cm	a cm	b cm
5	7,07	21	29,69	37	52,31	53	74,94	69	97,56	85	120,19
6	8,48	22	31,10	38	53,73	54	76,35	70	98,98	86	121,60
7	9,89	23	32,52	39	55,14	55	77,77	71	100,39	87	123,01
8	11,31	24	33,93	40	56,56	56	79,18	72	101,80	88	124,43
9	12,72	25	35,35	41	57,97	57	80,59	73	103,22	89	125,84
10	14,14	26	36,76	42	59,38	58	82,01	74	104,63	90	127,26
11	15,55	27	38,17	43	60,80	59	83,42	75	106,05	91	128,67
12	16,96	28	39,59	44	62,21	60	84,84	76	107,46	92	130,08
13	18,38	29	41,00	45	63,63	61	86,25	77	108,87	93	131,50
14	19,80	30	42,42	46	65,04	62	87,66	78	110,29	94	132,91
15	21,21	31	53,83	47	66,45	63	89,08	79	111,70	95	134,33
16	22,62	32	45,24	48	67,87	64	90,49	80	113,12	96	135,74
17	24,03	33	46,66	49	69,28	65	91,91	81	114,53	97	137,15
18	25,45	34	48,07	50	70,70	66	93,32	82	115,94	98	138,57
19	26,86	35	49,49	51	72,11	67	94,73	83	117,36	99	139,98
20	28,28	36	50,90	52	73,52	68	96,15	84	118,77	100	141,40

MEDIDAS PARA EL DOBLADO DE HIERRO A 60º **TABLA 7**

b = **a** × 1,155
c = **a** × 0,577

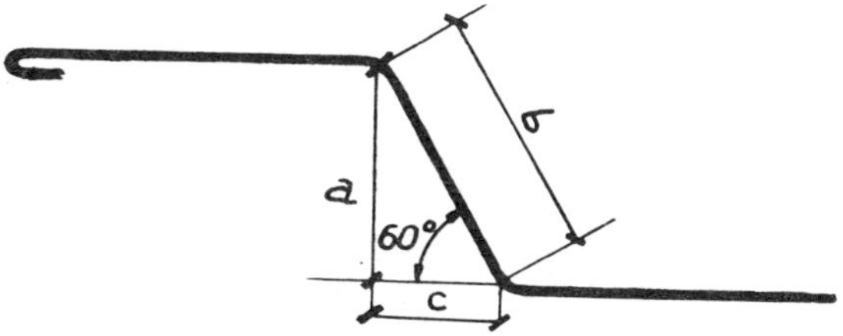

a cm	b cm	c cm	a cm	b cm	c cm	a cm	b cm	c cm	a cm	b cm	c cm
5	5,77	2,88	23	26,56	13,27	41	47,35	23,65	59	68,14	34,04
6	6,93	3,46	24	27,72	13,84	42	48,51	24,23	60	69,30	34,62
7	8,08	4,03	25	28,87	14,42	43	49,66	24,81	61	70,45	35,19
8	9,24	4,61	26	30,03	15,00	44	50,82	25,38	62	71,61	35,77
9	10,39	5,19	27	31,18	15,57	45	51,97	25,95	63	72,76	36,35
10	11,55	5,77	28	32,34	16,15	46	53,13	26,54	64	73,92	36,92
11	12,70	6,34	29	33,49	16,73	47	54,28	27,11	65	75,07	37,50
12	13,86	6,92	30	34,65	17,31	48	55,44	27,69	66	76,23	38,08
13	15,01	7,50	31	35,80	17,88	49	56,59	28,27	67	77,38	38,65
14	16,17	8,07	32	36,96	18,46	50	57,75	28,85	68	78,54	39,23
15	17,32	8,65	33	38,11	19,04	51	58,90	29,42	69	79,69	39,81
16	18,48	9,23	34	39,27	19,61	52	60,06	30,00	70	80,85	40,39
17	19,63	9,80	35	40,42	20,19	53	61,21	30,58	71	82,00	40,96
18	20,79	10,38	36	41,58	20,77	54	62,37	31,15	72	83,16	41,54
19	21,94	10,96	37	42,73	21,34	55	63,52	31,73	73	84,31	42,12
20	23,10	11,54	38	43,89	21,92	56	64,68	32,31	74	85,47	42,69
21	24,25	12,11	39	45,04	22,50	57	65,83	32,88	75	86,62	43,27
22	25,41	12,69	40	46,20	23,08	58	66,99	33,46	76	87,78	43,85

III. Tablas de placas

INDICACIONES PARA EL CALCULO

Tipos de placa:

Las placas pueden tener un apoyo continuo en sus bordes o apoyos aislados (placa fungiforme).

Armado:

Las placas pueden disponerse con armadura resistente en una sola dirección o en dos. Además llevan las armaduras constructivas que se indican en cada caso.

Se armarán en una sola dirección:

a) Las que se apoyen o empotren solamente en dos bordes paralelos colocando la armadura normalmente a éstos (fig. 8).

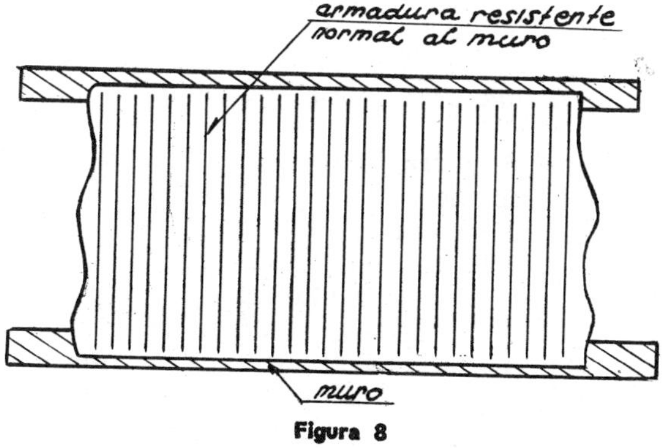

Figura 8

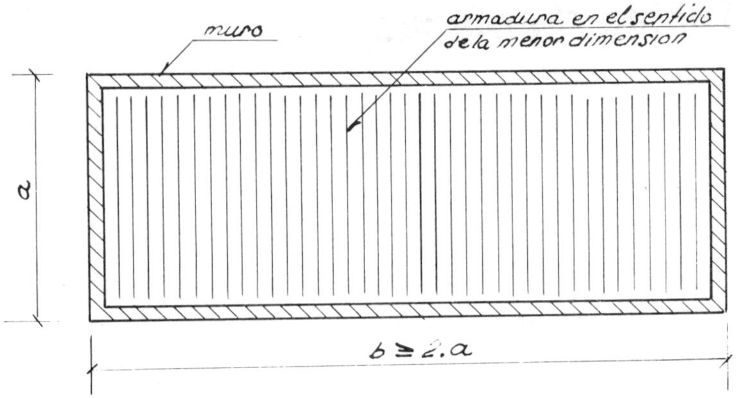

Figura 9

b) Las que aunque se apoyen o empotren en sus cuatro lados cumplan la condición de que la mayor de sus dimensiones sea superior o igual al doble de la menor, colocándose entonces la armadura en el sentido de la menor dimensión (fig. 9).

Se armarán en dos o más direcciones:

a) Las que se apoyen o empotren en sus cuatro lados, siendo la mayor de sus dimensiones inferior al doble de la menor.
b) Las placas sobre apoyos aislados.

INDICACIONES CONSTRUCTIVAS

ALTURA MINIMA DE LA PLACA

El **espesor** total mínimo de la placa no será inferior al indicado en los siguientes casos:

a) Placa de cubiertas y losas, sin otras sobrecargas que las necesarias para la limpieza o reparaciones, 5 cm.
b) Placas en los demás casos, 7 cm.
c) Placas con tránsito rodado, 12 cm.

La altura útil de la placa será inferior:

a) Placas simplemente apoyadas 1:35 de la luz.
b) Placas continuas o empotradas 1:35 de la distancia de los puntos de momento nulo. Puede tomarse como simplificación esta distancia igual a los 4:5 de la luz.

c) En las placas de cubierta o sin sobrecargas, puede tomarse el número 1:40 en vez de 1:35 antes indicado.

ARMADURA RESISTENTE

a) Separación entre barras. No será superior a 15 cm (7 barras por m. l.) ni a vez y media el espesor total de la placa en la zona de momentos máximos. Esta separación puede aumentarse a 25 cm (4 barras por m. l.) en las zonas de momentos máximos. Los diámetros a usar son de 7, 8, 10 y 12 mm.

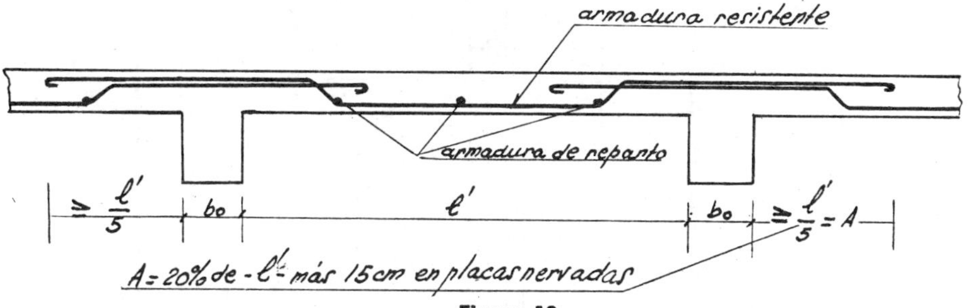

Figura 10

b) En caso de vigas continuas las barras levantadas deben anclarse en el tramo continuo suficientemente. En el caso de dos tramos iguales debe prolongarse esta armadura, por lo menos, hasta 1 : 5 de la luz del tramo (fig. 10).

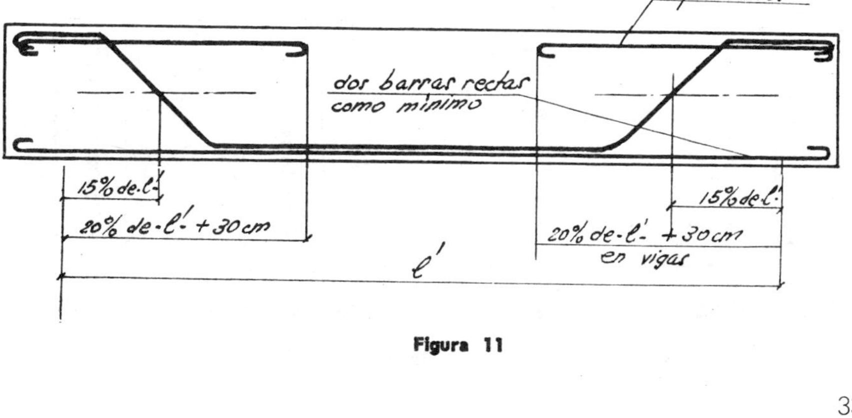

Figura 11

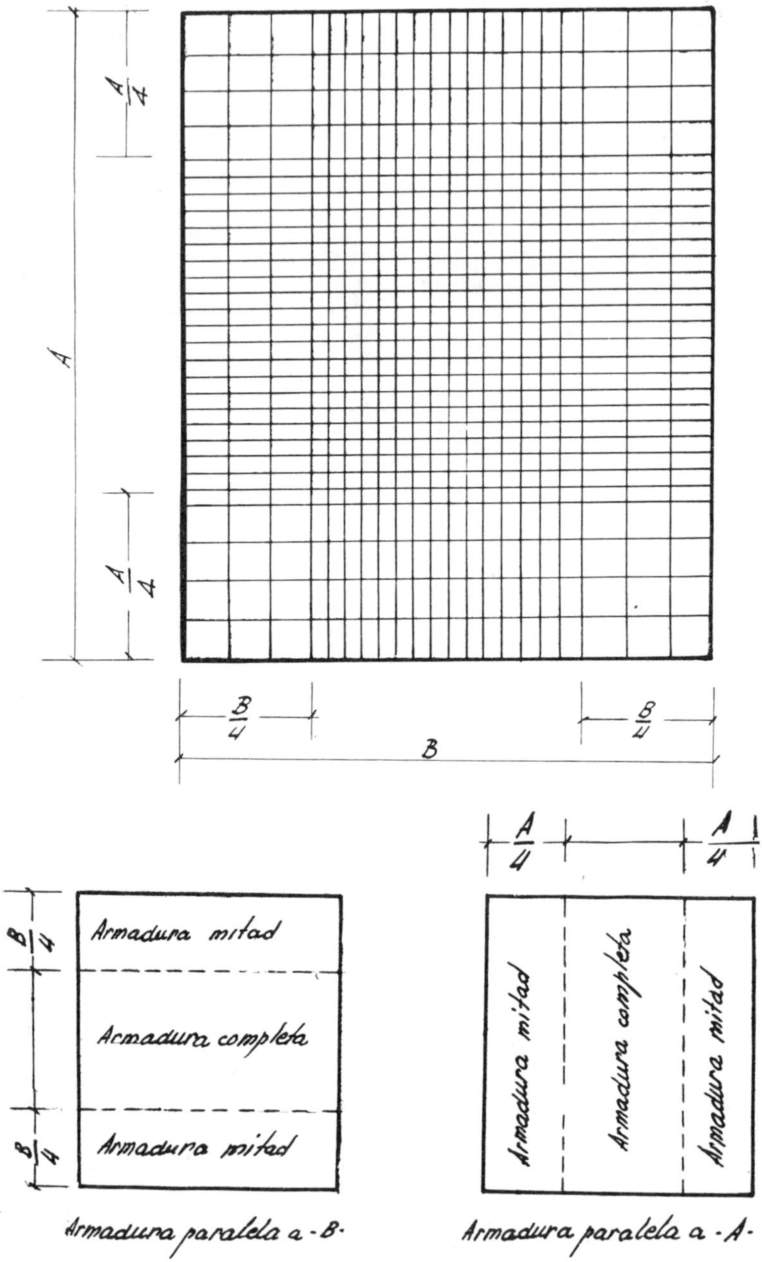
A/4
A
A/4
B/4
B/4
B
B/4
Armadura mitad
Armadura completa
B/4
Armadura mitad
Armadura paralela a -B-
A/4
A/4
Armadura mitad
Armadura completa
Armadura mitad
Armadura paralela a -A-

Figura 12

c) Es aconsejable que se deje un cierto número de barras en el paramento inferior con continuidad total (vigas, dos como mínimo, fig. 11).

d) Cuando haya que empalmar barras se procurará disponer la armadura de modo que los empalmes se hagan en el mayor número de secciones posibles, en la losa.

ARMADURA DE REPARTO

Además de la armadura resistente y normalmente a ella se dispondrá una armadura de reparto formada de 3 redondos de 7 mm por m. l. como mínimo, o mayor número de barras de menor diámetro, pero de igual sección total. Esta armadura se dispondrá en contacto con la resistente y unida a ellas por atadura (figura 10). Separación máxima 35 cm y en general a $\pm$ 30 cm.

Apoyos. — En los apoyos extremos de las placas continuas o en los apoyos de las placas de un solo tramo, se dispondrá de una armadura superior, para absorber el momento de empotramiento, salvo el caso en que se tomen precauciones para asegurar la articulación (veánse en la figura 11 los suplementos en la parte superior para placas o vigas).

PLACAS CON ARMADURA EN DOS DIRECCIONES

INDICACIONES CONSTRUCTIVAS

Altura útil mínima:

La altura útil (hasta el eje de la armadura inferior) será, por lo menos:

Para placas apoyadas en su contorno, 1 : 50 de la luz mínima.

Para placas empotradas en su contorno, 1 : 60 de la luz mínima.

El espesor total obtenido no será, en ningún caso, inferior a los especificados para las placas con armadura en una sola dirección.

Armaduras:

La separación entre las armaduras en las zonas de momentos máximos no excederá de 15 cm, ni de vez y media el espesor de la placa en las zonas centrales que se obtienen al separar unas fajas laterales de ancho la cuarta parte de la luz mínima (fig. 12).

En estas fajas laterales la armadura se reducirá a la mitad (fig. 12). En las placas apoyadas en su contorno, para evitar el levantamiento de los vértices se armarán éstos en zonas de amplitud 1 : 5 de la mayor luz con una armadura supletoria equivalente a la del centro de la placa (fig 13): Esta armadura se dispondrá en la forma siguiente: en la cara superior de la placa paralelamente a la diagonal. En la cara inferior de la placa, cualquiera de las dos formas siguientes.

a) En cuadrícula, paralela a sus lados (fig. 13).

b) Normalmente a la diagonal (figura 13).

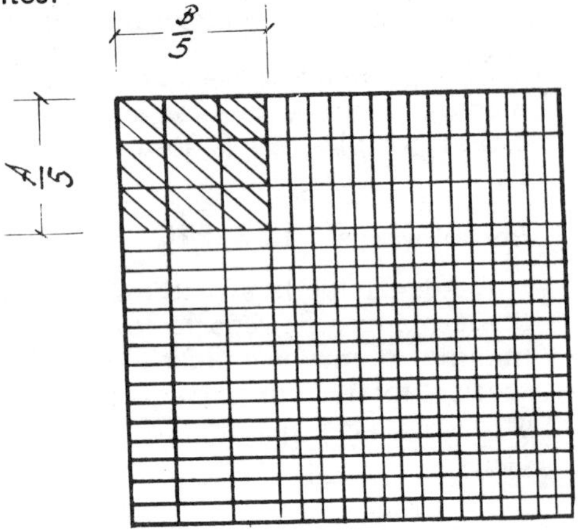

Figura 13

FORMULAS PARA PLACAS CON ARMADURA EN DOS DIRECCIONES

La carga **p** kg por m² se repartirá en ambos sentidos **A** y **B** (fig. 14) de la losa en razón inversa a las cuartas potencias de las luces:

Para $L_a > L_b$ se verifica

$$P_a = p \frac{L_b^4}{L_a^4 + L_b^4}$$

$$P_b = p \frac{L_a^4}{L_a^4 + L_b^4}$$

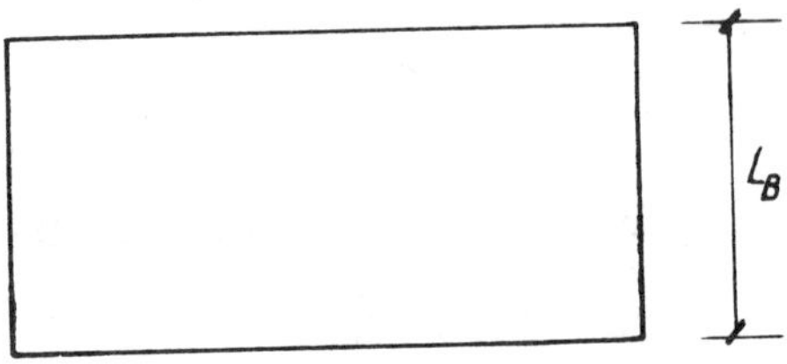

Figura 14

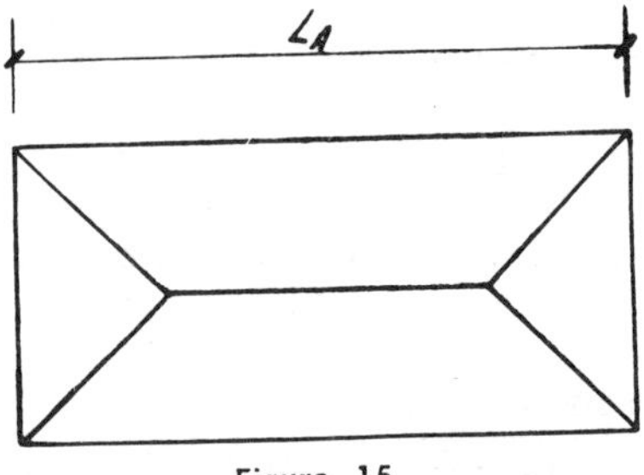

Figura 15

La carga de repartición será mayor en el lado menor L_b. Si $L_a = L_b$ entonces la carga $P_a = P_b$ o sea **p : 2** en cada sentido de la losa.

Para el cálculo de las reacciones sobre los bordes, puede tomarse como carga la que actúa sobre las zonas triangulares o trapeciales al descomponer la placa por rectas bisetrices de los ángulos de sus bordes (fig. 15).

PLACAS CIRCULARES

Los momentos que se tomarán por carga repartida de **p** kilos por m² serán:

Placa empotrada en todo su contorno

Momento en los arranques: según los radios $M_r = \frac{P\ r^2}{8}$

Según la circunferencia $M_c = \frac{p\ r^2}{56}$.

Momento en el centro $M_r = M_c \frac{p\ l^2}{16}$.

Las barras radiales se doblarán a la distancia 6,6 : r medida desde el centro.

Placa apoyada en todo su contorno

Momento en el centro vale, aproximadamente, $M_r\ M_c = \frac{3}{16}\ p\ r^2$

MANEJO DE LA TABLA DE PLACAS

Calcular una placa apoyada de 2 m de luz para una carga de 600 por metro cuadrado.

Se busca la luz de 2 m y la carga por metro cuadrado de 600 kg; después se sigue la fila correspondiente por la derecha y tenemos el momento sin peso propio 300 kg: h = 7,11, **d** = 8,5; peso propio kg y el momento del peso propio de 102 kg, el momento total (con peso propio) está debajo del primitivo, o sea de 402 kg, y para este momento corresponde en definitiva **h** = 8,23 cm; **d** = 9,5 cm; armadura resistente 4,56 cm^2 necesario, o sea 8 Ø 9 mm = 5,10 cm^2 efectivos.

Brazo del par, **z** = 7,31.

Armadura de reparto, 2,05 cm^2 necesario, o sea 4 Ø 9 mm = 2,55 cm^2 efectivos.

Fatiga al esfuerzo cortante, 1,09 kg/cm^2, menor que 4.

Esta tabla está calculada para un momento $M = \frac{p\ l^2}{8}$ que, según hemos visto, para luz 2 m y carga 600 kg/cm^2, **M** = 300 kg sin incluir el peso propio.

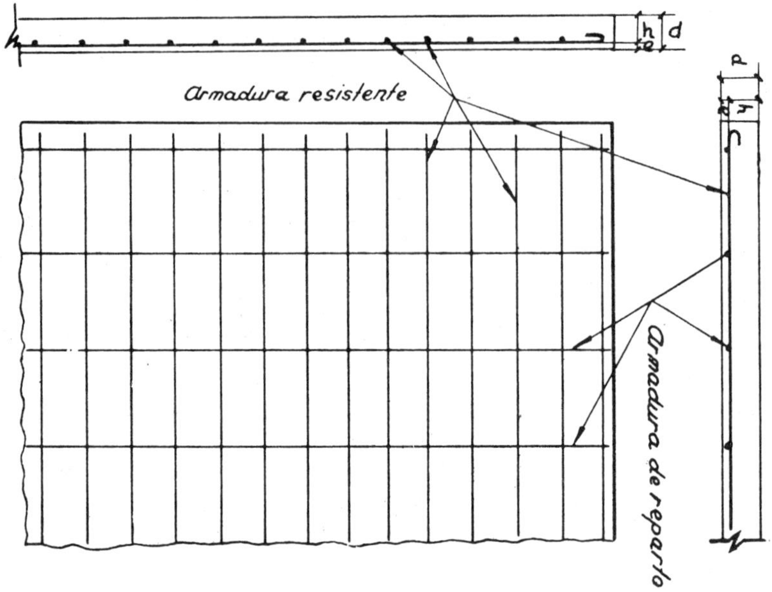

Figura 16

Si deseamos otro momento, por ejemplo $\mathbf{M} = \dfrac{\mathbf{p\ l^2}}{10}$, se multiplica el momento de la tabla por la relación 8 : 10 (denominadores).

$$300 \times \frac{8}{10} = 240 \text{ kg (comprobación } \mathbf{M} = \frac{\mathbf{p\ l^2}}{10} = \frac{600 \times 2^2}{10} = 240 \text{ kgm).}$$

Buscamos ahora en la columna de momento sin peso propio el que más se aproxime por exceso y vemos que hay uno de 250 kg (para luz 2 m) que, con peso propio, corresponden 346 kg y por tanto:

h = 7,64 cm; **d** = 9 cm.
Armadura resistente, 4,24 cm^2 = 7 Ø 9 mm por metro lineal.
Armadura de reparto, 1,91 cm^2 = 3 Ø 9 mm por metro lineal.

PLACAS DE HORMIGON ARMADO

TABLA 8

Fatiga del hormigón 40 kg/cm²
Luz = 1,00 m

Fatiga del hierro 1 200 kg/cm²
Ancho = 1,00 m

kg por m²	Momento kgcm pl²/8	h cm	d cm	p.p kg	P $R_A = R_B$ Kg	M.p.p kgcm	Armadura resistente cm²/ml	z cm	Armadura de reparto en cm²/ml	T
150	1875 3375	1,76 2,35	5 5	120	270 135	1500	1,30 cm² 7 Ø 6 mm	2,08	0,58 cm² 4 Ø 6 mm	0,64
200	2500 4000	2,05 2,59	5 5	120	320 160	1500	1,43 cm² 7 Ø 6 mm	2,30	0,64 cm² 4 Ø 6 mm	0,69
250	3125 4625	2,30 2,78	5 5	120	370 185	1500	1,54 cm² 7 Ø 6 mm	2,47	0,69 cm² 4 Ø 6 mm	0,74
300	3750 5250	2,50 2,96	5 5	120	420 210	1500	1,64 cm² 7 Ø 6 mm	2,63	0,74 cm² 4 Ø 6 mm	0,79
350	4375 5875	2,71 3,12	5 5	120	470 235	1500	1,73 cm² 7 Ø 6 mm	2,77	0,78 cm² 4 Ø 6 mm	0,84
400	5000 6500	2,90 3,31	5 5	120	520 260	1500	1,83 cm² 7 Ø 6 mm	2,94	0,82 cm² 4 Ø 6 mm	0,88
450	5625 7125	3,08 3,46	5 5	120	570 285	1500	1,92 cm² 7 Ø 6 mm	3,07	0,86 cm² 4 Ø 6 mm	0,92
500	6250 7750	3,24 3,60	5 5	120	620 310	1500	2,00 cm² 7 Ø 6 mm	3,20	0,90 cm² 4 Ø 6 mm	0,96
550	6875 8375	3,41 3,74	5 5	120	670 335	1500	2,07 cm² 7 Ø 7 mm	3,32	0,93 cm² 3 Ø 7 mm	1,00
600	7500 9000	3,53 3,89	5 5,5	120	720 360	1500	2,15 cm² 7 Ø 7 mm	3,45	0,97 cm² 3 Ø 7 mm	1,04
650	8125 9775	3,78 4,04	5,5 5,5	132	782 391	1650	2,24 cm² 7 Ø 7 mm	3,59	1,01 cm² 3 Ø 7 mm	1,08
700	8750 10400	3,84 4,18	5,5 5,5	132	832 416	1650	2,31 cm² 7 Ø 7 mm	3,71	1,04 cm² 3 Ø 7 mm	1,12
750	9375 11025	3,98 4,30	5,5 6	132	882 441	1650	2,38 cm² 7 Ø 7 mm	3,82	1,07 cm² 3 Ø 7 mm	1,15
800	10000 11650	4,11 4,42	5,5 6	132	932 466	1650	2,45 cm² 7 Ø 7 mm	3,92	1,10 cm² 3 Ø 7 mm	1,18
850	10625 12425	4,23 4,57	6 6	144	994 497	1800	2,53 cm² 7 Ø 7 mm	4,06	1,14 cm² 3 Ø 7 mm	1,22
900	11250 13050	4,35 4,68	6 6	144	1044 522	1800	2,59 cm² 2 Ø 7 mm	4,16	1,17 cm² 4 Ø 7 mm	1,25
950	11875 13675	4,47 4,79	6 6,5	144	1094 547	1800	2,65 cm² 7 Ø 7 mm	4,25	1,19 cm² 4 Ø 7 mm	1,28
1000	12500 14300	4,59 4,91	6 6,5	144	1144 572	1800	2,72 cm² 8 Ø 7 mm	4,36	1,22 cm² 4 Ø 7 mm	1,31
1100	13750 15700	4,80 5,15	6,5 6,5	156	1256 628	1950	2,85 cm² 8 Ø 7 mm	4,57	1,28 cm² 4 Ø 7 mm	1,37
1200	15000 16950	5,03 5,34	6,5 7	156	1356 678	1950	2,96 cm² 8 Ø 7 mm	4,74	1,33 cm² 4 Ø 7 mm	1,43
1300	16250 18350	5,22 5,55	7 7	168	1468 734	2100	3,08 cm² 8 Ø 7 mm	4,93	1,38 cm² 4 Ø 7 mm	1 48
1400	17500 19600	5,43 5,75	7 7,5	168	1568 784	2100	3,19 cm² 7 Ø 8 mm	5,11	1,43 cm² 3 Ø 8 mm	1,53
1500	18750 20850	5,63 5,92	7 7,5	168	1668 834	2100	3,28 cm² 7 Ø 8 mm	5,26	1,48 cm² 3 Ø 8 mm	1,58

PLACAS DE HORMIGON ARMADO **TABLA 9**

Luz = 1,25 m Ancho = 1,00 m

kg por m²	Momento kgcm pl²/8	h cm	d cm	p.p kg	P $R_A = R_B$ Kg	M.p.p kgcm	Armadura resistente cm²/ml	z cm	Armadura de reparto en cm²/ml	T
150	2929 5272	2,21 2,96	5 5	150	337,5 168,75	2343	1,64 cm² 7 Ø 6 mm	2,63	0,74 cm² 4 Ø 6 mm	0,64
200	3906 6249	2,56 3,23	5 5	150	400 200	2343	1,79 cm² 7 Ø 6 mm	2,87	0,80 cm² 4 Ø 6 mm	0,69
250	4882 7225	2,84 3,48	5 5	150	462,5 231,25	2343	1,93 cm² 7 Ø 6 mm	3,09	0,87 cm² 4 Ø 6 mm	0,74
300	5859 8202	3,12 3,71	5 5,5	150	525 262,5	2343	2,05 cm² 7 Ø 7 mm	3,30	0,92 cm² 3 Ø 7 mm	0,79
350	6835 9178	3,38 3,91	5 5,5	150	587,5 293,75	2343	2,17 cm² 7 Ø 7 mm	3,47	0,97 cm² 3 Ø 7 mm	0,84
400	7812 10155	3,62 4,12	5 5,5	150	650 325	2343	2,28 cm² 7 Ø 7 mm	3,66	1,03 cm² 3 Ø 7 mm	0,88
450	8788 11366	3,83 4,36	5,5 6	165	727,5 363,75	2578	2,41 cm² 7 Ø 7 mm	3,87	1,09 cm² 3 Ø 7 mm	0,93
500	9765 12343	4,04 4,55	5,5 6	165	790 395	2578	2,52 cm² 7 Ø 7 mm	4,04	1,13 cm² 3 Ø 7 mm	0,97
550	10742 13554	4,25 4,77	6 6,5	180	867,5 433,7	2812	2,64 cm² 7 Ø 7 mm	4,24	1,19 cm² 4 Ø 7 mm	1,02
600	11718 14530	4,44 4,94	6 6,5	180	930 465	2812	2,74 cm² 8 Ø 7 mm	4,39	1,23 cm² 4 Ø 7 mm	1,05
650	12695 15507	4,61 5,11	6 6,5	180	992,5 496,2	2812	2,83 cm² 8 Ø 7 mm	4,54	1,27 cm² 4 Ø 7 mm	1,08
700	13671 16717	4,79 5,31	6,5 7	195	1070 535	3046	2,94 cm² 8 Ø 7 mm	4,72	1,32 cm² 4 Ø 7 mm	1,13
750	14648 17694	4,96 5,45	6,5 7	195	1132,5 566,2	3046	3,02 cm² 8 Ø 7 mm	4,84	1,36 cm² 4 Ø 7 mm	1,16
800	15624 18670	5,13 5,60	6,5 7	195	1195 597,5	3046	3,10 cm² 7 Ø 8 mm	4,97	1,40 cm² 3 Ø 8 mm	1,20
850	16601 19882	5,29 5,78	7 7,5	210	1272,5 636,2	3281	3,20 cm² 7 Ø 8 mm	5,13	1,44 cm² 3 Ø 8 mm	1,24
900	17577 20858	5,43 5,92	7 7,5	210	1335 667,5	3281	3,28 cm² 7 Ø 8 mm	5,26	1,48 cm² 3 Ø 8 mm	1,26
950	18554 21835	5,58 6,06	7 7,5	210	1397,5 698,7	3281	3,36 cm² 7 Ø 8 mm	5,36	1,51 cm² 3 Ø 8 mm	1,30
1000	19531 23046	5,73 6,23	7,5 7,5	225	1475 737,5	3515	3,45 cm² 7 Ø 8 mm	5,53	1,55 cm² 4 Ø 8 mm	1,33
1100	21484 24999	6,02 6,49	7,5 8	225	1600 800	3515	3,60 cm² 8 Ø 8 mm	5,76	1,62 cm² 4 Ø 8 mm	1,38
1200	23437 27187	6,28 6,76	8 8,5	240	1740 870	3750	3,75 cm² 8 Ø 8 mm	6,00	1,69 cm² 4 Ø 8 mm	1,45
1300	25390 29140	6,53 7,00	8 8,5	240	1865 932,5	3750	3,88 cm² 8 Ø 8 mm	6,22	1,75 cm² 4 Ø 8 mm	1,49
1400	27343 31327	6,78 7,27	8,5 8,5	255	2005 1002,5	3984	4,03 cm² 8 Ø 8 mm	6,46	1,81 cm² 4 Ø 8 mm	1,55
1500	29296 33280	7,01 7,48	8,5 9	255	2130 1065	3984	4,15 cm² 9 Ø 8 mm	6,65	1,87 cm² 4 Ø 8 mm	1,60

PLACAS DE HORMIGON ARMADO

TABLA 10

Luz = 1,50 m Ancho = 1,00 m

kg por m²	Momento kgcm pl²/8	h cm	d cm	p.p kg	P $R_A = R_B$ Kg	M.p.p kgcm	Armadura resistente cm²/ml	z cm	Armadura de reparto en cm²/ml	T
150	4218 7593	2,67 3,55	5 5	180	405 202,5	3375	1,97 cm² 7 Ø 6 mm	3,15	0,88 cm² 4 Ø 6 mm	0,64
200	5625 9000	3,08 3,89	5 5,5	180	480 240	3375	2,15 cm² 7 Ø 7 mm	3,45	0,97 cm² 3 Ø 7 mm	0,69
250	7031 10406	3,45 4,18	5 5,5	180	555 277,5	3375	2,31 cm² 7 Ø 7 mm	3,71	1,04 cm² 3 Ø 7 mm	0,74
300	8437 12149	3,78 4,52	5,5 6	198	648 324	3712	2,50 cm² 7 Ø 7 mm	4,01	1,13 cm² 3 Ø 7 mm	0,80
350	9843 13555	4,06 4,77	5,5 6,5	198	723 361,5	3712	2,64 cm² 7 Ø 7 mm	4,24	1,19 cm² 4 Ø 7 mm	0,85
400	11250 15300	4,35 5,07	6 6,5	216	816 408	4050	2,81 cm² 8 Ø 7 mm	4,50	1,26 cm² 4 Ø 7 mm	0,90
450	12656 16706	4,62 5,31	6 7	216	891 445,5	4050	2,94 cm² 8 Ø 7 mm	4,72	1,32 cm² 4 Ø 7 mm	0,94
500	14062 18449	4,87 5,57	6,5 7	234	984 492	4387	3,09 cm² 7 Ø 8 mm	4,95	1,39 cm² 3 Ø 8 mm	0,99
550	15468 19855	5,09 5,78	6,5 7,5	234	1059 529,5	4387	3,20 cm² 7 Ø 8 mm	5,13	1,44 cm² 3 Ø 8 mm	1,03
600	16875 21600	5,33 6,03	7 7,5	252	1152 576	4725	3,34 cm² 7 Ø 8 mm	5,36	1,50 cm² 3 Ø 8 mm	1,07
650	18281 23006	5,54 6,23	7 8	252	1227 613,5	4725	3,45 cm² 7 Ø 8 mm	5,53	1,55 cm² 4 Ø 8 mm	1,10
700	19675 24737	5,75 6,45	7,5 8	270	1320 660	5062	3,57 cm² 8 Ø 8 mm	5,73	1,61 cm² 4 Ø 8 mm	1,15
750	21093 26155	5,95 6,63	7,5 8	270	1395 697,5	5062	3,67 cm² 8 Ø8 mm	5,89	1,65 cm² 4 Ø 8 mm	1,18
800	22500 27562	6,16 6,81	7,5 8,5	270	1470 735	5062	3,77 cm² 8 Ø 8 mm	6,05	1,70 cm² 4 Ø 8 mm	1,21
850	23906 29306	6,37 7,03	8 8,5	288	1563 781,5	5400	3,90 cm² 8 Ø 8 mm	6,24	1,75 cm² 4 Ø 8 mm	1,25
900	25312 30712	6,53 7,20	8 8,5	288	1638 819	5400	4,00 cm² 8 Ø 8 mm	6,40	1,80 cm² 4 Ø 8 mm	1,27
950	26718 32455	6,71 7,39	8,5 9	306	1731 865,5	5737	4,10 cm² 7 Ø 9 mm	6,56	1,84 cm² 3 Ø 9 mm	1,31
1000	28125 33862	6,88 7,55	8,5 9	306	1806 903	5737	4,19 cm² 7 Ø 9 mm	6,71	1,88 cm² 3 Ø 9 mm	1,34
1100	30937 36674	7,23 7,86	8,5 9,5	306	1956 978	5737	4,36 cm² 7 Ø 9 mm	6,98	1,96 cm² 4 Ø 9 mm	1,40
1200	33750 39825	7,54 8,19	9 9,5	324	2124 1062	6075	4,54 cm² 7 Ø 10 mm	7,28	2,04 cm² 3 Ø 10 mm	1,45
1300	36562 42974	7,85 8,51	9,5 10	342	2292 1146	6412	4,72 cm² 7 Ø 10 mm	7,56	2,12 cm² 3 Ø 10 mm	1,51
1400	39375 46125	8,14 8,82	10 10,5	360	2460 1230	6750	4,89 cm² 7 Ø 10 mm	7,84	2,20 cm² 3 Ø 10 mm	156
1500	42187 48937	8,42 9,08	10 10,5	360	2610 1305	6750	5,03 cm² 7 Ø 10 mm	8,07	2,27 cm² 3 Ø 10 mm	1,61

PLACAS DE HORMIGON ARMADO — TABLA 11

Luz = 1,75 m — Ancho = 1,00 m

kg por m²	Momento kgcm pl²/8	h cm	d cm	p.p kg	P R = R Kg	M.p.p kgcm	Armadura resistente cm²/ml	z cm	Armadura de reparto en cm²/ml	T
150	5741 10334	3,12 4,16	5 5,5	210	472,5 236,2	4593	2,30 cm² 7 Ø 7 mm	3,69	1,04 cm² 3 Ø 7 mm	0,64
200	7655 12248	3,60 4,53	5 6	210	560 280	4593	2,51 cm² 7 Ø 7 mm	4,02	1,13 cm² 3 Ø 7 mm	0,69
250	9568 14621	4,00 4,96	5,5 6,5	231	668,5 334,2	5053	2,75 cm² 7 Ø 8 mm	4,40	1,24 cm² 3 Ø 8 mm	0,75
300	11482 16992	4,39 5,34	6 6,5	252	777 388,5	5512	2,96 cm² 7 Ø 8 mm	4,74	1,33 cm² 3 Ø 8 mm	0,81
350	13396 19367	4,75 5,70	6,5 7	273	885,5 442,7	5971	3,16 cm² 7 Ø 8 mm	5,06	1,42 cm² 3 Ø 8 mm	0,87
400	15310 21281	5,08 5,98	6,5 7,5	273	973 486,5	5971	3,31 cm² 7 Ø 8 mm	5,31	1,49 cm² 3 Ø 8 mm	0,91
450	17223 23654	5,38 6,31	7 8	294	1081,5 540,7	6431	3,50 cm² 7 Ø 8 mm	5,60	1,57 cm² 4 Ø 8 mm	0,96
500	19137 25568	5,68 6,56	7 8	294	1169 584,5	6431	3,64 cm² 8 Ø 8 mm	5,83	1,64 cm² 4 Ø 8 mm	1,00
550	21051 27941	5,95 6,86	7,5 8,5	315	1277 638,5	6890	3,80 cm² 8 Ø 8 mm	6,09	1,71 cm² 4 Ø 8 mm	1,04
600	22965 30315	6,23 7,15	8 8,5	336	1386 693	7350	3,96 cm² 8 Ø 8 mm	6,35	1,78 cm² 4 Ø 8 mm	1,09
650	24878 32228	6,47 7,37	8 8,5	336	1473,5 736,7	7350	4,09 cm² 7 Ø 9 mm	6,55	1,84 cm² 3 Ø 9 mm	1,12
700	26792 34601	6,71 7,64	8,5 9	357	1582 791	7809	4,24 cm² 7 Ø 9 mm	6,79	1,91 cm² 3 Ø 9 mm	1,16
750	28706 36515	6,96 7,85	8,5 9,5	357	1669,5 834,7	7809	4,35 cm² 7 Ø 9 mm	6,97	1,96 cm² 4 Ø 9 mm	1,19
800	30620 38429	7,19 8,05	8,5 9,5	357	1757 878,5	7809	4,46 cm² 9 Ø 8 mm	7,15	2,01 cm² 4 Ø 8 mm	1,22
850	32533 40801	7,41 8,30	9 10	378	1865,5 932,7	8268	4,60 cm² 8 Ø 9 mm	7,37	2,07 cm² 4 Ø 9 mm	1,26
900	34447 42715	7,62 8,49	9 10	378	1953 976,5	8268	4,71 cm² 8 Ø 9 mm	7,54	2,12 cm² 4 Ø 9 mm	1,29
950	36361 45089	7,82 8,71	9,5 10	399	2061,5 1030,7	8728	4,83 cm² 8 Ø 9 mm	7,74	2,17 cm² 4 Ø 9 mm	1,33
1000	38275 47003	8,03 8,90	9,5 10,5	399	2149 1074,5	8728	4,93 cm² 8 Ø 9 mm	7,91	2,22 cm² 4 Ø 9 mm	1,35
1100	42102 51289	8,43 9,29	10 10,5	420	2345 1172,5	9187	5,15 cm² 8 Ø 10 mm	8,25	2,32 cm² 3 Ø 10 mm	1,42
1200	45930 55576	8,80 9,67	10,5 11	441	2541 1270,5	9646	5,36 cm² 8 Ø 10 mm	8,59	2,41 cm² 4 Ø 10 mm	1,47
1300	49757 59403	9,17 10,01	10,5 11,5	441	2716 1358	9646	5,55 cm² 8 Ø 10 mm	8,90	2,50 cm² 4 Ø 10 mm	1,52
1400	53585 63691	9,51 10,36	11 12	462	2912 1456	10106	5,74 cm² 8 Ø 10 mm	9,21	2,59 cm² 4 Ø 10 mm	1,58
1500	57412 67977	9,84 10,70	11,5 12	483	3108 1554	10565	5,93 cm² 8 Ø 10 mm	9,51	2,67 cm² 4 Ø 10 mm	1,63

PLACAS DE HORMIGON ARMADO **TABLA 12**

Luz = 2,00 m Ancho = 1,00 m

kg por m²	Momento kgcm pl²/8	h cm	d cm	p.p kg	P $R_A \cdot R_B$ Kg	M.p.p kgcm	Armadura resistente cm²/ml	z cm	Armadura de reparto en cm²/ml	T
150	7500 13500	3,56 4,77	5 6	240	540 270	6000	2,64 cm² 7 Ø 7 mm	4,24	1,19 cm² 4 Ø 7 mm	0,63
200	10000 16600	4,11 5,29	5,5 6,5	264	664 332	6600	2,93 cm² 7 Ø 8 mm	4,70	1,32 cm² 3 Ø 8 mm	0,70
250	12500 19700	4,59 5,76	6 7,5	288	788 394	7200	3,19 cm² 7 Ø 8 mm	5,12	1,44 cm² 3 Ø 8 mm	0,76
300	15000 22800	5,03 6,20	6,5 7,5	312	912 456	7800	3,44 cm² 7 Ø 8 mm	5,51	1,55 cm² 3 Ø 8 mm	0,82
350	17500 25900	5,43 6,61	7 8	336	1036 518	8400	3,66 cm² 8 Ø 8 mm	5,87	1,65 cm² 4 Ø 8 mm	0,88
400	20000 29000	5,81 6,99	7,5 8,5	360	1160 580	9000	3,87 cm² 8 Ø 8 mm	6,21	1,74 cm² 4 Ø 8 mm	0,93
450	22500 31500	6,16 7,29	7,5 8,5	360	1260 630	9000	4,04 cm² 7 Ø 9 mm	6,48	1,82 cm² 3 Ø 9 mm	0,97
500	25000 34600	6,49 7,64	8 9	384	1384 692	9600	4,24 cm² 7 Ø 9 mm	6,79	1,91 cm² 3 Ø 9 mm	1,01
550	27500 37100	6,81 7,91	8 9,5	384	1484 742	9600	4,39 cm² 7 Ø 9 mm	7,03	1,97 cm² 4 Ø 9 mm	1,05
600	30000 40200	7,11 8,23	8,5 9,5	408	1608 804	10200	4,56 cm² 8 Ø 9 mm	7,31	2,05 cm² 4 Ø 9 mm	1,09
650	32500 43300	7,40 8,54	9 10	432	1732 866	10800	4,73 cm² 8 Ø 9 mm	7,59	2,13 cm² 4 Ø 9 mm	1,14
700	35000 45800	7,68 8,79	9 10	432	1832 916	10800	4,87 cm² 8 Ø 9 mm	7,81	2,19 cm² 4 Ø 9 mm	1,17
750	37500 48900	7,95 9,08	9,5 10,5	456	1956 978	11400	5,03 cm² 8 Ø 9 mm	8,07	2,27 cm² 4 Ø 9 mm	1,21
800	40000 51400	8,22 9,31	9,5 11	456	2056 1028	11400	5,16 cm² 7 Ø 10 mm	8,27	2,32 cm² 3 Ø 10 mm	1,24
850	42500 54500	8,47 9,59	10 11	480	2180 1090	12000	5,32 cm² 7 Ø 10 mm	8,52	2,39 cm² 3 Ø 10 mm	1,27
900	45000 57500	8,71 9,86	10,5 11,5	504	2304 1152	12600	5,47 cm² 7 Ø 10 mm	8,76	2,46 cm² 4 Ø 10 mm	1,31
950	47500 60100	8,95 10,07	10,5 11,5	504	2404 1202	12600	5,58 cm² 9 Ø 9 mm	8,95	2,51 cm² 4 Ø 9 mm	1,34
1000	50000 62600	9,18 10,28	10,5 11,5	504	2504 1252	12600	5,70 cm² 9 Ø 9 mm	9,13	2,57 cm² 4 Ø 9 mm	1,37
1100	55000 68200	9,63 10,73	11 12,5	528	2728 1364	13200	5,95 cm² 8 Ø 10 mm	9,53	2,68 cm² 4 Ø 10 mm	1,43
1200	60000 73800	10,06 11,16	11,5 12,5	552	2952 1476	13800	6,19 cm² 8 Ø 10 mm	9,92	2,79 cm² 4 Ø 10 mm	1,48
1300	65000 79400	10,47 11,57	12 13	576	3176 1588	14400	6,42 cm² 9 Ø 10 mm	10,28	2,89 cm² 4 Ø 10 mm	1,54
1400	70000 85000	10,87 11,98	12,5 13,5	600	3400 1700	15000	6,64 cm² 9 Ø 10 mm	10,65	2,99 cm² 4 Ø 10 mm	1,59
1500	75000 90600	11,25 12,36	13 14	624	3624 1812	15600	6,85 cm² 9 Ø 10 mm	10,98	3,09 cm² 4 Ø 10 mm	1,65

PLACAS DE HORMIGON ARMADO

TABLA 13

Luz = 2,25 m

Ancho = 1,00 m

kg por m²	Momento kgcm pl²/8	h cm	d cm	p.p kg	P $R_A = R_B$ Kg	M.p.p kgcm	Armadura resistente cm²/ml	z cm	Armadura de reparto en cm²/ml	T
150	9492 17845	3,99 5,48	5,5 7	297	634 317	8353	3,01 cm² 8 Ø 7 mm	4,87	1,37 cm² 4 Ø 7 mm	0,65
200	12656 21768	4,61 6,05	6 7,5	324	774 387	9112	3,32 cm² 7 Ø 8 mm	5,33	1,51 cm² 3 Ø 8 mm	0,72
250	15820 25691	5,16 6,57	6,5 8	351	913,5 456,7	9871	3,61 cm² 8 Ø 8 mm	5,83	1,64 cm² 4 Ø 8 mm	0,78
300	18984 29615	5,64 7,06	7 8,5	378	1053 526,5	10631	3,88 cm² 8 Ø 8 mm	6,27	1,76 cm² 4 Ø 8 mm	0,83
350	22148 33538	6,10 7,52	7,5 9	405	1192,5 596,2	11390	4,13 cm² 7 Ø 9 mm	6,68	1,88 cm² 3 Ø 9 mm	0,89
400	35312 37462	6,53 7,94	8 9,5	432	1332 666	12150	4,36 cm² 7 Ø 9 mm	7,05	1,98 cm² 4 Ø 9 mm	0,94
450	28476 41385	6,92 8,35	8,5 10	459	1471,5 735,7	12909	4,59 cm² 8 Ø 9 mm	7,42	2,08 cm² 4 Ø 9 mm	0,99
500	31640 45308	7,30 8,74	9 10,5	486	1611 805,5	13668	4,80 cm² 8 Ø 9 mm	7,77	2,18 cm² 4 Ø 9 mm	1,03
550	34804 48472	7,66 9,04	9 10,5	486	1732,5 861,7	13668	4,97 cm² 8 Ø 9 mm	8,03	2,26 cm² 4 Ø 9 mm	1,07
600	37968 52396	7,99 9,39	9,5 11	513	1863 931,5	14428	5,16 cm² 8 Ø 10 mm	8,34	2,34 cm² 3 Ø 10 mm	1,11
650	41132 56319	8,33 9,74	10 11,5	540	2002,5 1001,2	15187	5,35 cm² 8 Ø 10 mm	8,65	2,43 cm² 4 Ø 10 mm	1,15
700	44296 59483	8,63 10,01	10 11,5	540	2115 1057,5	15187	5,50 cm² 8 Ø 10 mm	8,89	2,50 cm² 4 Ø 10 mm	1,18
750	47460 63406	8,94 10,34	10,5 12	567	2254,5 1127,2	15946	5,68 cm² 8 Ø 10 mm	9,19	2,58 cm² 4 Ø 10 mm	1,22
800	50624 66570	9,23 10,59	10,5 12	567	2367 1183,5	15946	5,82 cm² 8 Ø 10 mm	9,41	2,64 cm² 4 Ø 10 mm	1,25
850	53788 70494	9,52 10,90	11 12,5	594	2506,5 1253,2	16706	5,99 cm² 8 Ø 10 mm	9,69	2,72 cm² 4 Ø 10 mm	1,29
900	56952 74417	9,80 11,20	11,5 12,5	621	2646 1323	17465	6,16 cm² 8 Ø 10 mm	9,95	2,80 cm² 4 Ø 10 mm	1,32
950	60117 77582	10,07 11,43	11,5 13	621	2758,5 1379,2	17465	6,28 cm² 8 Ø 10 mm	10,16	2,85 cm² 4 Ø 10 mm	1,35
1000	63281 81506	10,32 11,72	12 13,5	648	2898 1449	18225	6,44 cm² 9 Ø 10 mm	10,41	2,93 cm² 4 Ø 10 mm	1,39
1100	69609 88593	10,84 12,22	12,5 14	675	3150 1575	18984	6,72 cm² 9 Ø 10 mm	10,86	3,05 cm² 4 Ø 10 mm	1,45
1200	75937 95680	11,32 12,70	13 14	702	3402 1701	19743	6,98 cm² 9 Ø 10 mm	11,29	3,17 cm² 5 Ø 10 mm	1,50
1300	82265 102768	11,78 13,19	13,5 14,5	729	3654 1827	20503	7,35 cm² 10 Ø 10 mm	11,72	3,29 cm² 5 Ø 10 mm	1,55
1400	88593 109096	12,22 13,60	13,5 15	729	3879 1939,5	20503	7,48 cm² 10 Ø 10 mm	12,09	3,40 cm² 5 Ø 10 mm	1,60
1500	94921 116183	12,65 14,01	14 15,5	756	4131 2065,5	21262	7,70 cm² 10 Ø 10 mm	12,45	3,50 cm² 5 Ø 10 mm	1,65

PLACAS DE HORMIGON ARMADO **TABLA 14**

Luz = 2,50 m Ancho = 1,00 m

kg por m²	Momento kgcm pl²/8	h cm	d cm	p.p kg	P $R_A = R_B$ Kg.	M.p.p kgcm	Armadura resistente cm²/ml	z cm	Armadura de reparto en cm²/ml	T
150	11718 20718	4,44 5,91	6 7,5	288	663 331,5	9000	3,28 cm² 7 Ø 8 mm	5,25	1,47 cm² 3 Ø 8 mm	0,63
200	15625 25375	5,13 6,53	6,5 8	312	812 406	9750	3,62 cm² 8 Ø 8 mm	5,80	1,63 cm² 4 Ø 8 mm	0,70
250	19531 30031	5,73 7,11	7 8,5	336	961 480,5	10500	3,94 cm² 8 Ø 8 mm	6,32	1,77 cm² 4 Ø 8 mm	0,76
300	23437 35437	6,28 7,73	8 9,5	384	1134 567	12000	4,29 cm² 9 Ø 8 mm	6,87	1,93 cm² 4 Ø 8 mm	0,82
350	27343 39343	6,78 8,14	8 9,5	384	1259 629,5	12000	4,51 cm² 9 Ø 8 mm	7,23	2,03 cm² 4 Ø 8 mm	0,87
400	31250 44750	7,25 8,68	9 10,5	432	1432 716	13500	4,81 cm² 8 Ø 9 mm	7,71	2,17 cm² 4 Ø 9 mm	0,92
450	35156 48656	7,69 9,05	9 10,5	432	1557 778,5	13500	5,02 cm² 8 Ø 9 mm	8,04	2,26 cm² 4 Ø 9 mm	0,96
500	39062 53312	8,11 9,48	9,5 11	456	1706 853	14250	5,26 cm² 8 Ø 10 mm	8,42	2,37 cm² 3 Ø 10 mm	1,01
550	42968 57968	8,51 9,88	10 11,5	480	1855 927,5	15000	5,48 cm² 8 Ø 10 mm	8,78	2,47 cm² 4 Ø 10 mm	1,05
600	46875 62625	8,88 10,28	10,5 12	504	2004 1002	15750	5,70 cm² 8 Ø 10 mm	9,13	2,57 cm² 4 Ø 10 mm	1,09
650	50781 67281	9,25 10,65	11 12,5	528	2153 1076,5	16500	5,91 cm² 8 Ø 10 mm	9,46	2,66 cm² 4 Ø 10 mm	1,13
700	54687 71187	9,60 10,95	11 12,5	528	2278 1139	16500	6,07 cm² 8 Ø 10 mm	9,73	2,73 cm² 4 Ø 10 mm	1,17
750	58593 75843	9,93 11,35	11,5 13	552	2427 1213,5	17250	6,30 cm² 9 Ø 10 mm	10,09	2,83 cm² 4 Ø 10 mm	1,20
800	62500 80500	10,27 11,66	12 13,5	576	2576 1288	18000	6,47 cm² 9 Ø 10 mm	10,36	2,91 cm² 4 Ø 10 mm	1,24
850	66406 84406	10,58 11,93	12 13,5	576	2701 1350,5	18000	6,62 cm² 9 Ø 10 mm	10,60	2,98 cm² 4 Ø 10 mm	1,27
900	70312 89062	10,89 12,26	12,5 14	600	2850 1425	18750	6,80 cm² 9 Ø 10 mm	10,89	3,06 cm² 4 Ø 10 mm	1,30
950	74218 93718	11,19 11,58	13 14,5	624	2499 1459,5	19500	6,98 cm² 9 Ø 10 mm	11,18	3,14 cm² 4 Ø 10 mm	1,34
1000	78125 97625	11,48 12,83	13 14,5	624	3124 1562	19500	7,12 cm² 10 Ø 10 mm	11,40	3,20 cm² 5 Ø 10 mm	1,37
1100	85937 106187	12,04 13,35	13,5 15	648	3398 1699	20250	7,40 cm² 10 Ø 10 mm	11,86	3,33 cm² 5 Ø 10 mm	1,43
1200	93750 114750	12,58 13,97	14 15,5	672	3672 1836	21000	7,75 cm² 10 Ø 10 mm	12,41	3,49 cm² 5 Ø 10 mm	1,47
1300	101562 123312	13,15 14,46	14,5 16	696	3946 1973	21750	8,02 cm² 11 Ø 10 mm	12,85	3,61 cm² 5 Ø 10 mm	1,53
1400	109375 131875	13,64 15,12	15 16,5	720	4220 2110	22500	8,39 cm² 11 Ø 10 mm	13,44	3,78 cm² 5 Ø 10 mm	1,56
1500	117187 140437	14,13 15,53	15,5 17	744	4494 2247	23250	8,61 cm² 11 Ø 10 mm	13,80	3,88 cm² 5 Ø 10 mm	1,62

PLACAS DE HORMIGON ARMADO **TABLA 15**

Luz = 3,00 m Ancho = 1,00 m

kg por m²	Momento kgcm pl²/8	h cm	d cm	p.p kg	P $R_A = R_B$ Kg	M.p.p kgcm	Armadura resistente cm²/ml	z cm	Armadura de reparto en cm²/ml	T
150	16875 35775	5,32 7,76	7 9	504	954 477	18900	4,30 cm² 7 Ø 9 mm	6,89	1,94 cm² 3 Ø 9 mm	0,69
200	22500 42750	5,81 8,49	7,5 10	540	1140 570	20250	4,71 cm² 8 Ø 9 mm	7,54	2,12 cm² 4 Ø 9 mm	0,75
250	28125 49725	6,49 9,16	8 10,5	576	1326 663	21600	5,08 cm² 8 Ø 9 mm	8,14	2,29 cm² 4 Ø 9 mm	0,81
300	33750 56700	7,11 9,78	8,5 11	612	1512 756	22950	5,42 cm² 9 Ø 9 mm	8,69	2,44 cm² 4 Ø 9 mm	0,86
350	39375 63675	7,68 10,36	9 12	648	1698 849	24300	5,74 cm² 9 Ø 9 mm	9,21	2,59 cm² 4 Ø 9 mm	0,92
400	45000 72000	8,22 11,02	10 12,5	720	1920 960	27000	6,11 cm² 8 Ø 10 mm	9,79	2,75 cm² 4 Ø 10 mm	0,98
450	50625 78975	8,71 11,54	10,5 13	756	2106 1053	28350	6,40 cm² 9 Ø 10 mm	10,25	2,88 cm² 4 Ø 10 mm	1,02
500	56250 84600	9,18 11,95	10,5 13,5	756	2256 1128	28350	6,63 cm² 9 Ø 10 mm	10,62	2,98 cm² 4 Ø 10 mm	1,06
550	61875 91575	9,63 11,42	11 14	792	2442 1221	29700	6,89 cm² 9 Ø 10 mm	11,04	3,10 cm² 4 Ø 10 mm	1,10
600	67500 98550	10,06 12,89	11,5 14,5	828	2628 1314	31050	7,15 cm² 10 Ø 10 mm	11,45	3,22 cm² 5 Ø10 mm	1,14
650	73125 105525	10,47 13,35	12 15	864	2814 1407	32400	7,40 cm² 10 Ø 10 mm	11,86	3,33 cm² 5 Ø10 mm	1,18
700	78750 112500	10,87 13,80	12,5 15,5	900	3000 1500	33750	7,65 cm² 10 Ø 10 mm	12,26	3,45 cm² 5 Ø10 mm	1,22
750	84375 119475	11,25 14,22	13 16	936	3186 1593	35100	7,89 cm² 10 Ø 10 mm	12,64	3,55 cm² 5 Ø10 mm	1,26
800	90000 125100	11,62 14,54	13 16	936	3336 1668	35100	8,06 cm² 11 Ø 10 mm	12,92	3,63 cm² 5 Ø10 mm	1,29
850	95625 132075	11,98 14,96	13,5 16,5	972	3522 1761	36450	8,30 cm² 11 Ø 10 mm	13,30	3,74 cm² 5 Ø10 mm	1,32
900	101250 139050	12,33 15,33	14 17	1008	3708 1854	37800	8,50 cm² 11 Ø 10 mm	13,62	3,83 cm² 5 Ø10 mm	1,36
950	106875 144675	12,66 15,61	14 17	1008	3858 1929	37800	8,66 cm² 11 Ø 10 mm	13,87	3,90 cm² 5 Ø10 mm	1,39
1000	112500 151650	12,99 16,00	14,5 17,5	1044	4044 2022	39150	8,88 cm² 8 Ø 12 mm	14,22	4,00 cm² 4 Ø 12 mm	1,42
1100	123750 164250	13,62 16,68	15 18	1080	4380 2190	40500	9,25 cm² 9 Ø 12 mm	14,82	4,17 cm² 4 Ø 12 mm	1,47
1200	135000 176850	14,23 17,30	15,5 18,5	1116	4716 2358	41850	9,60 cm² 9 Ø 12 mm	15,38	4,32 cm² 4 Ø 12 mm	1,53
1300	146250 189450	14,81 17,87	16 19	1152	5052 2526	43200	9,91 cm² 9 Ø 12 mm	15,88	4,46 cm² 4 Ø 12 mm	1,59
1400	157500 203400	15,37 18,53	17 20	1224	5424 2712	45900	10,28 cm² 10 Ø 12 mm	16,47	4,63 cm² 5 Ø 12 mm	1,64
1500	168750 217350	15,91 19,15	17,5 20,5	1296	5796 2898	48600	10,62 cm² 10 Ø 12 mm	17,02	4,78 cm² 5 Ø 12 mm	1,70

PLACAS DE HORMIGON ARMADO

TABLA 16

Luz = 3,50 m Ancho = 1,00 m

kg por m²	Momento kgcm pl²/8	h cm	d cm	p.p kg	P $R_A = R_B$ Kg	M.p.p kgcm	Armadura resistente cm²/ml	z cm	Armadura de reparto en cm²/ml	T
150	22968 50530	6,21 9,23	7,5 10,5	630	1155 577,5	27562	5,12 cm² 7 Ø 10 mm	8,20	2,30 cm² 3 Ø 10 mm	0,70
200	30625 61862	7,19 10,21	8,5 11,5	714	1414 707	31237	5,66 cm² 8 Ø 10 mm	9,07	2,55 cm² 4 Ø 10 mm	0,77
250	38281 73203	8,05 11,11	9,5 12,5	798	1673 836,5	34922	6,16 cm² 8 Ø 10 mm	9,87	2,77 cm² 4 Ø 10 mm	0,84
300	45937 84524	8,80 11,94	10,5 13,5	882	1932 966	38587	6,62 cm² 9 Ø 10 mm	10,61	2,98 cm² 4 Ø 10 mm	0,91
350	53593 94018	9,51 12,59	11,0 14	924	2149 1074,5	40425	6,98 cm² 9 Ø 10 mm	11,19	3,14 cm² 4 Ø 10 mm	0,96
400	61250 103512	10,16 13,23	11,5 14	966	2366 1183	42262	7,34 cm² 10 Ø 10 mm	11,76	3,30 cm² 5 Ø 10 mm	1,00
450	68906 114343	10,78 13,97	12,5 15,5	1050	2625 1312,5	45437	7,75 cm² 10 Ø 10 mm	12,41	3,49 cm² 5 Ø 10 mm	1,05
500	76562 124337	11,36 14,59	13 16	1092	2842 1421	47775	8,09 cm² 11 Ø 10 mm	12,97	3,64 cm² 5 Ø 10 mm	1,09
550	84218 131993	11,51 15,12	13 16,5	1092	3017 1508,5	47775	8,39 cm² 11 Ø 10 mm	13,44	3,75 cm² 5 Ø 10 mm	1,12
600	91875 143325	12,45 15,61	14 17	1176	3276 1638	51450	8,66 cm² 11 Ø 10 mm	13,87	3,90 cm² 5 Ø 10 mm	1,18
650	99531 152818	12,96 16,02	14,5 17,5	1218	3493 1746,5	53287	8,89 cm² 8 Ø 12 mm	14,24	4,00 cm² 4 Ø 12 mm	1,22
700	107187 162312	13,56 16,52	15 15,5	1260	3710 1855	55125	9,16 cm² 9 Ø 12 mm	14,68	4,13 cm² 4 Ø 12 mm	1,26
750	114843 171805	13,97 17,26	15,5 18,5	1302	3927 1963,5	56962	9,59 cm² 9 Ø 12 mm	15,34	4,31 cm² 4 Ø 12 mm	1,27
800	122500 181300	14,38 17,67	16 19	1344	4144 2072	58800	9,80 cm² 9 Ø 12 mm	15,70	4,41 cm² 4 Ø 12 mm	1,31
850	130156 192631	14,91 18,08	17 19,5	1428	4403 2201,5	62475	10,03 cm² 9 Ø 12 mm	16,07	4,52 cm² 4 Ø 12 mm	1,36
900	137812 200287	15,29 18,49	17 20	1428	4578 2289	62475	10,26 cm² 10 Ø 12 mm	16,43	4,62 cm² 5 Ø 12 mm	1,39
950	145468 207943	15,70 18,84	17 20,5	1428	4753 2376,5	62475	10,45 cm² 10 Ø 12 mm	16,74	4,71 cm² 5 Ø 12 mm	1,41
1000	153125 219275	16,11 17,02	18 20,5	1512	5012 2506	66150	10,55 cm² 10 Ø 12 mm	16,90	4,75 cm² 5 Ø 12 mm	1,48
1100	168437 238262	16,89 19,93	19 21,5	1596	5446 2723	69825	11,06 cm² 10 Ø 12 mm	17,71	4,98 cm² 5 Ø 12 mm	1,53
1200	183750 253575	17,67 20,79	19 22	1596	5796 2898	69825	11,53 cm² 11 Ø 12 mm	18,48	5,19 cm² 5 Ø 12 mm	1,56
1300	199062 272562	18,33 21,57	20 23	1680	6230 3115	73500	11,97 cm² 11 Ø 12 mm	19,17	5,39 cm² 5 Ø 12 mm	1,62
1400	214375 291550	19,02 22,19	21 23,5	1764	6664 3332	77175	12,31 cm² 11 Ø 12 mm	19,72	5,54 cm² 5 Ø 12 mm	1,68
1500	229687 306862	19,68 22,81	21 24,5	1764	7014 3507	77175	12,65 cm² 12 Ø 12 mm	20,27	5,70 cm² 5 Ø 12 mm	1,73

PLACAS DE HORMIGON ARMADO **TABLA 17**

Luz = 4,00 m Ancho = 1,00 m

kg por m²	Momento kgcm $pl^2/8$	h cm	d cm	p.p kg	P $R_A = R_B$ Kg	M.p.p kgcm	Armadura resistente cm²/ml	z cm	Armadura de reparto en cm²/ml	T
150	30000 70800	7,11 10,93	8,5 12,5	816	1416 708	40800	6,06 cm² 8 Ø 10 mm	9,71	2,73 cm² 4 Ø 10 mm	0,72
200	40000 85600	8,22 12,02	9,5 13,5	912	1712 856	45600	6,67 cm² 9 Ø 10 mm	10,68	3,00 cm² 4 Ø 10 mm	0,80
250	50000 100400	9,16 13,02	10,5 14,5	1008	2008 1004	50400	7,22 cm² 10 Ø 10 mm	11,57	3,25 cm² 5 Ø 10 mm	0,86
300	60000 115200	10,02 13,97	11,5 15,5	1104	2304 1152	52200	7,75 cm² 10 Ø 10 mm	12,41	3,47 cm² 5 Ø 10 mm	0,92
350	70000 127600	10,85 14,71	12 16,5	1152	2552 1276	57600	8,16 cm² 8 Ø 12 mm	13,07	3,67 cm² 4 Ø 12 mm	0,97
400	80000 142400	11,59 15,53	13 17	1248	2848 1424	62400	8,61 cm² 8 Ø 12 mm	13,80	3,88 cm² 4 Ø 12 mm	1,03
450	90000 157200	12,33 16,31	14 18	1344	3144 1572	67200	9,05 cm² 8 Ø 12 mm	14,50	4,07 cm² 4 Ø 12 mm	1,08
500	100000 169600	12,99 16,93	14,5 18,5	1392	3392 1696	69600	9,39 cm² 9 Ø 12 mm	15,05	4,23 cm² 4 Ø 12 mm	1,12
550	110000 182000	13,62 17,54	15 19	1440	3640 1820	72000	9,73 cm² 9 Ø 12 mm	15,62	4,38 cm² 4 Ø 12 mm	1,16
600	120000 196800	14,23 18,24	16 20	1536	3936 1968	76800	10,12 cm² 9 Ø 12 mm	16,21	4,56 cm² 4 Ø 12 mm	1,21
650	130000 211600	14,81 18,90	17 20,5	1632	4232 2116	81600	10,48 cm² 10 Ø 12 mm	16,80	4,72 cm² 5 Ø 12 mm	1,25
700	140000 221600	15,37 19,35	17 21	1632	4432 2216	81600	10,73 cm² 10 Ø 12 mm	17,20	4,83 cm² 5 Ø 12 mm	1,28
750	150000 236400	15,91 19,97	18 21,5	1728	4728 2364	86400	11,08 cm² 10 Ø 12 mm	17,75	4,99 cm² 5 Ø 12 mm	1,33
800	160000 246400	16,44 20,42	18 22	1728	4928 2464	86400	11,33 cm² 10 Ø 12 mm	18,15	5,10 cm² 5 Ø 12 mm	1,35
850	170000 261200	16,94 21,00	19 22,5	1824	5224 2612	91200	11,65 cm² 11 Ø 12 mm	18,66	5,25 cm² 5 Ø 12 mm	1,40
900	180000 271200	17,42 21,41	19 23	1824	5424 2712	91200	11,88 cm² 11 Ø 12 mm	19,03	5,35 cm² 5 Ø 12 mm	1,42
950	190000 286000	17,91 21,98	20 23,5	1920	5720 2860	96000	12,19 cm² 11 Ø 12 mm	19,54	5,49 cm² 5 Ø 12 mm	1,46
1000	200000 296000	18,37 22,35	20 24	1920	5920 2960	96000	12,40 cm² 11 Ø 12 mm	19,86	5,58 cm² 5 Ø 12 mm	1,49
1100	220000 320800	19,27 23,26	21 25	2016	6416 3208	100800	12,90 cm² 12 Ø 12 mm	20,67	5,81 cm² 6 Ø 12 mm	1,55
1200	240000 345600	20,13 24,16	22 25,5	2112	6912 3456	105600	13,40 cm² 12 Ø 12 mm	21,47	6,04 cm² 6 Ø 12 mm	1,60
1300	260000 370400	20,96 25,02	23 27	2288	7408 3704	110400	13,88 cm² 10 Ø 14 mm	22,24	6,25 cm² 5 Ø 14 mm	1,66
1400	280000 395200	21,74 25,85	24 28	2304	7904 3952	115200	14,34 cm² 10 Ø 14 mm	22,98	6,46 cm² 5 Ø 14 mm	1,71
1500	300000 415200	22,51 26,50	24 28	2344	8304 4152	115200	14,70 cm² 10 Ø 14 mm	23,55	6,62 cm² 5 Ø 14 mm	1,76

PLACAS DE HORMIGON ARMADO
EN FUNCION DEL MOMENTO MAXIMO **TABLA 18**

Fatiga del hormigón 40 kg/cm² Fatiga del hierro 1 200 kg/cm²

Momento kgcm	h d cm	Armadura resistente cm² por ml	z cm	Armadura de reparto cm² por ml
3375	2,35 5	1,30 cm² 7 Ø 6 mm	2,08	0,58 cm² 4 Ø 6 mm
4000	2,59 5	1,43 cm² 7 Ø 6 mm	2,30	0,64 cm² 4 Ø 6 mm
4625	2,78 5	1,54 cm² 7 Ø 6 mm	2,47	0,69 cm² 4 Ø 6 mm
5250	2,96 5	1,64 cm² 7 Ø 6 mm	2,63	0,74 cm² 4 Ø 6 mm
5875	3,12 5	1,73 cm² 7 Ø 6 mm	2,77	0,78 cm² 4 Ø 6 mm
6249	3,23 5	1,79 cm² 7 Ø 6 mm	2,87	0,80 cm² 4 Ø 6 mm
6500	3,31 5	1,83 cm² 7 Ø 6 mm	2,94	0,82 cm² 4 Ø 6 mm
7125	3,46 5	1,92 cm² 7 Ø 6 mm	3,07	0,86 cm² 4 Ø 6 mm
7225	3,48 5	1,93 cm² 7 Ø 6 mm	3,09	0,87 cm² 4 Ø 6 mm
7593	3,55 5	1,97 cm² 7 Ø 6 mm	3,15	0,88 cm² 4 Ø 6 mm
7750	3,60 5	2,00 cm² 7 Ø 6 mm	3,20	0,90 cm² 4 Ø 6 mm
8202	3,71 5,5	2,05 cm² 7 Ø 7 mm	3,30	0,92 cm² 3 Ø 7 mm
8375	3,74 5,5	2,07 cm² 7 Ø 7 mm	3,32	0,93 cm² 3 Ø 7 mm
9000	3,89 5,5	2,15 cm² 7 Ø 7 mm	3,45	0,97 cm² 3 Ø 7 mm
9178	3,91 5,5	2,17 cm² 7 Ø 7 mm	3,47	0,97 cm² 3 Ø 7 mm

Momento kgcm	h d cm	Armadura resistente cm² por ml	z cm	Armadura de reparto cm² por ml
9775	4,04 5,5	2,24 cm² 7 Ø 7 mm	3,59	1,01 cm² 3 Ø 7 mm
10334	4,16 5,5	2,30 cm² 7 Ø 7 mm	3,69	1,04 cm² 3 Ø 7 mm
10400	4,18 5,5	2,31 cm² 7 Ø 7 mm	3,71	1,04 cm² 3 Ø 7 mm
11025	4,30 6	2,38 cm² 7 Ø 7 mm	3,82	1,07 cm² 3 Ø 7 mm
11366	4,36 6	2,41 cm² 7 Ø 7 mm	3,87	1,09 cm² 3 Ø 7 mm
11650	4,42 6	2,45 cm² 7 Ø 7 mm	3,92	1,10 cm² 3 Ø 7 mm
12149	4,52 6	2,50 cm² 7 Ø 7 mm	4,01	1,13 cm² 3 Ø 7 mm
12248	4,53 6	2,51 cm² 7 Ø 7 mm	4,02	1,13 cm² 3 Ø 7 mm
12343	4,55 6	2,52 cm² 7 Ø 7 mm	4,04	1,13 cm² 3 Ø 7 mm
12425	4,57 6	2,53 cm² 7 Ø 7 mm	4,06	1,14 cm² 3 Ø 7 mm
13050	4,68 6	2,59 cm² 7 Ø 7 mm	4,16	1,17 cm² 4 Ø 7 mm
13555	4,77 6,5	2,64 cm² 7 Ø 7 mm	4,24	1,19 cm² 4 Ø 7 mm
13675	4,79 6,5	2,65 cm² 7 Ø 7 mm	4,25	1,19 cm² 4 Ø 7 mm
14300	4,91 6,5	2,72 cm² 8 Ø 7 mm	4,36	1,22 cm² 4 Ø 7 mm
14530	4,94 6,5	2,74 cm² 8 Ø 7 mm	4,39	1,23 cm² 4 Ø 7 mm
14621	4,96 6,5	2,75 cm² 8 Ø 7 mm	4,40	1,24 cm² 4 Ø 7 mm

Momento kgcm	h d cm	Armadura resistente cm² por ml	z cm	Armadura de reparto cm² por ml
15300	5,07 6,5	2,81 cm² 8 Ø 7 mm	4,50	1,26 cm² 4 Ø 7 mm
15507	5,11 6,5	2,83 cm² 8 Ø 7 mm	4,54	1,27 cm² 4 Ø 7 mm
15700	5,15 6,5	2,85 cm² 8 Ø 7 mm	4,57	1,28 cm² 4 Ø 7 mm
16600	5,29 6,5	2,93 cm² 8 Ø 7 mm	4,70	1,32 cm² 4 Ø 7 mm
16706	5,31 7	2,94 cm² 8 Ø 7 mm	4,72	1,32 cm² 4 Ø 7 mm
16994	5,34 7	2,96 cm² 8 Ø 7 mm	4,74	1,33 cm² 4 Ø 7 mm
17694	5,45 7	3,02 cm² 8 Ø 7 mm	4,84	1,36 cm² 4 Ø 7 mm
17845	5,48 7	3,02 cm² 8 Ø 7 mm	4,87	1,37 cm² 4 Ø 7 mm
18350	5,55 7	3,08 cm² 8 Ø 7 mm	4,93	1,38 cm² 4 Ø 7 mm
18449	5,57 7	3,09 cm² 7 Ø 8 mm	4,95	1,39 cm² 3 Ø 8 mm
18670	5,60 7	3,10 cm² 7 Ø 8 mm	4,97	1,40 cm² 3 Ø 8 mm
19367	5,70 7	3,16 cm² 7 Ø 8 mm	5,06	1,42 cm² 3 Ø 8 mm
19600	5,75 7,5	3,19 cm² 7 Ø 8 mm	5,11	1,43 cm² 3 Ø 8 mm
19700	5,76 7,5	3,19 cm² 7 Ø 8 mm	5,12	1,44 cm² 3 Ø 8 mm
19855	5,78 7,5	3,20 cm² 7 Ø 8 mm	5,13	1,44 cm² 3 Ø 8 mm
20850	5,92 7,5	3,28 cm² 7 Ø 8 mm	5,26	1,48 cm² 3 Ø 8 mm

Momento kgcm	h d cm	Armadura resistente cm^2 por ml	z cm	Armadura de reparto cm^2 por ml
21281	5,98 7,5	3,31 cm^2 7 Ø 8 mm	5,31	1,49 cm^2 3 Ø 8 mm
21600	6,03 7,5	3,34 cm^2 7 Ø 8 mm	5,36	1,50 cm^2 3 Ø 8 mm
21768	6,05 7,5	3,34 cm^2 7 Ø 8 mm	5,36	1,51 cm^2 3 Ø 8 mm
21835	6,06 7,5	3,36 cm^2 7 Ø 8 mm	5,36	1,51 cm^2 3 Ø 8 mm
22800	6,20 7,5	3,44 cm^2 7 Ø 8 mm	5,51	1,55 cm^2 4 Ø 8 mm
23046	6,23 7,5	3,45 cm^2 7 Ø 8 mm	5,53	1,55 cm^2 4 Ø 8 mm
23654	6,31 8	3,50 cm^2 7 Ø 8 mm	5,60	1,57 cm^2 4 Ø 8 mm
24637	6,45 8	3,57 cm^2 8 Ø 8 mm	5,73	1,61 cm^2 4 Ø 8 mm
24999	6,49 8	3,60 cm^2 8 Ø 8 mm	5,76	1,62 cm^2 4 Ø 8 mm
25375	6,53 8	3,62 cm^2 8 Ø 8 mm	5,80	1,63 cm^2 4 Ø 8 mm
25568	6,56 8	3,64 cm^2 8 Ø 8 mm	5,83	1,64 cm^2 4 Ø 8 mm
25900	6,61 8	3,66 cm^2 8 Ø 8 mm	5,87	1,65 cm^2 4 Ø 8 mm
26155	6,63 8	3,67 cm^2 8 Ø 8 mm	5,89	1,65 cm^2 4 Ø 8 mm
27187	6,76 8,5	3,75 cm^2 8 Ø 8 mm	6,00	1,69 cm^2 4 Ø 8 mm
27562	6,81 8,5	3,77 cm^2 8 Ø 8 mm	6,05	1,70 cm^2 4 Ø 8 mm
27941	6,86 8,5	3,80 cm^2 8 Ø 8 mm	6,09	1,71 cm^2 4 Ø 8 mm

TABLA 18 (Continuación)

Momento kgcm	h d cm	Armadura resistente cm^2 por ml	z cm	Armadura de reparto cm^2 por ml
29000	6,99 8,5	3,87 cm^2 8 Ø 8 mm	6,21	1,74 cm^2 4 Ø 8 mm
29306	7,03 8,5	3,90 cm^2 8 Ø 8 mm	6,24	1,75 cm^2 4 Ø 8 mm
30031	7,11 8,5	3,94 cm^2 8 Ø 8 mm	6,32	1,77 cm^2 4 Ø 8 mm
30315	7,15 8,5	3,96 cm^2 8 Ø 8 mm	6,35	1,78 cm^2 4 Ø 8 mm
30712	7,20 8,5	4,00 cm^2 8 Ø 8 mm	6,40	1,80 cm^2 4 Ø 8 mm
31327	7,27 8,5	4,03 cm^2 8 Ø 8 mm	6,46	1,81 cm^2 4 Ø 8 mm
31500	7,29 8,5	4,04 cm^2 7 Ø 9 mm	6,48	1,82 cm^2 3 Ø 9 mm
32228	7,37 8,5	4,09 cm^2 7 Ø 9 mm	6,55	1,84 cm^2 3 Ø 9 mm
32455	7,39 9	4,10 cm^2 7 Ø 9 mm	6,56	1,84 cm^2 3 Ø 9 mm
33280	7,48 9	4,15 cm^2 7 Ø 9 mm	6,65	1,87 cm^2 3 Ø 9 mm
33538	7,52 9	4,15 cm^2 7 Ø 9 mm	6,68	1,88 cm^2 3 Ø 9 mm
33862	7,55 9	4,19 cm^2 7 Ø 9 mm	6,71	1,88 cm^2 3 Ø 9 mm
34600	7,64 9	4,24 cm^2 7 Ø 9 mm	6,79	1,91 cm^2 3 Ø 9 mm
35437	7,73 9	4,29 cm^2 7 Ø 9 mm	6,87	1,93 cm^2 4 Ø 9 mm
36674	7,86 9,5	4,36 cm^2 7 Ø 9 mm	6,98	1,96 cm^2 4 Ø 9 mm
37100	7 91 9,5	4,39 cm^2 7 Ø 9 mm	7,03	1,97 cm^2 4 Ø 9 mm

Momento kgcm	h d cm	Armadura resistente cm² por ml	z cm	Armadura de reparto cm² por ml
37462	7,94 9,5	4,39 cm² 7 Ø 9 mm	7,05	1,98 cm² 4 Ø 9 mm
38429	8,05 9,5	4,46 cm² 9 Ø 8 mm	7,15	2,01 cm² 4 Ø 8 mm
39343	8,14 9,5	4,51 cm² 9 Ø 8 mm	7,23	2,03 cm² 4 Ø 8 mm
39825	8,19 9,5	4,54 cm² 8 Ø 9 mm	7,28	2,04 cm² 4 Ø 9 mm
40200	8,23 9,5	4,56 cm² 8 Ø 9 mm	7,29	2,05 cm² 4 Ø 9 mm
40801	8,30 10	4,60 cm² 8 Ø 9 mm	7,37	2,07 cm² 4 Ø 9 mm
41385	8,35 10	4,60 cm² 8 Ø 9 mm	7,42	2,08 cm² 4 Ø 9 mm
42712	8,49 10	4,71 cm² 8 Ø 9 mm	7,54	2,12 cm² 4 Ø 9 mm
42974	8,51 10	4,72 cm² 8 Ø 9 mm	7,56	2,20 cm² 4 Ø 9 mm
44750	8,68 10	4,81 cm² 8 Ø 9 mm	7,71	2,17 cm² 4 Ø 9 mm
45089	8,71 10	4,83 cm² 8 Ø 9 mm	7,74	2,17 cm² 4 Ø 9 mm
45800	8,79 10	4,87 cm² 8 Ø 9 mm	7,81	2,19 cm² 4 Ø 9 mm
47003	8,90 10,5	4,93 cm² 8 Ø 9 mm	7,91	2,22 cm² 4 Ø 9 mm
48472	9,04 10,5	4,97 cm² 8 Ø 9 mm	8,03	2,26 cm² 4 Ø 9 mm
48655	9,05 10,5	5,02 cm² 8 Ø 9 mm	8,04	2,26 cm² 4 Ø 9 mm
48937	9,08 10,5	5,03 cm² 8 Ø 9 mm	8,07	2,27 cm² 4 Ø 9 mm

Momento kgcm	h d cm	Armadura resistente cm^2 por ml	z cm	Armadura de reparto cm^2 por ml
49725	9,16 10,5	5,08 cm^2 8 Ø 9 mm	8,14	2,29 cm^2 4 Ø 9 mm
50530	9,23 10,5	5,12 cm^2 7 Ø 10 mm	8,20	2,30 cm^2 3 Ø 10 mm
51289	9,29 10,5	5,15 cm^2 7 Ø 10 mm	8,25	2,32 cm^2 3 Ø 10 mm
51400	9,31 11	5,16 cm^2 7 Ø 10 mm	8,27	2,32 cm^2 3 Ø 10 mm
52396	9,39 11	5,16 cm^2 7 Ø 10 mm	8,34	2,34 cm^2 3 Ø 10 mm
54500	9,59 11	5,32 cm^2 7 Ø 10 mm	8,52	2,39 cm^2 3 Ø 10 mm
55576	9,67 11	5,36 cm^2 7 Ø 10 mm	8,59	2,41 cm^2 4 Ø 10 mm
56319	9,74 11,5	5,36 cm^2 7 Ø 10 mm	8,65	2,43 cm^2 4 Ø 10 mm
57600	9,86 11,5	5,47 cm^2 7 Ø 10 mm	8,76	2,46 cm^2 4 Ø 10 mm
59403	10,01 11,5	5,55 cm^2 8 Ø 10 mm	8,90	2,50 cm^2 4 Ø 10 mm
60100	10,07 11,5	5,58 cm^2 8 Ø 10 mm	8,95	2,51 cm^2 4 Ø 10 mm
61862	10,21 11,5	5,66 cm^2 8 Ø 10 mm	9,07	2,55 cm^2 4 Ø 10 mm
62600	10,28 11,5	5,70 cm^2 8 Ø 10 mm	9,13	2,57 cm^2 4 Ø 10 mm
63406	10,34 12	5,70 cm^2 8 Ø 10 mm	9,19	2,58 cm^2 4 Ø 10 mm
63691	10,36 12	5,74 cm^2 8 Ø 10 mm	9,21	2,59 cm^2 4 Ø 10 mm
66570	10,59 12	5,82 cm^2 8 Ø 10 mm	9,41	2,64 cm^2 4 Ø 10 mm

Momento kgcm	h d cm	Armadura resistente cm² por ml	z cm	Armadura de reparto cm² por ml
67281	10,65 12	5,91 cm² 8 Ø 10 mm	9,46	2,66 cm² 4 Ø 10 mm
67977	10,70 12	5,93 cm² 8 Ø 10 mm	9,51	2,67 cm² 4 Ø 10 mm
68200	10,72 12,5	5,95 cm² 8 Ø 10 mm	9,53	2,68 cm² 4 Ø 10 mm
70494	10,90 12,5	5,99 cm² 8 Ø 10 mm	9,69	2,72 cm² 4 Ø 10 mm
70800	10,93 12,5	6,06 cm² 8 Ø 10 mm	9,71	2,73 cm² 4 Ø 10 mm
71187	10,95 12,5	6,07 cm² 8 Ø 10 mm	9,73	2,73 cm² 4 Ø 10 mm
72000	11,02 12,5	6,11 cm² 8 Ø 10 mm	9,79	2,75 cm² 4 Ø 10 mm
73203	11,11 12,5	6,16 cm² 8 Ø 10 mm	9,87	2,77 cm² 4 Ø 10 mm
74417	11,20 12,5	6,16 cm² 8 Ø 10 mm	9,95	2,80 cm² 4 Ø 10 mm
75843	11,35 12,5	6,30 cm² 8 Ø 10 mm	10,09	2,83 cm² 4 Ø 10 mm
77582	11,43 13	6,30 cm² 8 Ø 10 mm	10,16	2,85 cm² 4 Ø 10 mm
78975	11,54 13	6,40 cm² 9 Ø 10 mm	10,25	2,88 cm² 4 Ø 10 mm
79400	11,57 13	6,42 cm² 9 Ø 10 mm	10,28	2,89 cm² 4 Ø 10 mm
80500	11,66 13	6,43 cm² 9 Ø 10 mm	10,36	2,91 cm² 4 Ø 10 mm
81506	11,72 13,5	6,44 cm² 9 Ø 10 mm	10,41	2,93 cm² 4 Ø 10 mm
84524	11,94 13,5	6,62 cm² 9 Ø 10 mm	10,61	2,98 cm² 4 Ø 10 mm

Momento kgcm	h d cm	Armadura resistente cm^2 por ml	z cm	Armadura de reparto cm^2 por ml
85000	11,98 13,5	6,64 cm^2 9 Ø 10 mm	10,65	2,99 cm^2 4 Ø 10 mm
85600	12,02 13,5	6,67 cm^2 9 Ø 10 mm	10,68	3,00 cm^2 4 Ø 10 mm
88590	12,22 14	6,72 cm^2 9 Ø 10 mm	10,86	3,05 cm^2 4 Ø 10 mm
89062	12,26 14	6,80 cm^2 9 Ø 10 mm	10,89	3,06 cm^2 4 Ø 10 mm
90600	12,36 14	6,85 cm^2 9 Ø 10 mm	10,98	3,09 cm^2 4 Ø 10 mm
91575	12,42 14	6,89 cm^2 9 Ø 10 mm	11,04	3,10 cm^2 4 Ø 10 mm
93718	12,58 14,5	6,98 cm^2 9 Ø 10 mm	11,18	3,14 cm^2 4 Ø 10 mm
94018	12,59 14,5	6,98 cm^2 9 Ø 10 mm	11,19	3,14 cm^2 4 Ø 10 mm
95680	12,70 14,5	6,98 cm^2 9 Ø 10 mm	11,29	3,17 cm^2 5 Ø 10 mm
97625	12,83 14,5	7,12 cm^2 10 Ø 10 mm	11,40	3,20 cm^2 5 Ø 10 mm
98550	12,89 14,5	7,15 cm^2 10 Ø 10 mm	11,45	3,22 cm^2 5 Ø 10 mm
100400	13,02 14,5	7,22 cm^2 10 Ø 10 mm	11,57	3,25 cm^2 5 Ø 10 mm
105500	13,35 15	7,40 cm^2 10 Ø 10 mm	11,86	3,33 cm^2 5 Ø 10 mm
109096	13,60 15	7,48 cm^2 10 Ø 10 mm	12,09	3,40 cm^2 5 Ø 10 mm
112500	13,80 15,5	7,65 cm^2 10 Ø 10 mm	12,26	3,45 cm^2 5 Ø 10 mm
119475	14,22 16	7,89 cm^2 10 Ø 10 mm	12,64	3,55 cm^2 5 Ø 10 mm

Momento kgcm	h d cm	Armadura resistente cm² por ml	z cm	Armadura de reparto cm² por ml
123312	14,46 16	8,02 cm² 11 Ø 10 mm	12,85	3,61 cm² 5 Ø 10 mm
124337	14,59 16	8,09 cm² 11 Ø 10 mm	12,97	3,64 cm² 5 Ø 10 mm
127600	14,71 16,5	8,16 cm² 11 Ø 10 mm	13,07	3,67 cm² 5 Ø 10 mm
131875	14,12 16,5	8,39 cm² 11 Ø 10 mm	13,44	3,78 cm² 5 Ø 10 mm
139050	15,33 17	8,50 cm² 11 Ø 10 mm	13,62	3,83 cm² 5 Ø 10 mm
140437	15,53 17	8,61 cm² 11 Ø 10 mm	13,80	3,88 cm² 5 Ø 10 mm
144675	15,61 17	8,66 cm² 11 Ø 10 mm	13,87	3,90 cm² 5 Ø 10 mm
151650	16,00 17,5	8,88 cm² 8 Ø 12 mm	14,22	4,00 cm² 4 Ø 12 mm
157200	16,31 18	9,05 cm² 8 Ø 12 mm	14,50	4,07 cm² 4 Ø 12 mm
162312	16,52 18	9,16 cm² 9 Ø 12 mm	14,68	4,13 cm² 4 Ø 12 mm
169600	16,93 18,5	9,39 cm² 9 Ø 12 mm	15,05	4,23 cm² 4 Ø 12 mm
171805	17,26 18,5	9,59 cm² 9 Ø 12 mm	15,34	4,31 cm² 4 Ø 12 mm
176850	17,30 19	9,60 cm² 9 Ø 12 mm	15,38	4,32 cm² 4 Ø 12 mm
181300	17,67 19	9,80 cm² 9 Ø 12 mm	15,70	4,41 cm² 4 Ø 12 mm
189450	17,87 19,5	9,91 cm² 9 Ø 12 mm	15,88	4,46 cm² 4 Ø 12 mm
192631	18,08 19,5	10,03 cm² 9 Ø 12 mm	16,07	4,52 cm² 4 Ø 12 mm
196800	18,24 20	10,12 cm² 9 Ø 12 mm	16,21	4,56 cm² 4 Ø 12 mm

Momento kgcm	h d cm	Armadura resistente cm² por ml	z cm	Armadura de reparto cm² por ml
200287	18,49 20	10,26 cm² 10 Ø 12 mm	16,43	4,62 cm² 5 Ø 12 mm
211600	18,90 20,5	10,48 cm² 10 Ø 12 mm	16,80	4,72 cm² 5 Ø 12 mm
219275	19,02 20,5	10,55 cm² 10 Ø 12 mm	16,90	4,75 cm² 5 Ø 12 mm
221600	19,35 21	10,73 cm² 10 Ø 12 mm	17,20	4,83 cm² 5 Ø 12 mm
238262	19,93 21,5	11,06 cm² 10 Ø 12 mm	17,71	4,98 cm² 5 Ø 12 mm
246400	20,42 22	11,33 cm² 10 Ø 12 mm	18,15	5,10 cm² 5 Ø 12 mm
253575	20,79 22	11,53 cm² 11 Ø 12 mm	18,48	5,19 cm² 5 Ø 12 mm
261200	21,00 22,5	11,65 cm² 11 Ø 12 mm	18,66	5,25 cm² 5 Ø 12 mm
271200	21,41 23	11,88 cm² 11 Ø 12 mm	19,03	5,35 cm² 5 Ø 12 mm
286000	21,98 23,5	12,19 cm² 11 Ø 12 mm	19,54	5,49 cm² 5 Ø 12 mm
291550	22,19 23,5	12,31 cm² 11 Ø 12 mm	19,72	5,54 cm² 5 Ø 12 mm
306862	22,81 24,5	12,65 cm² 12 Ø 12 mm	20,27	5,70 cm² 5 Ø 12 mm
320800	23,26 25	12,90 cm² 12 Ø 12 mm	20,67	5,81 cm² 6 Ø 12 mm
345600	24,16 25,5	13,40 cm² 12 Ø 12 mm	21,47	6,06 cm² 6 Ø 12 mm
370400	25,02 27	13,88 cm² 10 Ø 14 mm	22,24	6,25 cm² 5 Ø 14 mm
395200	25,85 28	14,34 cm² 10 Ø 14 mm	22,98	6,46 cm² 5 Ø 14 mm
415200	26,50 28	14,70 cm² 10 Ø 14 mm	23,55	6,62 cm² 5 Ø 14 mm

IV. Tablas de vigas de sección rectangular

PROCEDIMIENTO GRAFICO DE SITUAR LOS HIERROS DOBLADOS SEGUN LOS ARRANQUES

Doblado para un solo arranque (figura 17)

Se halla el centro de gravedad del triángulo que forma el esfuerzo cortante de la semiviga **g** y se sube al eje geométrico de la semiviga **g'**.

La distancia **mg** puede tomarse igual al 15 por 100 de la luz.

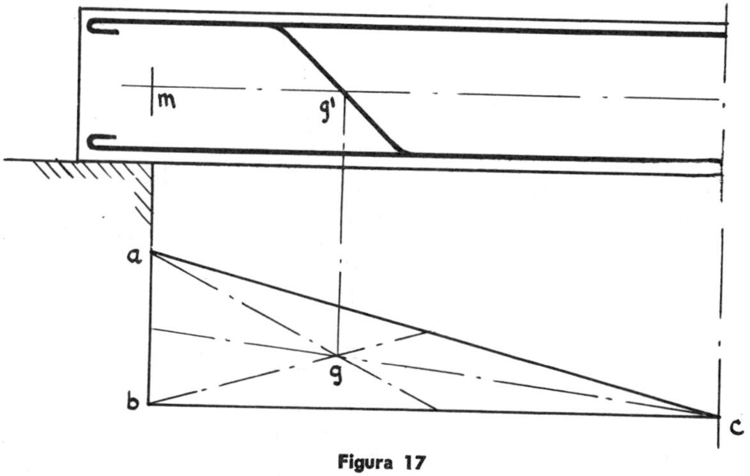

Figura 17

Doblado para dos arranques (figura 18)

Se divide tl diagrama de esfuerzos cortantes de la semiviga **a-b-c** en dos áreas equivalentes a **a-b-d-e** y **d-e-c**; para lo cual, con diámetro **b-c**, se describe una semicircunferencia **b-n-c**, se traza la normal por el centro de **b-c** tal como **p-n** y con radio **c-n** se describe un arco **n-e** hasta el diámetro cuya normal **e-d** define las dos figuras equivalentes.

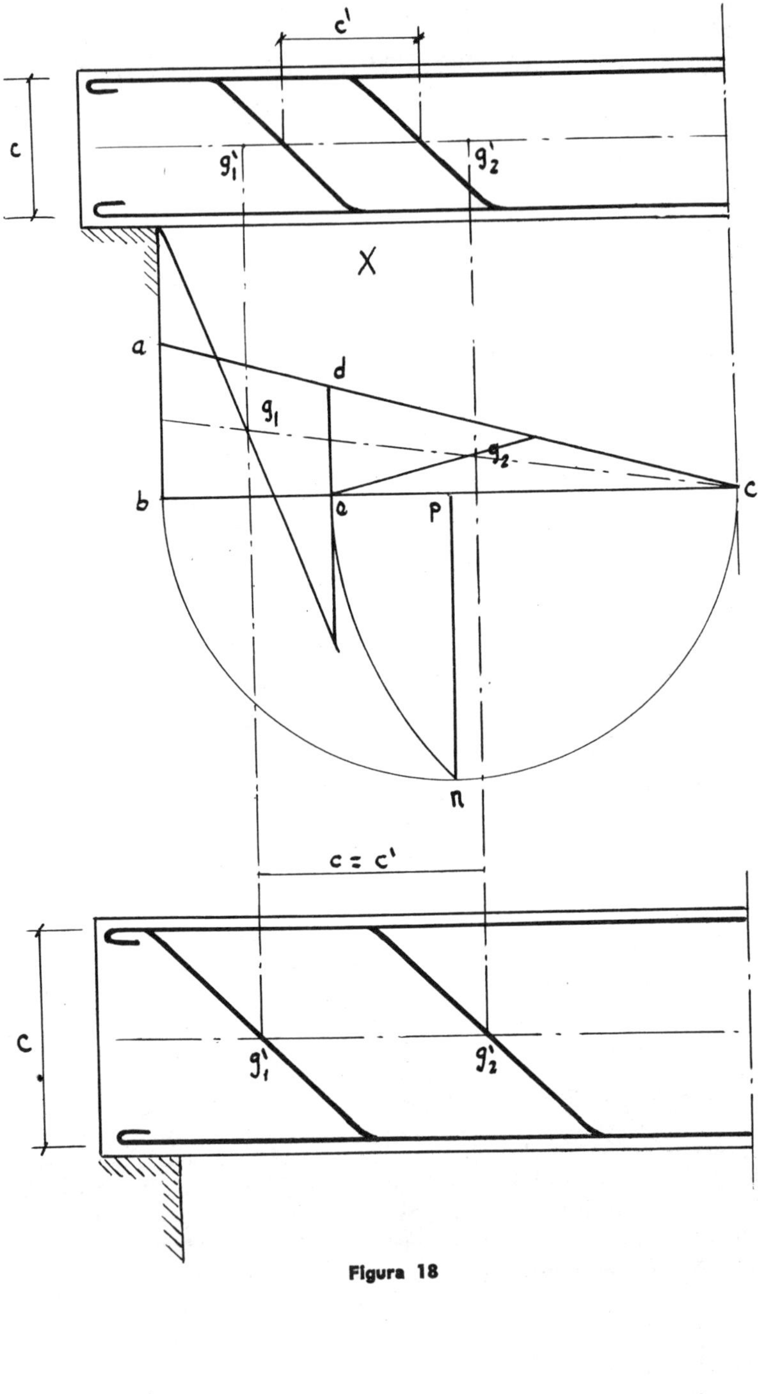

Figura 18

Se hallan los centros de gravedad de cada una de dichas figuras **g_1 g_2** y se suben al eje geométrico de la viga en **g'_1 g'_2**. Si la distancia **g'_1 g'_2** es mayor a la distancia entre hierros **c** se llevará **c** a **c'** al centro de la distancia **g'_1 g'_2** de manera que al trazar cualquier vertical corte al menos a una barra doblada.

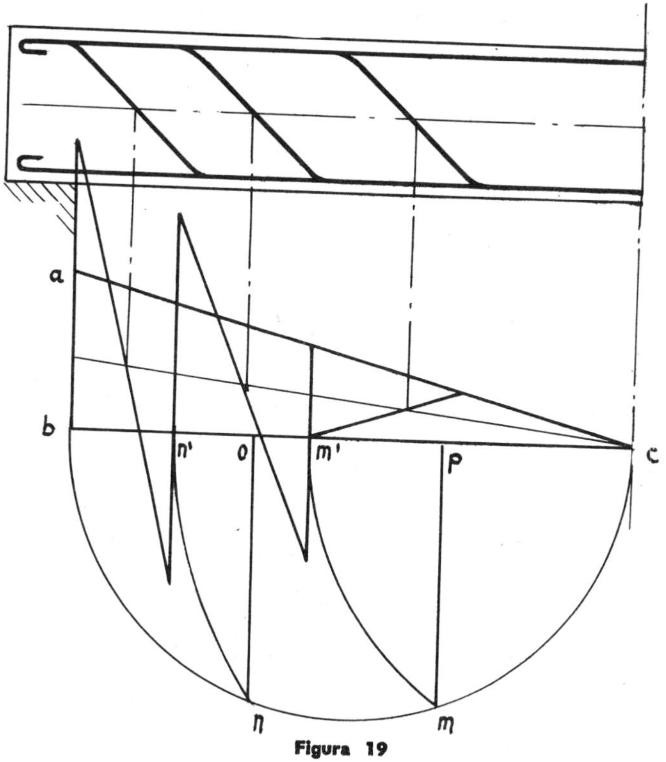

Figura 19

Doblado para tres o más arranques (figura 19)

Se divide como anteriormente el diagrama **a-b-c** en tres áreas equivalentes, para lo cual se describe la semicircunferencia **b-n-c** y se divide el diámetro en tantos arranques como se deseen, tres en este caso, **bo** = = **op** = **pc** y por los puntos **o** y **p** se trazan las normales al diámetro **on pm**. Con radio igual a **cm** y **cn** se describen los arcos **n-n' y m-m'**; ahora con sólo trazar las normales al diámetro por **n'** y **m' quedan** definidas las tres áreas equivalentes.

En las figuras 20 y 21 se representa el trazado de los centros de gravedad del triángulo y del trapecio.

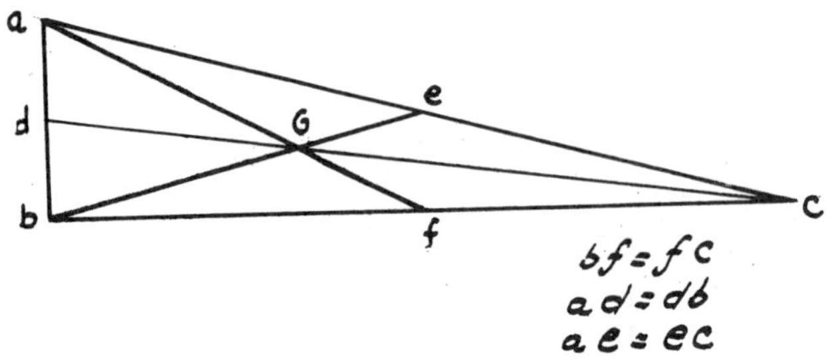

Figura 20

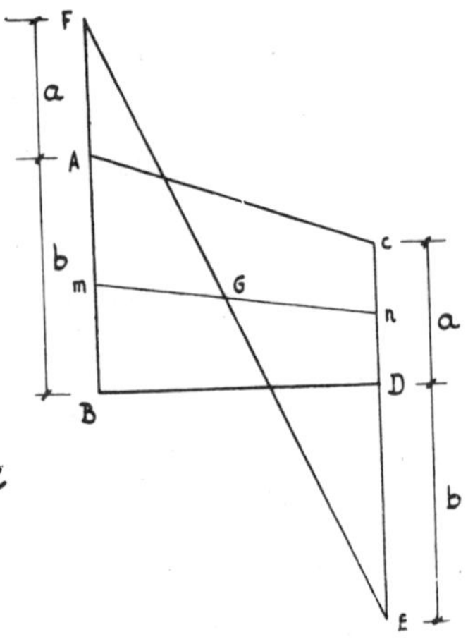

Figura 21

Otro de los procedimientos a seguir para el doblado del hierro a 45 ó 60º es el siguiente: Se traza el eje geométrico en la viga (fig. 22) y **a partir** de los apoyos se toma una magnitud **c, d** = 15 por **t,** trazado por **t-d** la inclinación del hierro a 45 ó 60º.

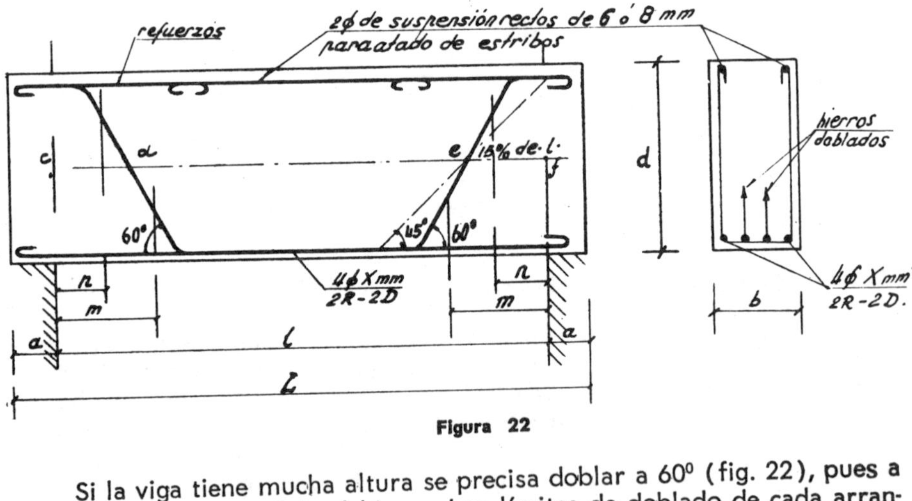

Figura 22

Si la viga tiene mucha altura se precisa doblar a 60º (fig. 22), pues a 45º queda muy extendido el hierro. Los límites de doblado de cada arranque pueden tomarse comprendido entre el 10 por 100 de **l** = **n** y el 20 por 100 de **l** = **m** (fig. 23).

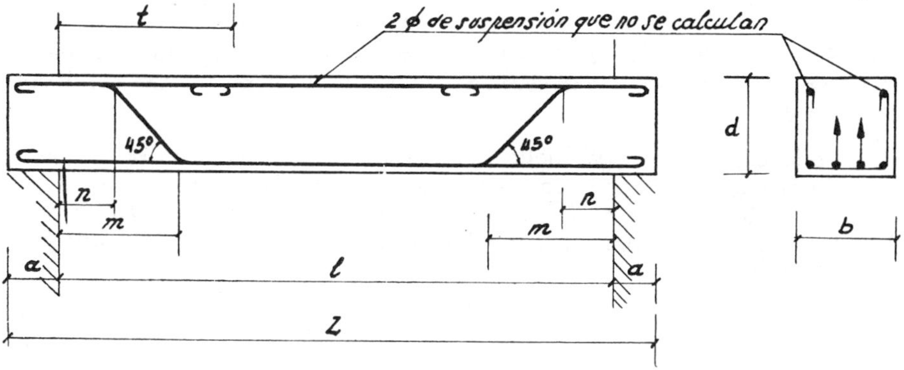

Figura 23

A veces se precisa doblar hierros en cada semiviga en dos arranques, como se indica en la figura 23, para ello el primer arranque de doblado se empieza a **h : 4.** (Para el segundo suele tomarse 3/4 **h.**).

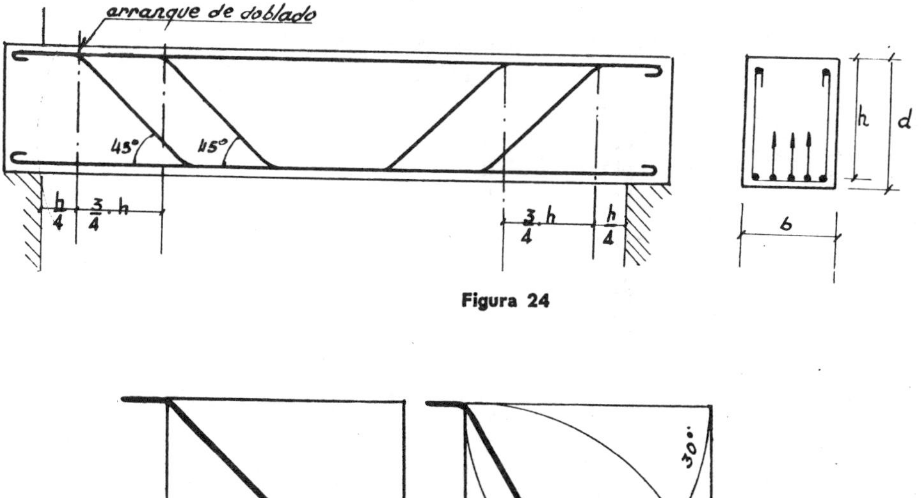

Figura 24

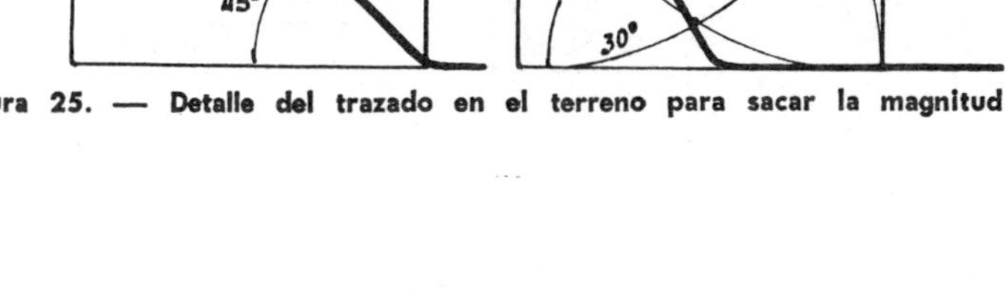

Figura 25. — Detalle del trazado en el terreno para sacar la magnitud b.

Para indicar en los planos los hierros que van doblados, se colocan unas flechas (véase las secciones de las figuras 22, 23, 24).

En la viga de la figura 22 se han puesto, a título de orientación, cuatro redondos, dos rectas y dos doblados, viéndose en los planos rotulados **2R — 2D.**

Todo cargadero, viga suelta o continua, al colocarse en obra queda cuando menos semiempotrado en los apoyos, precisando varillas de refuerzo hasta una distancia **t** (fig. 23), que varía según el tipo de carga oscilando en un 20 por 100 de **l**, tomándose en la práctica **t** = 20 por 100 de **l**, más 30 cm.

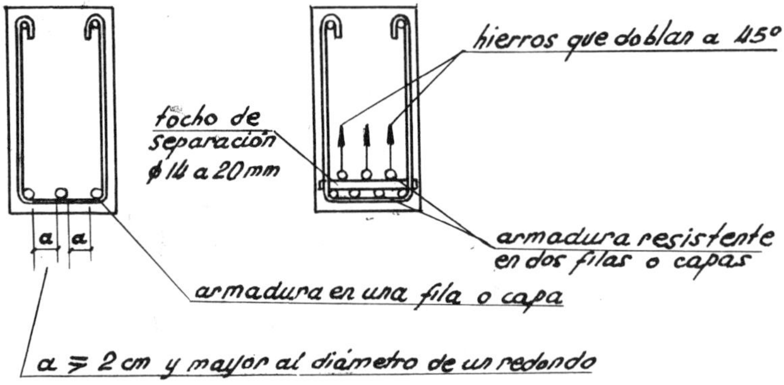

Figura 26

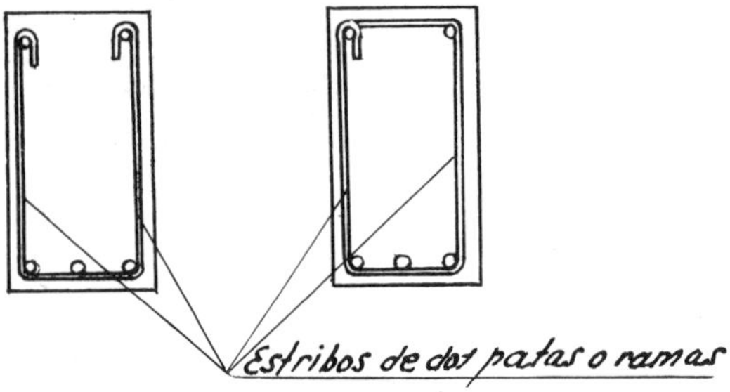

Figura 27

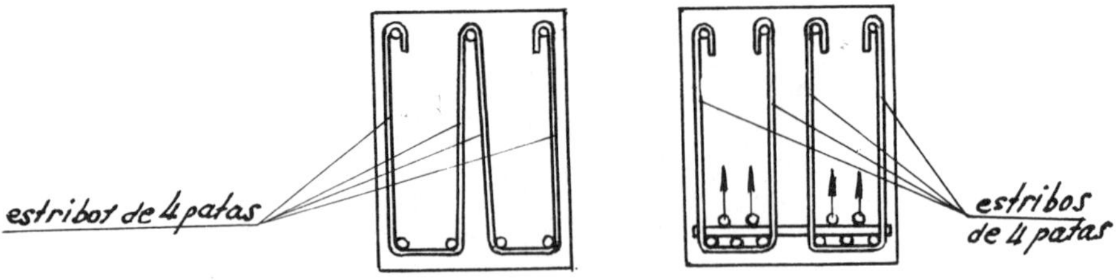

Figura 28

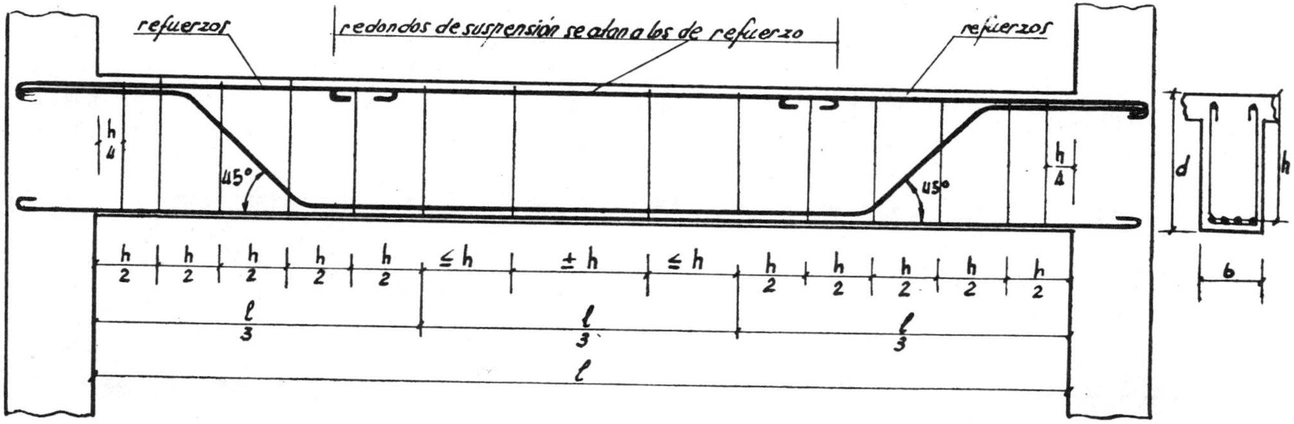

Figura 29. — Distribución de estribos (carga uniforme).

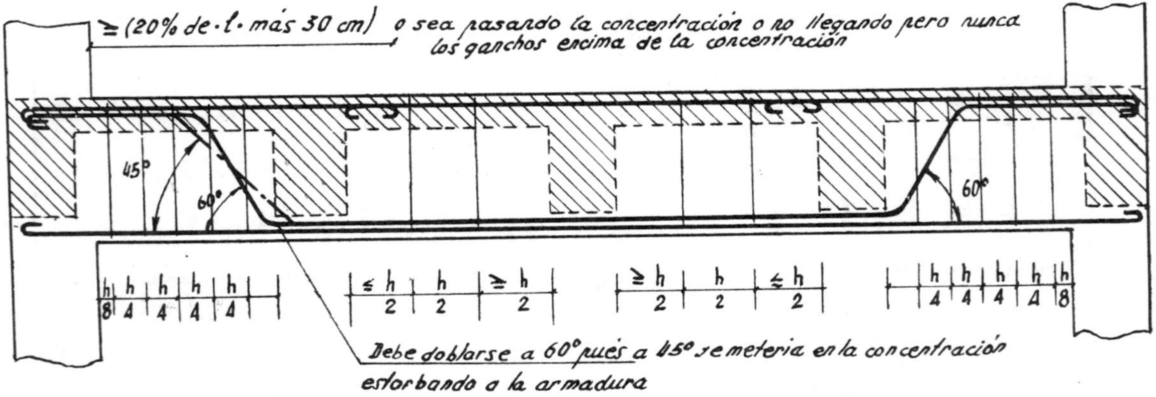

Figura 30. — Distribución de estribos (con concentraciones).

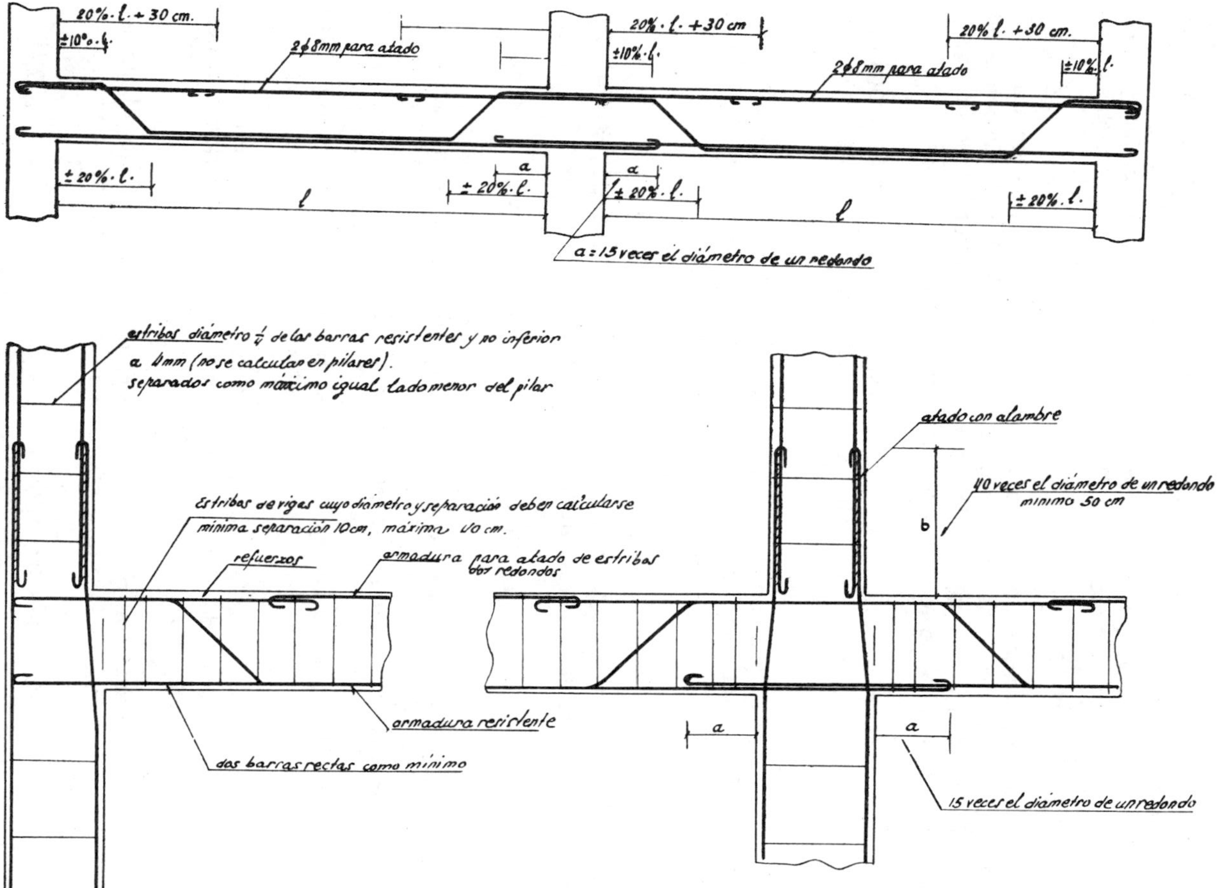

20%·l.+30 cm.
±10%·l.
2ϕ8mm para atado
20%·l.+30 cm
±10%·l.
20% l.+30 cm.
2ϕ8mm para atado
±10% l.
±20%·l.
l
a
±20%·l.
a
±20%·l.
l
±20%·l.
a=15 veces el diámetro de un redondo
estribos diámetro 1/4 de las barras resistentes y no inferior
a 6mm (no se calculan en pilares).
separados como máximo igual lado menor del pilar
Estribos de vigas cuyo diámetro y separación deben calcularse
mínima separación 10 cm, máxima 40 cm.
refuerzos
armadura para atado de estribos dos redondos
armadura resistente
dos barras rectas como mínimo
atado con alambre
b
40 veces el diámetro de un redondo
mínimo 50 cm
a
a
15 veces el diámetro de un redondo

Figura 31

En cuanto a los estribos, pueden ser éstos de dos patas o ramas (figura 26 y 27) o también(en raros casos) ser de cuatro patas (fig. 28). La distribución de éstos, su separación, es creciente a partir de los apoyos, cuando la carga es uniforme (fig. 29) y la separación constante entre concentraciones (fig. 30).

De no hacerse cálculo para la separación de estribos se tomará en el primer tercio a partir de los apoyos una separación **h : 2,** quedando en el tercio central a una separación no superior a la altura **h** de la viga y si ésta es muy alta, se toma vez y media el espesor **b** (fig. 29).

Para el atado de estribos se coloca en la parte superior de la viga dos redondos de suspensión de 6 mm, llamados «perchas» y que no se calculan.

Cuando las vigas son continuas y los tramos son de luces distintas, para las longitudes del hierro en los apoyos centrales puede tomarse la semisuma de lo que resulte en cada tramo (fig. 31).

MANEJO DE LAS TABLAS NUMS. 19 A 25 DE VIGAS DE HORMIGON ARMADO DE SECCION RECTANGULAR (fig. 32).

Columna 1, **carga ml** que soporta la viga uniformemente repartida.

Columna 2, **momento máximo** para $\frac{p\,l^2}{8}$. El número de debajo se refiere al momento incluido peso propio de la viga.

Columna 3, **b** = ancho de viga (para una misma carga), se va aumentando el espesor tomando el que se desee.

Columna 4, **altura** que hay desde el centro de gravedad del hierro inferior, a cara superior de viga. El número de debajo va referido con peso propio de la viga.

Columna 5, **altura total** de la viga, o sea **h** más recubrimiento. El número de debajo indica la altura que da con peso propio de la viga.

Columna 6, **peso propio** de la viga.

Columna 7, **armadura resistente** en centímetros cuadrados que se precisa poner en parte interior de la viga, el número de debajo indica el número de redondos precisos.

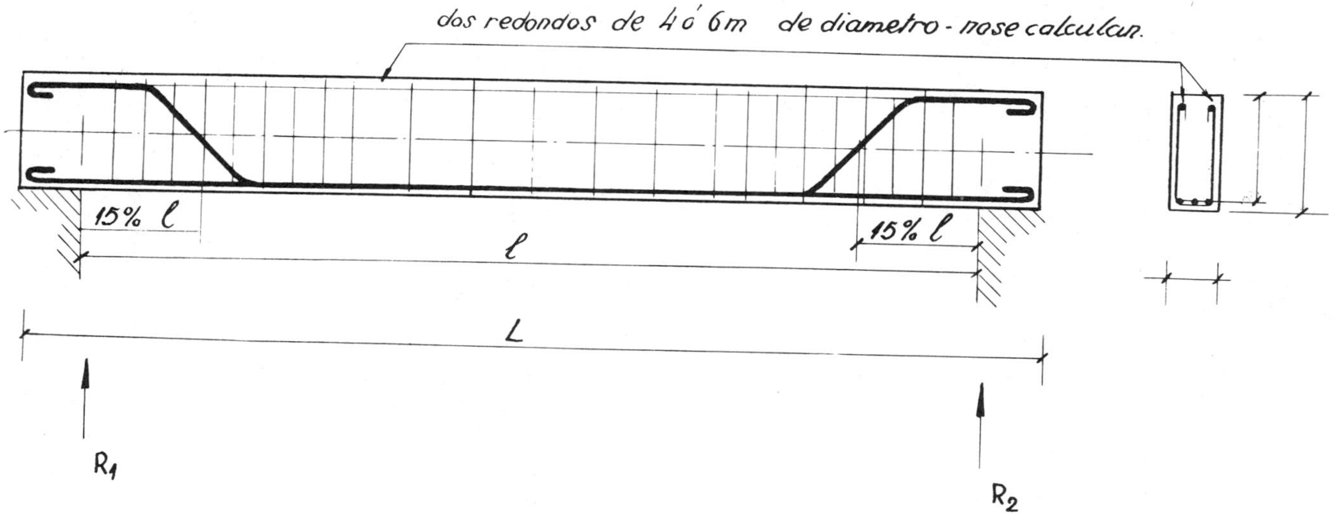
dos redondos de 4 ó 6m de diametro - nose calcular.
15% ℓ
15% ℓ
ℓ
L
R1
R2

Figura 32

Columna 8, P = **carga total** que soporta la viga incluido el peso propio. El número inferior R_1 — R_2 es la reacción en los apoyos, o sea la mitad de P.

Columna 9, τ = **esfuerzo cortante** en la semiviga. Si da $\tau > 4$ precisa hierros doblados, en los demás casos se doblarán hierros por razones constructivas por previsión de empotramiento o por ser suficiente el número de estribos, todo ello previsto en la tabla.

Columna 10, **diámetro del estribo** a emplear. El número de debajo indica la separación media de estribos tomada. Es más correcto tomar, si la tabla indica parados 20 cm, a 15 cm en el primer tercio de **l** a contar de los arranques y a 25 cm en el tercio central (sin variar la cantidad de estribos).

Columna 11, T_3 = **esfuerzo cortante** que absorben los estribos en cada semiviga, para la separación tomada en la columna 10, calculado por fórmula $T_3 = n.\ f\ \sigma.$ para n = estribos en la semiviga; el número de debajo es $T_1 = M : z$ esfuerzo cortante a absorber.

Columna 12, **hierros a doblar** a 45°, forzoso cuando $\tau \gtreqless 4$ kg/cm². El número de debajo T_2 es el esfuerzo cortante absorbido por hierros **doblados** $T_2 = S.\ \sigma.\ \sqrt{2}\ T_1 \geqslant T_3 + T_2$.

Ejemplo: Un cargadero de luz = 3 m, ha de soportar una carga uniforme de 990 kg por m. l. Calcular la sección, para base **b** = 15 cm.

En la Tabla 21 buscamos (columna 1) la carga que más se aproxime por exceso y vemos es 1 000 kg; en la columna 3 encontramos **b** = 15 cm a su derecha da **h** = 38 **cm**; **d** = 41 cm (considerando el peso propio), con 3 Ø 12 mm = 3, 10 cm²; estribos Ø mm separación media 20 cm, hierro a doblar = 1, que será el del centro.

Ejemplo:

Un cargadero de hormigón va unido a pilares quedando empotrado, o sea $M = \dfrac{p\,l^2}{12}$ para luz 3 m y carga uniforme de 1 000 kg metro lineal.

Calcular la sección para **b** = 15 cm.

Se busca, como en el caso anterior, en la Tabla 21 la carga 1 000 kg, de un momento de 112 500 kg/cm, se pasa $\dfrac{p\,l^2}{8}$ a $\dfrac{p\,l^2}{12}$ de la siguiente manera:

Se multiplica $112\,500 \dfrac{8}{12} = 75\,000$ kg/cm; este momento se busca en la Tabla para luz 3 y vemos que en la Tabla 21 hay un momento que se aproxima a 78 750 con peso propio de 94 800 a su derecha encontramos **b** = 15, **h** = 33 centímetros, **d** = 36 cm con 2,74 cm² = **3 Ø** 12 mm. estribos Ø 4 mm a separación media 20 cm y hierros a doblar 1.

A la izquierda se encuentra la columna 1, la carga de 700 kg m. l. que no afecta, porque se ha buscado la solución en función de momento.

Se puede emplear para el ejemplo anterior la Tabla 26, tenemos

$$\mathbf{M} = \frac{\mathbf{p}\,\mathbf{l}^2}{12} = \frac{100 \times 3^2}{12} = 750 \text{ kgm}^2 = 75\,000 \text{ kg/cm, se busca la co-}$$

lumna de **b** = 15 cm que tenga un momento igual o superior a 75 000 kg/cm y encontramos por exceso 81 975, a su derecha se encuentra **h** = 30; **d** = 33 sin tener en cuenta el peso propio.

Para el peso propio se puede tomar un aumento del 10 por 100 de 75 000 = 7 500, que sumando a 75 000 de 85 000, se busca de nuevo este valor en la tabla y el que más se aproxima a 88 720 da **h** = **32; d** = = 35 cm con 2,66 cm² = 3 Ø 12 mm.

VIGAS DE HORMIGON ARMADO TABLA 19

Carga uniformemente repartida

Luces: $l = 1{,}50$ m $\sigma_b = 40$ kg/cm² $\sigma_e = 1\,200$ kg/cm² $M.\ Máx. = \dfrac{p\,L^2}{8}$

$L = 1{,}90$ m

1 Kg por ml	2 M Máx kgcm	3 b cm	4 h cm	5 d cm	6 Peso viga kg	7 Hierro en cm²	8 P. kg $R_1 = R_2$	9 τ	10 Estribos	11 T_2 que absorbe estribos	12 Hierros a doblar
300	8437 10087	15	10 11	13 14	88	0,91 cm² 2 Ø 8 mm	538 269	1,7	Ø 4 mm a 15 cm	1355 kg T_1 917	0
	8437 10480	20	9 10	12 13	109	1,11 3 Ø 8	559 279	1,5	Ø 4 mm a 15 cm	1355 1048	0
	8437 10762	25	8 9	11 12	124	1,24 2 Ø 10	574 287	1,4	Ø 4 mm a 15 cm	1355 1195	0
400	11250 13125	15	12 12	15 15	100	1,00 2 Ø 8	700 350	2,3	Ø 4 mm a 15 cm	1355 1093	0
	11250 14462	20	10 11	13 14	118	1,22 3 Ø 8	718 359	1,7	Ø 4 mm a 15 cm	1355 1314	0
	11250 13800	25	9 10	12 13	136	1,38 2 Ø 10	736 368	1,6	Ø 4 mm a 12 cm	1957 1380	0
500	14000 16043	15	13 14	16 17	109	1,16 2 Ø 9	859 429	2,3	Ø 4 mm a 15 cm	1355 1145	0
	14000 16381	20	11 12	14 15	127	1,33 3 Ø 8	877 438	1,9	Ø 4 mm a 12 cm	1957 1365	0
	14000 16737	25	10 11	13 14	146	1,52 2 Ø 10	896 448	1,7	Ø 4 mm a 12 cm	1957 1521	0
600	16800 18937	15	14 15	17 18	114	1,25 2 Ø 9	1014 507	2,6	Ø 4 mm a 15 cm	1355 1262	0
	16800 19350	20	12 13	15 16	136	1,44 3 Ø 8	1036 518	2,3	Ø 4 mm a 12 cm	1957 1488	0
	16800 19781	25	11 12	14 15	159	1,66 3 Ø 9	1059 529	2,1	Ø 4 mm a 12 cm	1957 1648	0
700	19680 21986	15	15 16	18 19	123	1,33 2 Ø 10	1173 586	2,7	Ø 4 mm a 12 cm	1957 1374	0
	19680 22586	20	14 14	17 17	155	1,55 4 Ø 8	1205 602	2,5	Ø 4 mm a 12 cm	1957 1613	0
	19680 22830	25	12 12	15 15	168	1,66 3 Ø 9	1218 609	2,4	Ø 4 mm a 12 cm	1957 1902	0
800	22500 24881	15	16 17	19 20	127	1,41 2 Ø 10	1327 663	2,9	Ø 4 mm a 12 cm	1957 1463	0
	22500 25406	20	14 15	17 18	155	1,66 4 Ø 8	1355 677	2,6	Ø 4 mm a 12 cm	1957 1693	0
	22500 25912	25	13 13	16 16	182	1,80 3 Ø 9	1382 691	2,5	Ø 4 mm a 10 cm	2108 1993	0
900	25300 27850	15	17 18	20 21	136	1,50 2 Ø 10	1486 743	3,0	Ø 4 mm a 12 cm	1957 1547	0
	25300 28375	20	15 16	18 19	164	1,77 4 Ø 8	1514 757	2,7	Ø 4 mm a 12 cm	1957 1773	0
	25300 28881	25	14 14	17 17	191	1,94 3 Ø 10	1541 770	2,5	Ø 4 mm a 10 cm	2108 2062	0
1000	28120 30763	15	18 18	21 21	141	1,50 2 Ø 10	1641 820	3,4	Ø 4 mm a 12 cm	1957 1709	0
	28120 31363	20	16 16	19 19	173	1,77 4 Ø 8	1673 836	2,9	Ø 4 mm a 12 cm	1957 1960	0

Si T_3 es menor a T_1 es preciso doblar hierros

Si $\tau \geqslant$ es preciso doblar hierros

T_1 = esfuerzo cortante a absorber

T_2 = esfuerzo absorbido por estribos

T_3 = esfuerzo abs. por hierros a 45°

TABLA 19 (Conclusión)

Kg por ml	M. Máx. kgcm	b cm	h cm	d cm	Peso viga kg	Hierro en cm²	P. kg $R_1 = R_2$	τ	Estribos	T_1 que absorbe estribos	Hierros a doblar
	28120 31701	25	14 15	17 18	191	2,10 3 Ø 10	1691 845	2,6	Ø 4 mm a 10 cm	2108 T_1 2113	0
1200	33750 36656	15	20 21	23 24	155	1,75 cm² 3 Ø 9 mm	1955 977	3,6	Ø 4 mm a 10 cm	2108 kg 1745	0
	33750 37162	20	17 18	20 21	182	2,10 3 Ø 10	1982 991	3,0	Ø 4 mm a 10 cm	2108 2064	0
	33750 37762	25	16 16	19 19	214	2,22 3 Ø 10	2014 1007	1,6	Ø 4 mm a 20 cm	1053 2360	1 T_2 = 1332
1400	39370 42520	15	22 22	25 25	168	1,83 3 Ø 9	2268 1134	3,9	Ø 6 mm a 20 cm	2394 1932	0
	39370 43120	20	19 19	22 22	200	2,10 3 Ø 10	2300 1150	3,3	Ø 6 mm a 20 cm	2394 2269	0
	39370 43645	25	17 17	20 20	228	2,36 3 Ø 10	2328 1164	3,1	Ø 6 mm a 20 cm	2394 2568	1 1332
1600	45000 48318	15	23 23	26 26	177	1,91 3 Ø 10	2577 1288	4,2	Ø 6 mm a 20 cm	2394 2100	1 1332
	45000 48918	20	20 20	23 23	209	2,22 3 Ø 10 mm	2609 1304	3,6	Ø 6 mm a 20 cm	2394 2445	1 1332
	45000 49443	25	18 18	21 21	237	2,50 4 Ø 10 mm	2637 1318	3,2	Ø 6 mm a 20 cm	2394 2746	2 2664
1800	50600 54012	15	24 25	27 28	182	2,10 3 Ø 10 mm	2882 1441	4,3	Ø 6 mm a 20 cm	2394 2160	1 1332
	50600 54687	20	21 21	24 24	218	2,33 3 Ø 10 mm	2918 1459	4,0	Ø 6 mm a 20 cm	2394 2604	1 1332
	50600 55287	25	19 20	22 23	250	2,77 4 Ø 10 mm	2950 1475	3,4	Ø 6 mm a 20 cm	2394 2764	2 2664
2000	56250 59925	15	26 26	29 29	196	2,16 3 Ø 10 mm	3196 1598	4,6	Ø 6 mm a 20 cm	2394 2304	1 1332
	56250 60525	20	22 23	25 26	228	2,55 4 Ø 10 mm	3228 1614	4,0	Ø 6 mm a 20 cm	2394 2631	2 2664
	56250 61125	25	20 20	23 23	260	2,77 4 Ø 10 mm	3260 1630	3,8	Ø 6 mm a 20 cm	2394 3056	2 2664
2250	63280 67123	15	27 28	30 31	205	2,33 3 Ø 10 mm	3580 1790	4,7	Ø 6 mm a 20 cm	2394 2397	1 1332
	63280 67892	20	24 24	27 27	246	2,66 4 Ø 10 mm	3621 1810	4,3	Ø 6 mm a 20 cm	2394 2828	2 2664
	63280 68398	25	21 21	24 24	273	2,91 4 Ø 10 mm	3648 1824	4,0	Ø 6 mm a 20 cm	2394 3257	2 2664
2500	70310 74397	15	29 29	32 32	218	2,41 3 Ø 12 mm	3968 1984	5,0	Ø 6 mm a 20 cm	2394 2565	1 1917
	70310 75091	20	25 25	28 28	255	2,77 4 Ø 10 mm	4005 2002	4,5	Ø 6 mm a 20 cm	2394 3003	2 2664
	70310 75597	25	22 23	25 26	282	3,19 3 Ø 12 mm	4032 2016	4,0	Ø 6 mm a 20 cm	2394 3286	1 1917
	70310 76197	30	20 21	23 24	314	3,50 5 Ø 10 mm	4064 2032	3,7	Ø 6 mm a 20 cm	2394 3628	2 2664
3000	84370 88720	15	31 32	34 35	232	2,66 3 Ø 12 mm	4732 2366	5,6	Ø 6 mm a 20 cm	2394 2772	1 1917
	84370 89451	20	27 28	30 31	271	3,10 4 Ø 10 mm	4771 2385	4,7	Ø 6 mm a 20 cm	2394 3194	2 2664
	84370 90088	25	24 25	27 28	305	3,46 4 Ø 12 mm	4805 2402	4,3	Ø 6 mm a 18 cm	2736 3603	2 3834
	84370 90782	30	22 23	25 26	342	3,83 5 Ø 10 mm	4842 2421	4,0	Ø 6 mm a 18 cm	2736 3947	2 2664

VIGAS DE HORMIGON ARMADO

TABLA 20

Carga uniformemente repartida

Luces: **l** = 2,00 m σ_b = kg/cm² σ_e = 1 200 kg/cm² M. máx. = $\frac{pL^2}{8}$

L = 2,40 m.

Kg por ml	M. Máx kgcm	b cm	h cm	d cm	Peso viga kg	Hierro en cm²	P. kg $R_1 = R_2$	τ	Estribos	T_t que absorbe estribos	Varillas a doblar
300	15000 18450	15	13 14	16 17	138	1,16 cm² 2 Ø 9 mm	738 369	2,0	Ø 4 mm a 20 cm	1354 kg T_1 1317 en semiviga	0
	15000 19025	20	11 12	14 15	161	1,32 3 Ø 8 mm	761 380	1,8	Ø 4 mm a 15 cm	1957 1585	0
	15000 19625	25	10 11	13 14	185	1,52 2 Ø 10 mm	781 390	1,6	Ø 4 mm a 15 cm	1957 1784	0
400	20000 23875	15	15 16	18 19	155	1,32 2 Ø 10 mm	955 477	2,2	Ø 4 mm a 15 cm	1957 1492	0
	20000 24600	20	13 14	16 17	184	1,54 4 Ø 8 mm	984 492	2,0	Ø 4 mm a 15 cm	1957 1757	0
	20000 25350	25	12 13	15 16	214	1,80 3 Ø 9 mm	1014 507	1,7	Ø 4 mm a 15 cm	1957 1950	0
500	25000 29300	15	17 18	20 21	172	1.50 2 Ø 10 mm	1172 586	2,4	Ø 4 mm a 15 cm	1957 1627	0
	25000 30175	20	15 16	18 19	207	1,76 4 Ø 8 mm	1207 603	2,1	Ø 4 mm a 15 cm	1957 1885	0
	25000 30750	25	13 14	16 17	230	1,92 3 Ø 10 mm	1230 615	2,0	Ø 4 mm a 12 cm	2409 2196	0
600	30000 34450	15	18 19	21 22	178	1,57 2 Ø 10 mm	1378 688	2,7	Ø 4 mm a 15 cm	1957 1813	0
	30000 34750	20	16 17	19 20	190	1,88 4 Ø 8 mm	1390 695	2,3	Ø 4 mm a 12 cm	2409 2044	0
	30000 36050	25	14 15	17 18	242	2,07 3 Ø 10 mm	1442 721	2,1	Ø 4 mm a 12 cm	2409 2403	0
700	35000 39875	15	20 21	23 24	195	1,75 3 Ø 9 mm	1595 797	2,8	Ø 4 mm a 15 cm	1957 1898	0
	35000 40750	20	17 18	20 21	230	2,00 3 Ø 10 mm	1630 815	2,5	Ø 4 mm a 12 cm	2409 2263	0
	35000 41775	25	16 17	19 20	271	2,35 3 Ø 10 mm	1671 835	2,2	Ø 4 mm a 10 cm	2861 2457	0
800	40000 45175	15	21 22	24 25	207	1,83 3 Ø 9 mm	1807 903	3,1	Ø 4 mm a 12 cm	2409 2053	0
	40000 46025	20	18 19	21 22	241	2,10 3 Ø 10 mm	1841 920	2,7	Ø 4 mm a 10 cm	2861 2422	0
	40000 46750	25	16 17	19 20	270	2,35 3 Ø 10 mm	1870 935	2,5	Ø 4 mm a 10 cm	2861 2750	0
	40000 47775	30	15 16	18 19	311	2,64 4 Ø 10 mm	1911 955	2,2	Ø 4 mm a 20 cm	1354 2985	2 T_1 = 2664
	40000 48550	35	14 15	17 18	342	2,90 4 Ø 10 mm	1942 971	2,1	Ø 4 mm a 20 cm	1354 3236	2 2664
900	45000 51600	20	20 20	23 23	264	2,22 3 Ø 10 mm	2064. 1034	2,9	Ø 4 mm a 20 cm	1354 2580	1 1332
	45000 52475	25	18 18	21 21	299	2,47 4 Ø 10 mm	2099 1049	2,6	Ø 4 mm a 20 cm	1354 2915	2 2664
	45000 53200	30	16 17	19 20	328	2,82 4 Ø 10 mm	2128 1063	2,3	Ø 4 mm a 20 cm	1354 3129	2 2664
	45000 54050	35	15 16	18 19	362	3,08 4 Ø 10 mm	2162 1081	2,0	Ø 4 mm a 20 cm	1354 3378	2 2664

TABLA 20 (Continuación)

Kg por ml	M. Máx kgcm	b cm	h cm	d cm	Peso viga kg	Hierro en cm²	P. kg $R_1 = R_2$	τ	Estribos	T_1 que absorbe estribos	Varillas a doblar
1000	50000 56325	20	21 22	24 25	253	2,44 4 Ø 9 mm	2253 1126	2,9	Ø 4 mm a 20 cm	1354 kg T_1 2560	2 T_2 2664
	50000 57500	25	18 19	21 22	300	2,62 4 Ø 10 mm	2300 1150	2,7	Ø 4 mm a 20 cm	1354 3026	2 2664
	50000 58625	30	17 18	20 21	345	2,97 4 Ø 10 mm	2345 1172	2,4	Ø 4 mm a 20 cm	1354 3256	2 2664
	50000 59500	35	16 17	19 20	380	3,29 5 Ø 10 mm	2380 1190	2,2	Ø 4 mm a 20 cm	1354 3500	2 2664
1250	62500 70500	20	23 24	26 27	300	2,66 4 Ø 10 mm	2800 1400	3,3	Ø 6 mm a 20 cm	3078 2937	2 2664
	62500 71125	25	21 22	24 25	345	3,05 4 Ø 10 mm	2845 1422	2,9	Ø 6 mm a 20 cm	3078 3232	2 2664
	62500 72000	30	19 20	22 23	380	3,33 5 Ø 10 mm	2880 1440	2,7	Ø 6 mm a 20 cm	3078 3600	2 2664
	62500 72575	35	17 19	20 22	403	3,67 5 Ø 10 mm	2903 1451	2,6	Ø 6 mm a 20 cm	3078 3819	2 2664
1500	75000 83050	20	25 26	28 29	322	2,88 4 Ø 10 mm	3322 1661	3,6	Ø 6 mm a 20 cm	3078 3194	2 2664
	75000 84350	25	23 24	26 27	374	3,32 3 Ø 12 mm	3374 1687	3,2	Ø 6 mm a 20 cm	3078 3514	1 1917
	75000 84925	30	20 22	23 25	397	3,66 5 Ø 10 mm	3397 1696	2,9	Ø 6 mm a 20 cm	3078 3860	2 2664
	75000 86075	35	19 20	22 23	443	3,88 5 Ø 10 mm	3443 1721	2,7	Ø 6 mm a 20 cm	3078 4303	2 2664
1750	87500 96125	20	27 28	30 31	345	3,10 4 Ø 10 mm	3845 1922	3,9	Ø 6 mm a 20 cm	3078 3433	2 2664
	87500 97575	25	25 26	28 29	403	3,60 4 Ø 12 mm	3903 1951	3,4	Ø 6 mm a 20 cm	3078 3752	2 3834
	87500 98300	30	22 23	25 26	432	3,81 5 Ø 10 mm	3932 1966	3,2	Ø 6 mm a 20 cm	3078 4273	2 2664
	87500 99575	35	21 22	24 25	483	4,27 4 Ø 72 mm	3983 1991	2,9	Ø 6 mm a 20 cm	3078 4526	2 3834
	87500 100150	40	19 20	22 23	506	4,44 6 Ø 10 mm	4006 2003	2,8	Ø 6 mm a 20 cm	3078 5007	2 2664
2000	100000 109200	20	29 30	32 33	368	3,32 4 Ø 12 mm	4368 2184	4,1	Ø 6 mm a 20 cm	3078 3640	2 3834
	100000 110400	25	26 27	29 30	416	3,72 4 Ø 12 mm	4416 2208	3,7	Ø 6 mm a 20 cm	3078 4088	2 3834
	100000 111650	30	24 25	27 28	466	4,14 4 Ø 12 mm	4466 2333	3,3	Ø 6 mm a 20 cm	3078 4466	2 3834
	100000 112550	35	22 23	25 26	502	4,44 4 Ø 12 mm	4502 2251	3,1	Ø 6 mm a 20 cm	3078 4893	2 3834
	100000 113800	40	21 22	24 25	552	4,88 5 Ø 12 mm	4552 2276	2,9	Ø 6 mm a 20 cm	3078 5172	2 3834
	100000 114250	45	19 21	22 24	570	5,22 7 Ø 10 mm	4570 2285	2,7	Ø 6 mm a 20 cm	3078 5440	2 2664
2250	112500 122275	20	31 32	34 35	391	3,54 4 Ø 12 mm	4891 2445	4,3	Ø 6 mm a 20 cm	3078 3821	2 3834
	112500 123575	25	28 29	31 32	443	4,00 4 Ø 12 mm	4943 2471	3,8	Ø 6 mm a 20 cm	3078 4261	2 3834
	112500 124575	30	25 26	28 29	483	4,32 4 Ø 12 mm	4983 2491	3,6	Ø 6 mm a 20 cm	3078 4791	2 3834
	112500 125600	35	23 24	26 27	524	4.65 5 Ø 12 mm	5024 2512	3,4	Ø 6 mm a 20 cm	3078 5233	2 3834

TABLA 20 (Conclusión)

Kg por ml	M. Máx kgcm	b cm	h cm	d cm	Peso viga kg	Hierro en cm²	P. kg $R_1 = R_2$	τ	Estribos	T_2 que absorbe estribos	Varillas a doblar
2250	112500 126900	40	22 23	25 26	576	5,08 5 Ø 12 mm	5076 2538	3,1	Ø 6 mm a 20 cm	3078 kg T_1 5517	2 T_3 3834
	112500 128050	45	21 22	24 25	622	5,49 7 Ø 10 mm.	5122 2561	2,9	Ø 6 mm a 20 cm	3078 5820	2 2664
2500	125000 135350	20	33 34	36 37	414	3,76 4 Ø 12 mm	5414 2707	4,5	Ø 6 mm a 20 cm	3078 3980	2 3834
	125000 136500	25	29 30	32 33	460	4,15 4 Ø 12 mm	5460 2730	4,1	Ø 6 mm a 20 cm	3078 4550	2 3834
	125000 137950	30	27 28	30 31	518	4,65 5 Ø 12 mm	5518 2759	3,6	Ø 6 mm a 20 cm	3078 4926	2 3834
	125000 139100	35	25 26	28 29	564	5,04 5 Ø 12 mm	5564 2782	3,4	Ø 6 mm a 20 cm	3078 5350	2 3834
	125000 139975	40	23 24	26 27	599	5,32 5 Ø 12 mm	5599 2799	3,3	Ø 6 mm a 20 cm	3078 5832	2 3834
	125000 141175	45	22 23	25 26	647	5,71 6 Ø 12 mm	5647 2823	3,1	Ø 6 mm a 20 cm	3078 6138	2 3834
2750	137500 148150	20	34 35	37 38	426	3,88 4 Ø 12 mm	5926 2963	4,7	Ø 6 mm a 20 cm	3078 4232	2 3834
	137500 149750	25	31 32	34 35	490	4,42 4 Ø 12 mm	5990 2995	4,2	Ø 6 mm a 20 cm	3078 4679	2 3834
	137500 150875	30	28 29	31 32	535	4,80 5 Ø 12 mm	6035 3017	3,9	Ø 6 mm a 20 cm	3078 5202	2 3834
	137500 152075	35	26 27	29 30	583	5,21 5 Ø 12 mm	6083 3041	3,6	Ø 6 mm a 20 cm	3078 5632	2 3834
	137500 153050	40	24 25	27 28	622	5,52 5 Ø 12 mm	6122 3061	3,4	Ø 6 mm a 20 cm	3078 6122	2 3834
	137500 154325	45	23 24	26 27	673	5,98 6 Ø 12 mm	6173 3086	3,2	Ø 6 mm a 18 cm	3420 6430	2 3834
	137500 155500	50	22 23	25 26	720	6,35 6 Ø 12 mm	6220 3110	3,0	Ø 6 mm a 18 cm	3420 6770	2 3834
3000	150000 161225	20	36 37	39 40	449	4,10 4 Ø 12 mm	6449 3224	4,9	Ø 6 mm a 18 cm	3420 4357	2 3834
	150000 162600	25	32 33	35 36	504	4,57 4 Ø 12 mm	6504 3252	4,4	Ø 6 mm a 18 cm	3420 4927	2 3834
	150000 163800	30	29 30	32 33	552	4,98 5 Ø 12 mm	6552 3276	4,1	Ø 6 mm a 18 cm	3420 5460	2 3834
	150000 165100	35	27 28	30 31	604	5,42 5 Ø 12 mm	6604 3302	3,7	Ø 6 mm a 18 cm	3420 5896	2 3834
	150000 166125	40	25 26	28 29	645	5,76 6 Ø 12 mm	6645 3322	3,6	Ø 6 mm a 18 cm	3420 5933	2 3834
	150000 167500	45	24 25	27 28	700	6,21 6 Ø 12 mm	6700 3350	3,3	Ø 6 mm a 18 cm	3420 6203	3 5751
	150000 168700	50	23 24	26 27	748	6,65 6 Ø 12 mm	6748 3374	3,2	Ø 6 mm a 18 cm	3420 6488	3 5751
	150000 169725	55	22 23	25 26	789	6,98 7 Ø 12 mm	6789 3394	3,0	Ø 6 mm a 18 cm	3420 6789	3 5751
	150000 170725	60	21 22	24 25	829	7,32 7 Ø 12 mm	6829 3414	2,9	Ø 6 mm a 18 cm	3420 7113	3 5751

VIGAS DE HORMIGON ARMADO **TABLA 21**

Carga uniformemente repartida

Luces: $l = 3{,}00$ m $\sigma_b = 40$ kg/cm² $\sigma_e = 1\,200$ kg/cm² M. máx. $= \dfrac{P\,L^2}{8}$

$L = 3{,}40$ m.

Kg por ml	M. Máx. kgcm	b cm	h cm	d cm	Peso viga kg	Hierro en cm²	P. kg $R_1 = R_2$	τ	Estribos	T_2 que absorbe estribos	Varillas a doblar
400	45000 57262	15	23 25	26 28	327	2,08 2 Ø 12 mm	1527 763	2,3	Ø 4 mm a 20 cm	2107 T_1 2202	0
	45000 59475	20	20 22	23 25	386	2,44 4 Ø 9 mm	1586 793	2,0	Ø 4 mm a 20 cm	2107 2585	2 T_2 2600
	45000 61350	25	18 20	21 23	436	2,77 4 Ø 10 mm	1636 818	1,9	Ø 4 mm a 20 cm	2107 2921	2 2664
500	56200 69737	15	26 28	29 31	361	2,33 3 Ø 10 mm	1861 930	2,5	Ø 4 mm a 20 cm	2107 2404	1 1332
	56200 71950	20	22 24	25 27	420	2,66 4 Ø 10 mm	1920 960	2,2	Ø 4 mm a 20 cm	2107 2878	2 2664
	56200 74125	25	20 22	23 25	478	3,05 4 Ø 10 mm	1978 989	2,0	Ø 4 mm a 20 cm	2107 3222	2 2664
600	67500 81975	15	28 30	31 33	386	2,50 3 Ø 12 mm	2186 1093	2,8	Ø 4 mm a 20 cm	2107 2644	1 1917
	67500 84487	20	24 26	27 29	453	2,88 4 Ø 10 mm	2253 1126	2,4	Ø 4 mm a 20 cm	2107 3129	2 2664
	67500 87000	25	22 24	25 27	520	3,33 3 Ø 12 mm	2320 1160	2,2	Ø 4 mm a 20 cm	2107 3480	1 1917
700	78750 94800	15	31 33	34 36	428	2,74 3 Ø 12 mm	2528 1264	2,9	Ø 4 mm a 20 cm	2107 2788	1 1917
	78750 97012	20	26 28	29 31	487	3,10 4 Ø 10 mm	2587 1293	2,6	Ø 4 mm a 20 cm	2107 3345	2 2664
	78750 99825	25	24 26	27 29	562	3,60 4 Ø 12 mm	2662 1331	2,3	Ø 4 mm a 20 cm	2107 3697	2 3834
800	90000 106350	15	32 34	35 37	436	2,83 3 Ø 12 mm	2836 1418	3,1	Ø 4 mm a 20 cm	2107 3038	1 1917
	90000 109500	20	28 30	31 33	520	3,33 4 Ø 12 mm	2920 1460	2,8	Ø 4 mm a 20 cm	2107 3530	2 3834
	90000 112050	25	25 27	28 30	588	3,74 4 Ø 12 mm	2988 1494	2,4	Ø 4 mm a 20 cm	2107 4001	2 3834
	90000 114562	30	23 25	26 28	655	4,16 4 Ø 12 mm	3055 1527	2,3	Ø 4 mm a 20 cm	2107 4406	2 3834
900	101200 118187	15	34 36	37 39	453	3,00 3 Ø 12 mm	3153 1576	3,2	Ø 4 mm a 20 cm	2107 3194	1 1917
	101200 121975	20	30 32	33 35	554	3,55 4 Ø 12 mm	3254 1627	2,9	Ø 4 mm a 20 cm	2107 3696	2 3834
	101200 123850	25	26 28	29 31	604	3,88 4 Ø 12 mm	3304 1652	2,7	Ø 4 mm a 20 cm	2107 4270	2 3834
	101200 126700	30	24 26	27 29	680	4,32 4 Ø 12 mm	3380 1690	2,4	Ø 4 mm a 20 cm	2107 4690	2 3834
1000	112500 125700	15	35 38	38 41	352	3,10 3 Ø 12 mm	3352 1676	3,4	Ø 4 mm a 20 cm	2107 3307	1 1917
	112500 133275	20	30 33	33 36	554	3,66 4 Ø 12 mm	3554 1777	3,1	Ø 4 mm a 20 cm	2107 4038	2 3834
	112500 136125	25	27 30	30 33	630	4,16 4 Ø 12 mm	3630 1815	2,9	Ø 4 mm a 20 cm	2107 4537	2 3834
	112500 138937	30	25 28	28 31	705	4,66 5 Ø 12 mm	3705 1852	2,5	Ø 4 mm a 20 cm	2107 4962	2 3834

Si T_2 es menor a T_1 es preciso doblar hierros

Si $\tau \geqslant$ es preciso doblar hierros

TABLA 21 (Continuación)

Kg por ml	M. Máx. kgcm	b cm	h cm	d cm	Peso viga kg	Hierro en cm²	P. kg $R_1 = R_2$	τ	Estribos	T_1 que absorbe estribos	Varillas a doblar
1250	140600 164525	20	35 37	38 40	638	4,10 4 Ø 12 mm	4388 2194	3,4	Ø 6 mm a 20 cm	4788 kg T_1 4329	2 T_2 3834
	140600 167375	25	31 33	34 36	714	4,57 3 Ø 14 mm	4464 2232	3,0	Ø 6 mm a 20 cm	4788 4920	1 2611
	140600 169887	30	28 30	31 33	781	5,00 5 Ø 12 mm	4531 2265	2,9	Ø 6 mm a 20 cm	4788 5480	2 3834
1500	168700 194500	20	38 40	41 43	688	4,44 4 Ø 12 mm	5188 2594	3,7	Ø 6 mm a 20 cm	4788 4743	2 3834
	168700 197650	25	34 36	37 39	772	5,00 4 Ø 14 mm	5272 2636	3,2	Ø 6 mm a 20 cm	4788 5341	2 5222
	168700 200800	30	31 33	34 36	856	5,50 4 Ø 14 mm	5356 2678	3,0	Ø 6 mm a 20 cm	4788 5905	2 5222
	168700 202712	35	28 31	31 34	907	6,02 4 Ø 14 mm	5407 2703	2,8	Ø 6 mm a 20 cm	4788 6539	2 5222
	168700 206200	40	27 29	30 32	1000	6,43 6 Ø 12 mm	5500 2750	2,7	Ø 6 mm a 20 cm	4788 6873	2 5222
	168700 209575	45	26 28	29 31	1090	7,00 7 Ø 12 mm	5590 2795	2,5	Ø 6 mm a 20 cm	4788 7226	3 5751
	168700 211075	50	24 26	27 29	1130	7,21 7 Ø 12 mm	5630 2815	2,4	Ø 6 mm a 20 cm	4788 7817	3 5751
1750	196800 224550	20	41 43	44 46	740	4,77 5 Ø 12 mm	5990 2995	3,9	Ø 6 mm a 20 cm	4788 5103	2 3834
	196800 228300	25	37 39	40 42	840	5,41 4 Ø 14 mm	6090 3045	3,5	Ø 6 mm a 20 cm	4788 5707	2 5222
	196800 230812	30	32 36	36 39	907	6,00 4 Ø 14 mm	6157 3078	3,2	Ø 6 mm a 20 cm	4788 6411	2 5222
	196800 236475	35	31 33	34 36	1058	6,41 5 Ø 14 mm	6308 3154	3,1	Ø 6 mm a 20 cm	4788 6954	2 5222
	196800 236925	40	29 31	32 34	1070	6,93 5 Ø 14 mm	6320 3160	2,9	Ø 6 mm a 20 cm	4788 7403	2 5222
	196800 240562	45	28 30	31 33	1167	7,50 7 Ø 12 mm	6417 3208	2,7	Ø 6 mm a 20 cm	4788 7760	3 5751
	196800 242475	50	26 28	29 31	1218	7,77 7 Ø 12 mm	6468 3234	2,6	Ø 6 mm a 20 cm	4788 8361	3 5751
	196800 245247	55	25 27	28 30	1293	8,24 8 Ø 12 mm	6543 3271	2,4	Ø 6 mm a 20 cm	4788 8750	3 5751
2000	225000 254587	20	44 47	47 49	789	5,10 5 Ø 12 mm	6789 3394	4,2	Ø 6 mm a 20 cm	4788 5416	2 3834
	225000 258075	25	39 42	42 45	882	5,82 4 Ø 14 mm	6882 3441	3,7	Ø 6 mm a 20 cm	4788 6144	2 5222
	225000 261825	30	36 38	39 41	982	6,32 5 Ø 14 mm	6982 3491	3,5	Ø 6 mm a 20 cm	4788 6713	2 5222
	225000 264675	35	33 35	36 38	1058	6,80 5 Ø 14 mm	7058 3529	3,2	Ø 6 mm a 20 cm	4788 7352	2 5222
	225000 267825	40	31 33	34 36	1142	7,32 5 Ø 14 mm	7142 3571	3,0	Ø 6 mm a 20 cm	4788 7877	2 5222
	225000 270337	45	29 32	32 35	1209	8,00 6 Ø 14 mm	7209 3604	2,8	Ø 6 mm a 20 cm	4788 8448	3 7833
	225000 273825	50	28 30	31 33	1302	8,32 6 Ø 14 mm	7302 3651	2,8	Ø 6 mm a 20 cm	4788 8833	3 7833
	225000 275062	55	26 29	29 32	1335	8,85 8 Ø 12mm	7335 3667	2,6	Ø 6 mm a 20 cm	4788 9484	4 7668
2250	253100 284600	20	47 49	50 52	840	5,43 5 Ø 12 mm	7590 3795	4,4	Ø 6 mm a 20 cm	4788 kg 5692	2 3834

Kg por ml	M. Máx kgcm	b cm	h cm	d cm	Peso viga kg	Hierro en cm²	P. kg $R_1 = R_2$	τ	Estribos	T_2 que absorbe estribos	Varillas a doblar
2250	253100 289325	25	42 44	46 47	966	6,10 4 Ø 14 mm	7716 3858	3,9	Ø 6 mm a 20 cm	4788 T_1 6289	2 T_2 5222
	253100 291837	30	38 40	41 43	1033	6,66 5 Ø 14 mm	7783 3891	3,7	Ø 6 mm a 20 cm	4788 7117	2 5222
	253100 294987	35	35 37	38 40	1117	7,18 5 Ø 14 mm	7867 3933	3,5	Ø 6 mm a 20 cm	4788 7762	2 5222
	253100 298437	40	33 35	36 38	1209	7,77 6 Ø 14 mm	7959 3979	3,2	Ø 6 mm a 20 cm	4788 8289	2 5222
	253100 301287	45	31 33	34 36	1285	8,24 6 Ø 14 mm	8035 4017	3,0	Ø 6 mm a 20 cm	4788 8861	3 7833
	253100 303500	50	29 32	32 35	1344	8,90 6 Ø 14 mm	8094 4047	2,8	Ø 6 mm a 20 cm	4788 9484	3 7833
	253100 306650	55	28 30	31 33	428	9,15 7 Ø 14 mm	8178 4089	2,8	Ø 6 mm a 20 cm	4788 9891	3 7833
2500	281250 313987	20	49 51	52 54	873	5,66 5 Ø 12 mm	8373 4186	4,6	Ø 6 mm a 20 cm	4788 6038	2 3834
	281250 318075	25	44 46	47 49	982	6,38 5 Ø 14 mm	8482 4241	4,2	Ø 6 mm a 20 cm	4788 6767	2 5222
	281250 321862	30	40 42	43 45	1083	7,00 5 Ø 14 mm	8583 4291	3,8	Ø 6 mm a 20 cm	4788 7485	2 5222
	281250 326287	35	38 40	41 43	1201	7,77 4 Ø 16 mm	8701 4350	3,5	Ø 6 mm a 20 cm	4788 9322	2 6820
	281250 329100	40	35 37	38 40	1276	8,21 6 Ø 14 mm	8776 4388	3,4	Ø 6 mm a 20 cm	4788 8660	2 5222
	281250 332250	45	33 35	36 38	1360	8,74 6 Ø 14 mm	8860 4430	3,1	Ø 6 mm a 20 cm	4788 9229	3 7833
	281250 334500	50	31 33	34 36	1420	9,15 6 Ø 14 mm	8920 4460	3,0	Ø 6 mm a 20 cm	4788 9838	3 7833
	281250 338250	55	30 32	33 35	1520	9,76 7 Ø 14 mm	9020 4510	2,9	Ø 6 mm a 20 cm	4788 10250	3 7833
	281250 339750	60	28 30	31 33	1560	10,00 9 Ø 12 mm	9060 4530	2,9	Ø 6 mm a 20 cm	4788 10959	4 7668
2750	309300 343800	20	52 54	55 57	920	6,00 4 Ø 14 mm	9170 4585	4,7	Ø 6 mm a 20 cm	4788 6250	2 5222
	309300 347550	25	46 48	49 51	1020	6,66 5 Ø 14 mm	9270 4635	4,4	Ø 6 mm a 20 cm	4788 7092	2 5222
	309300 351675	30	42 44	45 47	1130	7,32 5 Ø 14 mm	9380 4690	4,0	Ø 6 mm a 20 cm	4788 7815	2 5222
	309300 355425	35	39 41	42 44	1230	7,96 4 Ø 16 mm	9480 4740	3,7	Ø 6 mm a 20 cm	4788 8462	2 6820
	309300 358425	40	36 39	39 42	1310	8,65 6 Ø 14 mm	9560 4780	3,5	Ø 6 mm a 20 cm	4788 9190	2 5222
	309300 364425	45	34 36	37 39	1470	9,00 6 Ø 14 mm	9720 4860	3,3	Ø 6 mm a 18 cm	5472 9849	3 7833
	309300 365925	50	33 35	36 38	1510	9,71 7 Ø 14 mm	9760 4880	3,1	Ø 6 mm a 18 cm	5472 10160	3 7833
	309300 368175	55	31 33	34 36	1570	10,07 7 Ø 14 mm	9820 4910	3,0	Ø 6 mm a 18 cm	5472 1082 8	3 7833
	309300 371550	60	30 32	33 35	1660	10,65 8 Ø 14 mm	9910 4955	2,9	Ø 6 mm a 18 cm	5472 11259	4 10444
3000	337500 373125	20	54 56	57 59	950	6,21 5 Ø 14 mm	9950 4975	5,0	Ø 6 mm a 18 cm	5472 kg 6662	2 5222
	337500 377250	25	48 50	51 53	1060	6,93 5 Ø 14 mm	10060 5030	4,5	Ø 6 mm a 18 cm	5472 7545	2 5222

TABLA 21 (Conclusión

Kg por ml	M. Máx kgcm	b cm	h cm	d cm	Peso viga kg	Hierro en cm²	P. kg $R_1 = R_2$	τ	Estribos	T_1 que absorbe estribos	Varillas a doblar
3000	337500 381750	30	44 46	47 49	1180	7,66 5 Ø 14 mm	10180 5090	4,2	Ø 6 mm a 18 cm	5472 T_1 8298	2 T_2 5222
	337500 384750	35	40 43	43 46	1260	8,35 5 Ø 16 mm	10260 5130	3,8	Ø 6 mm a 18 cm	5472 8947	2 6820
	337500 388875	40	38 40	41 43	1370	8,88 6 Ø 14 mm	10370 5185	3,7	Ø 6 mm a 18 cm	5472 9721	2 5222
	337500 392625	45	36 38	39 41	1470	9,49 7 Ø 14 mm	10470 5235	3,5	Ø 6 mm a 18 cm	5472 10332	3 7833
	337500 395625	50	34 36	37 39	1550	10,00 7 Ø 14 mm	10550 5275	3,2	Ø 6 mm a 18 cm	5472 10989	3 7833
	337500 399750	55	33 34	36 37	1660	10,37 7 Ø 14 mm	10660 5330	3,2	Ø 6 mm a 18 cm	5472 11757	3 7833
	337500 401625	60	31 33	34 36	1710	10,98 8 Ø 14 mm	10710 5355	3,0	Ø 6 mm a 18 cm	5472 12170	4 10444

VIGAS DE HORMIGON ARMADO

Carga uniformemente repartida

TABLA 22

Luces: $l = 4{,}00$ m $\sigma_b = 40$ kg cm² $\sigma_e = 1\,200$ kg/cm² M. máx. $= \dfrac{p\,L^2}{8}$

$L = 4{,}50$ m.

Kg por ml	M. Máx kgcm	b cm	h cm	d cm	Peso viga kg	Hierro en cm²	P. kg $R_1 = R_2$	τ	Estribos	T_2 que absorbe estribos	Varillas a doblar
400	125000 175750	15	38 45	41 48	812	3,73 4 Ø 12 mm	2812 1406	2,3	Ø 4 mm a 20 cm	T_2 3612 kg T_1 4286	2 T_2 3834
	125000 184375	20	33 39	36 42	950	4,32 4 Ø 12 mm	2950 1475	2,1	Ø 4 mm a 20 cm	3612 5121	2 3834
	125000 191000	25	29 36	32 39	1056	4,97 4 Ø 14 mm	3056 1528	1,9	Ø 4 mm a 20 cm	3612 5960	2 5222
	125000 199250	30	27 34	30 37	1188	5,64 5 Ø 12 mm	3188 1594	1,7	Ø 4 mm a 20 cm	3612 6641	2 3834
	125000 205812	35	25 32	28 35	1293	6,19 5 Ø 14 mm	3293 1646	1,6	Ø 4 mm a 20 cm	3612 7350	2 5222
500	156250 215125	15	43 49	46 52	910	4,04 4 Ø 12 mm	3410 1705	2,6	Ø 4 mm a 20 cm	3612 4676	2 3834
	158250 222250	20	37 43	40 46	1056	4,76 5 Ø 12 mm	3556 1778	2,3	Ø 4 mm a 20 cm	3612 5556	2 3834
	158250 230500	25	33 40	36 43	1188	5,55 4 Ø 14 mm	3688 1844	2,1	Ø 4 mm a 20 cm	3612 6400	2 5222
	158250 237875	30	30 37	33 40	1306	6,15 4 Ø 14 mm	3806 1903	1,9	Ø 4 mm a 20 cm	3612 7208	2 5222
	158250 245750	35	28 34	31 37	1432	6,58 5 Ø 14 mm	3932 1966	1,8	Ø 4 mm a 20 cm	3612 7920	2 5222
600	187500 248125	15	46 53	49 56	970	4,41 4 Ø 12 mm	3970 1985	2,8	Ø 4 mm a 20 cm	3612 5063	2 3834
	187500 258437	20	40 47	43 50	1135	5,20 5 Ø 12 mm	4135 2067	2,4	Ø 4 mm a 20 cm	3612 6010	2 3834
	187500 267937	25	36 43	39 46	1287	5,95 4 Ø 14 mm	4287 2143	2,2	Ø 4 mm a 20 cm	3612 6870	2 5222
	187500 276562	30	33 39	36 42	1425	6,48 5 Ø 14 mm	4425 2212	2,1	Ø 4 mm a 20 cm	3612 7680	2 5222
	187500 282750	35	30 37	33 40	1524	7,00 5 Ø 14 mm	4524 2262	1,9	Ø 4 mm a 20 cm	3612 8568	2 5222
700	218750 284312	15	50 57	53 60	1049	4,74 4 Ø 14 mm	4549 2274	3,3	Ø 4 mm a 20 cm	3612 5360	2 5222
	218750 294625	20	43 50	46 53	1214	5,54 5 Ø 12 mm	4714 2357	2,6	Ø 4 mm a 20 cm	3612 6400	2 3834
	218750 305375	25	39 45	42 48	1386	6,22 5 Ø 14 mm	4886 2443	2,4	Ø 4 mm a 20 cm	3612 7280	2 5222
	218750 312750	30	35 42	38 45	1504	6,99 5 Ø 14 mm	5004 2502	2,2	Ø 4 mm a 20 cm	3612 8230	2 5222
	218750 322937	35	33 39	36 42	1667	7,56 5 Ø 14 mm	5167 2583	2,1	Ø 4 mm a 20 cm	3612 8970	2 5222
	218750 327625	40	30 37	33 40	1742	8,20 6 Ø 14 mm	5242 2621	1,9	Ø 4 mm a 20 cm	3612 9920	3 7833
800	250000 319250	15	53 60	56 63	1108	5,00 4 Ø 14 mm	5108 2504	3,1	Ø 4 mm a 20 cm	3612 5700	2 5222
	250000 330812	20	46 53	49 56	1293	5,88 4 Ø 14 mm	5293 2646	2,8	Ø 4 mm a 20 cm	3612 6751	2 5222
	250000 340750	25	41 48	44 51	1452	6,65 5 Ø 14 mm	5452 2726	2,5	Ø 4 mm a 20 cm	3612 7744	2 5222
	250000 351437	30	38 45	41 48	1623	7,47 5 Ø 14 mm	5623 2811	2,3	Ø 4 mm a 20 cm	3612 8570	2 5222

TABLA 22 (Continuación)

Kg por ml	M. Máx. kgcm	b cm	h cm	d cm	Peso viga kg	Hierro en cm²	P. kg $R_1 = R_2$		Estribos	T_3 que absorbe estribos	Varillas a doblar
800	160000 213500	30	30 34	33 37	1070	5,75 4 Ø 14 mm	4270 2135	2,2	Ø 4 mm a 20 cm	T_3 2859 kg T_1 6469	2 T_2 5222
	160000 214000	35	28 32	31 35	1080	6,19 5 Ø 14 mm	4280 2140	2,1	Ø 4 mm a 20 cm	2859 6903	2 5222
	160000 222600	40	26 30	29 33	1252	6,64 6 Ø 12 mm	4452 2226	2,1	Ø 4 mm a 20 cm	2859 7675	3 5751
900	180000 225350	20	39 43	42 46	907	4,76 5 Ø 12 mm	4507 2253	2,9	Ø 4 mm a 20 cm	2859 5365	2 3834
	180000 231300	25	35 39	38 42	1026	5,40 4 Ø 14 mm	4626 2313	2,7	Ø 4 mm a 20 cm	2859 6086	2 5222
	180000 236700	30	32 36	35 39	1134	6,00 4 Ø 14 mm	4734 2367	2,4	Ø 4 mm a 20 cm	2859 6762	2 5222
	180000 242100	35	30 34	33 37	1242	6,58 5 Ø 14 mm	4842 2421	2,3	Ø 4 mm a 20 cm	2859 7336	2 5222
	180000 246950	40	28 32	31 35	1339	7,08 5 Ø 14 mm	4939 2469	2,2	Ø 4 mm a 20 cm	2859 7966	2 5222
	180000 250200	45	26 31	29 34	1404	7,74 6 Ø 14 mm	5004 2502	2,0	Ø 4 mm a 20 cm	2859 8620	3 7833
1000	200000 247500	20	41 45	44 48	950	5,00 5 Ø 12 mm	4950 2475	3,0	Ø 4 mm a 20 cm	2859 5625	2 3834
	200000 254000	25	37 41	40 44	1080	5,50 4 Ø 14 mm	5080 2540	2,8	Ø 4 mm a 20 cm	2859 6350	2 5222
	200000 259400	30	34 38	37 41	1188	6,30 5 Ø 14 mm	5188 2594	2,6	Ø 4 mm a 20 cm	2859 7010	2 5222
	200000 264250	35	31 36	34 39	1285	7,00 5 Ø 14 mm	5285 2642	2,3	Ø 4 mm a 20 cm	2859 7772	2 5222
	200000 269100	40	29 33	32 36	1382	7,32 5 Ø 14 mm	5382 2691	2,3	Ø 4 mm a 20 cm	2859 8409	2 5222
	200000 275600	45	28 32	31 35	1512	7,96 6 Ø 14 mm	5512 2756	2,1	Ø 4 mm a 20 cm	2859 8890	3 7833
	200000 278300	50	26 30	29 33	1565	8,30 6 Ø 14 mm	5566 2783	2,1	Ø 4 mm a 20 cm	2859 9596	3 7833
1250	250000 302900	20	46 50	49 53	1058	5,54 5 Ø 12 mm	6058 3029	3,4	Ø 6 mm a 20 cm	6498 6181	2 3834
	250000 309400	25	41 45	44 48	1188	6,25 5 Ø 14 mm	6188 3094	3,0	Ø 6 mm a 20 cm	6498 7031	2 5222
	250000 316400	30	38 42	41 45	1328	6,90 5 Ø 14 mm	6328 3164	2,8	Ø 6 mm a 20 cm	6498 7717	2 5222
	250000 321800	35	35 39	38 42	1436	7,58 5 Ø 14 mm	6436 3218	2,7	Ø 6 mm a 20 cm	6498 8468	2 5222
	250000 327750	40	33 37	36 40	1555	8,00 6 Ø 14 mm	6555 3277	2,5	Ø 6 mm a 20 cm	6498 9104	2 5222
	250000 332600	45	31 35	34 38	1652	8,73 6 Ø 14 mm	6652 3326	2,3	Ø 6 mm a 20 cm	6498 9782	2 5222
	250000 333700	50	29 34	31 37	1674	9,40 5 Ø 16 mm	6674 3337	2,2	Ø 6 mm a 20 cm	6498 10764	2 6820
1500	300000 358300	20	51 55	54 59	1166	6,00 4 Ø 14 mm	7166 3583	3,7	Ø 6 mm a 20 cm	6498 6635	2 5222
	300000 364800	25	45 48	48 52	1296	6,75 5 Ø 14 mm	7296 3648	3,3	Ø 6 mm a 20 cm	6498 7600	2 5222
	300000 371250	30	41 45	44 48	1425	7,47 5 Ø 14 mm	7425 3712	3,0	Ø 6 mm a 20 cm	6498 8437	2 5222
	300000 377200	35	38 43	41 46	1544	8,33 5 Ø 16 mm	7544 3772	2,8	Ø 6 mm a 20 cm	6498 kg 9200	2 6820

TABLA 22 (Continuación)

Kg por ml	M. Máx kgcm	b cm	h cm	d cm	Peso viga kg	Hierro en cm²	P. kg $R_1 = R_2$	τ	Estribos	T_2 que absorbe estribos	Varillas a doblar
1500	300000 384200	40	36 40	39 43	1684	8,88 6 Ø 14 mm	7684 3842	2,7	Ø 6 mm a 20 cm	T_2 6498 T_1 9851	2 T_1 5222
	300000 389600	45	34 38	37 41	1792	9,45 7 Ø 14 mm	7792 3896	2,6	Ø 6 mm a 20 cm	6498 10520	2 5222
	300000 394500	50	32 36	35 39	1890	10,00 7 Ø 14 mm	7890 3945	2,4	Ø 6 mm a 20 cm	6498 11270	3 7833
	300000 397200	55	30 35	33 38	1944	10,67 7 Ø 14 mm	7944 3972	2,3	Ø 6 mm a 20 cm	6498 12036	3 7833
1750	350000 412600	20	55 58	58 61	1252	6,40 5 Ø 14 mm	8252 4126	4,0	Ø 6 mm a 20 cm	6498 7113	2 5222
	350000 420200	25	49 53	52 56	1404	7,35 5 Ø 14 mm	8404 4202	3,5	Ø 6 mm a 20 cm	6498 8080	2 5222
	350000 425600	30	44 49	47 52	1512	8,16 5 Ø 16 mm	8512 4256	3,2	Ø 6 mm a 20 cm	6498 9055	2 6820
	350000 433150	35	41 45	44 48	1663	8,75 5 Ø 16 mm	8663 4331	3,0	Ø 6 mm a 20 cm	6498 9844	2 6820
	350000 440700	40	39 43	42 46	1814	9,52 5 Ø 16 mm	8814 4407	2,8	Ø 6 mm a 20 cm	6498 10492	2 6820
	350000 447200	45	37 41	40 44	1944	10,21 7 Ø 14 mm	8944 4472	2,7	Ø 6 mm a 20 cm	6498 11180	3 7833
	350000 452600	50	35 39	38 42	2052	10,80 7 Ø 14 mm	9052 4526	2,6	Ø 6 mm a 20 cm	6498 11907	3 7833
	350000 456900	55	33 37	36 40	2138	11,27 8 Ø 14 mm	9138 4569	2,5	Ø 6 mm a 20 cm	6498 12690	4 10444
	350000 463400	60	32 36	35 39	2268	12,00 8 Ø 14 mm	9268 4634	2,4	Ø 6 mm a 20 cm	6498 13240	4 10444
2000	400000 473950	25	52 56	55 59	1479	7,75 4 Ø 16 mm	9479 4739	3,8	Ø 6 mm a 20 cm	6498 8817	2 6820
	400000 482600	30	48 52	51 55	1652	8,64 5 Ø 16 mm	9652 4826	3,4	Ø 6 mm a 20 cm	6498 10054	2 6820
	400000 488550	35	44 48	47 51	1771	9,31 5 Ø 16 mm	9771 4885	3,3	Ø 6 mm a 20 cm	6498 10394	2 6820
	400000 499350	40	41 45	44 48	1987	10,00 5 Ø 16 mm	9987 4993	3,1	Ø 6 mm a 20 cm	6498 11348	2 6820
	400000 502050	45	39 43	42 46	2041	10,71 7 Ø 14 mm	10041 5020	2,9	Ø 6 mm a 20 cm	6498 11953	3 7833
	400000 508000	50	37 41	40 44	2160	11,35 6 Ø 16 mm	10160 5080	2,8	Ø 6 mm a 20 cm	6498 12700	3 6820
	400000 513400	55	35 39	38 42	2268	11,88 8 Ø 14 mm	10268 5134	2,7	Ø 6 mm a 20 cm	6498 13510	4 10444
	400000 518800	60	34 38	37 41	2376	12,60 9 Ø 14 mm	10376 5188	2,6	Ø 6 mm a 20 cm	6498 14021	4 10444
2250	450000 526650	25	54 59	57 62	1533	8,00 4 Ø 16 mm	10533 5266	4,0	Ø 6 mm a 20 cm	6498 9239	2 6820
	450000 537450	30	51 55	54 58	1749	9,00 5 Ø 16 mm	10749 5374	3,6	Ø 6 mm a 20 cm	6498 9995	2 6820
	450000 544500	35	47 51	50 54	1890	9,90 5 Ø 16 mm	10890 5445	3,4	Ø 6 mm a 20 cm	6498 10890	2 6820
	450000 551500	40	44 48	47 51	2030	10,64 6 Ø 16 mm	11030 5515	3,2	Ø 6 mm a 20 cm	6498 11734	2 6820
	450000 556900	45	41 45	44 48	2138	11,25 6 Ø 16 mm	11138 5569	3,0	Ø 6 mm a 20 cm	6498 12650	3 10230
	450000 563400	50	39 43	42 46	2268	11,90 6 Ø 16 mm	11268 5634	2,9	6 mm a 20 cm	6498 13414	3 10230

TABLA 22 (Continuación)

Kg por ml	M. Máx. kgcm	b cm	h cm	d cm	Peso viga kg	Hierro en cm²	P. kg $R_1 = R_2$	τ	Estribos	T_2 que absorbe estribos	Varillas a doblar
2250	450000 568800	55	37 41	40 44	2376	12,48 7 Ø 16 mm	11376 5688	2,8	Ø 6 mm a 20 cm	T_2 6498 T_1 14320	3 T_1 10230
	450000 574200	60	36 40	39 43	2484	13,32 9 Ø 14 mm	11484 5742	2,7	Ø 6 mm a 20 cm	6498 14723	4 10444
2500	500000 582050	25	58 62	61 65	1641	8,60 5 Ø 16 mm	11641 5820	4,2	Ø 6 mm a 20 cm	6498 9540	2 6820
	500000 590700	30	53 57	56 60	1814	9,48 5 Ø 16 mm	11814 5907	3,9	Ø 6 mm a 20 cm	6498 10548	2 6820
	500000 598250	35	49 53	50 56	1965	10,50 4 Ø 20 mm	11965 5982	3,6	Ø 6 mm a 20 cm	6498 11965	2 10660
	500000 605800	40	46 50	49 53	2116	11,08 6 Ø 16 mm	12116 6058	3,4	Ø 6 mm a 20 cm	6498 12360	2 6820
	500000 613400	45	44 48	47 51	2268	11,97 6 Ø 16 mm	12268 6134	3,2	Ø 6 mm a 20 cm	6498 13050	2 6820
	500000 618800	50	41 45	44 48	2376	12,50 7 Ø 16 mm	12376 6188	3,0	Ø 6 mm a 20 cm	6498 14060	3 10230
	500000 624200	55	39 43	42 46	2484	13,09 7 Ø 16 mm	12484 6242	2,9	Ø 6mm a 20 cm	6498 14860	3 10230
	500000 632800	60	38 42	41 45	2656	13,98 9 Ø 14 mm	12656 6328	2,8	Ø 6 mm a 20 cm	6498 15434	4 10444
2750	550000 636400	25	61 65	64 68	1728	9,00 5 Ø 16 mm	12728 6364	4,4	Ø 6 mm a 20 cm	6498 9943	2 6820
	550000 645555	30	56 60	59 63	1911	10,00 5 Ø 16 mm	12911 6455	4,0	Ø 6 mm a 20 cm	6498 10941	2 6820
	550000 652600	35	52 56	55 59	2052	10,85 5 Ø 18 mm	13052 6526	3,8	Ø 6 mm a 18 cm	7524 11860	2 8634
	550000 660150	40	48 53	51 56	2203	11,76 6 Ø 16 mm	13203 6601	3,6	Ø 6 mm a 18 cm	7524 12940	2 6820
	550000 668800	45	46 50	49 53	2376	12,46 7 Ø 16 mm	13376 6688	3,3	Ø 6 mm a 18 cm	7524 13640	3 10230
	550000 674200	50	43 47	46 50	2484	13,00 7 Ø 16 mm	13484 6742	3,2	Ø 6 mm a 18 cm	7524 14650	3 10230
	550000 680650	55	41 45	44 48	2613	13,70 7 Ø 16 mm	13613 6806	3,0	Ø 6 mm a 18 cm	7524 15469	3 10230
	550000 686050	60	39 43	42 46	2721	14,33 8 Ø 16 mm	13721 6860	3,0	Ø 6 mm a 18 cm	7524 16334	4 13640
3000	600000 691800	25	64 68	68 71	1836	9,44 5 Ø 16 mm	13826 6918	4,6	Ø 6 mm a 18 cm	7524 10170	2 6820
	600000 698800	30	58 62	61 65	1976	10,32 5 Ø 18 mm	13976 6988	4,2	Ø 6 mm a 18 cm	7524 11455	2 8634
	600000 708000	35	54 58	57 61	2160	11,20 4 Ø 20 mm	14160 7080	3,9	Ø 6 mm a 18 cm	7524 12421	2 10660
	600000 714450	40	51 55	53 58	2289	12,00 6 Ø 16 mm	14289 7144	3,7	Ø 6 mm a 18 cm	7524 13480	2 6820
	600000 724200	45	48 52	51 55	2484	12,96 7 Ø 16 mm	14484 7242	3,4	Ø 6 mm a 18 cm	7524 14200	3 10230
	600000 729600	50	45 49	48 52	2592	13,50 7 Ø 16 mm	14592 7296	3,3	Ø 6 mm a 18 cm	7524 15200	3 10230
	600000 736600	55	43 47	46 50	2732	14,30 8 Ø 16 mm	14732 7366	3,1	Ø 6 mm a 18 cm	7524 16000	4 13640
	600000 742550	60	41 45	44 48	2851	14,94 8 Ø 16 mm	14851 7425	3,0	Ø 6 mm a 18 cm	7524 16870	4 13640

VIGAS DE HORMIGON ARMADO

TABLA 23

Carga uniformemente repartida

Luces: **l** = 5,00 m σ_b = 40 kg/cm² σ_e = 1 200 kg/cm² M. máx. = $\frac{PL^2}{8}$

L = 5,500 m.

Kg por ml	M. Máx. kgcm	b cm	h cm	d cm	Peso viga kg	Hierro en cm²	P. kg $R_1 = R_2$	τ	Estribos	T_1 que absorbe estribos	Varillas a doblar
400	80000 106450	15	30 34	33 37	529	2,82 3 Ø 12 mm	2129 1064	2,3	Ø 4 mm a 20 cm	T_3 2859 T_1 3225	1 T_2 1917
	80000 111300	20	26 30	29 33	626	3,32 4 Ø 12 mm	2226 1113	2,1	Ø 4 mm a 20 cm	2859 3837	2 3834
	80000 116150	25	24 27	27 30	723	3,75 4 Ø 12 mm	2323 1161	1,9	Ø 4 mm a 20 cm	2859 4301	2 3834
	80000 120500	30	22 26	25 29	810	4,32 4 Ø 12 mm	2410 1205	1,7	Ø 4 mm a 20 cm	2859 4820	2 3834
	80000 123200	35	20 24	23 27	864	4,65 5 Ø 12 mm	2464 1232	1,6	Ø 4 mm a 20 cm	2859 5356	2 3834
500	100000 129700	15	34 38	37 41	594	3,07 3 Ø 12 mm	2594 1297	2,6	Ø 4 mm a 20 cm	2859 3505	1 1917
	100000 134550	20	29 33	32 36	691	3,66 4 Ø 12 mm	2691 1345	2,3	Ø 4 mm a 20 cm	2859 4204	2 3834
	100000 138850	25	26 30	29 33	777	4,15 4 Ø 12 mm	2777 1388	2,1	Ø 4 mm a 20 cm	2859 4787	2 3834
	100000 143700	30	24 28	27 31	874	4,65 5 Ø 12 mm	2874 1437	1,9	Ø 4 mm a 20 cm	2859 5322	2 3834
	100000 146950	35	22 26	25 29	939	5,05 5 Ø 12 mm	2939 1469	1,9	Ø 4 mm a 20 cm	2859 5878	2 3834
600	120000 152400	15	37 41	40 44	648	3,40 3 Ø 12 mm	3048 1524	2,8	Ø 4 mm a 20 cm	2859 3810	1 1917
	120000 158800	20	32 36	35 39	756	4,00 4 Ø 12 mm	3156 1578	2,4	Ø 4 mm a 20 cm	2859 4537	2 3834
	120000 163200	25	29 33	32 36	864	4,56 4 Ø 12 mm	3264 1632	2,2	Ø 4 mm a 20 cm	2859 5100	2 3834
	120000 166950	30	26 30	29 33	939	4,98 5 Ø 12 mm	3339 1669	2,1	Ø 4 mm a 20 cm	2859 5756	2 3834
	120000 170750	35	24 28	27 31	1015	5,42 5 Ø 12 mm	3415 1707	1,9	Ø 4 mm a 20 cm	2859 6324	2 3834
700	140000 174550	15	40 44	43 47	691	3,66 4 Ø 12 mm	3491 1745	2,9	Ø 4 mm a 20 cm	2859 4059	2 3834
	140000 181000	20	35 39	38 42	820	4,32 4 Ø 12 mm	3620 1810	2,6	Ø 4 mm a 20 cm	2859 4763	2 3834
	140000 185900	25	31 35	34 38	918	4,85 4 Ø 14 mm	3718 1859	2,3	Ø 4 mm a 20 cm	2859 5467	2 5222
	140000 190200	30	28 32	31 35	1004	5,31 5 Ø 12 mm	3804 1902	2,2	Ø 4 mm a 20 cm	2859 6135	2 3834
	140000 194000	35	26 30	29 33	1080	5,81 4 Ø 14 mm	3880 1940	2,1	Ø 4 mm a 20 cm	2859 6689	2 5222
	140000 199400	40	25 28	28 31	1188	6,20 6 Ø 12 mm	3988 1994	1,9	Ø 4 mm a 20 cm	2859 7140	2 3834
800	160000 197250	15	43 47	46 50	745	3,90 4 Ø 12 mm	3945 1972	3,2	Ø 4 mm a 20 cm	2859 4288	2 3834
	160000 203200	20	37 41	40 44	864	4,54 5 Ø 12 mm	4064 2032	2,8	Ø 4 mm a 20 cm	2859 5080	2 3834
	160000 208600	25	33 36	36 38	972	5,12 4 Ø 14 mm	4172 2086	2,6	Ø 4 mm a 20 cm	2859 5794	2 5222

TABLA 23 (Continuación)

Kg por ml	M. Máx. kgcm	b cm	h cm	d cm	Peso viga kg	Hierro en cm²	P. kg $R_1 = R_2$	τ	Estribos	T_1 que absorbe estribos	Varillas a doblar
800	250000 359687	35	35 42	38 45	1755	8,15 5 Ø 16 mm	5755 2877	2,2	Ø 4 mm a 20 cm	T_2 3612 T_1 9465	2 T_2 6820
	250000 368750	40	33 39	36 42	1900	8,64 6 Ø 14 mm	5900 2950	2,1	Ø 4 mm a 20 cm	3612 10243	3 7833
	250000 376187	45	31 38	34 41	2019	9,45 7 Ø 14 mm	6019 3009	2,0	Ø 4 mm a 20 cm	3612 11064	3 7833
	250000 382000	50	29 36	32 39	2112	9,95 7 Ø 14 mm	6112 3056	1,9	Ø 4 mm a 20 cm	3612 11937	3 7833
900	281250 367000	20	49 55	52 58	1372	6,54 5 Ø 14 mm	5872 2936	2,8	Ø 4 mm a 20 cm	3612 7050	2 5222
	281250 376125	25	43 50	46 53	1518	6,92 5 Ø 14 mm	6018 3009	2,7	Ø 4 mm a 20 cm	3612 8176	2 5222
	281250 387625	30	40 47	43 50	1702	7,80 4 Ø 16 mm	6202 3101	2,4	Ø 4 mm a 20 cm	3612 9014	2 6820
	281250 396750	35	37 44	40 47	1848	8,54 5 Ø 16 mm	6348 3174	2,3	Ø 4 mm a 20 cm	3612 9918	2 6820
	281250 403312	40	34 41	37 44	1953	9,08 6 Ø 14 mm	6453 3226	2,2	Ø 4 mm a 20 cm	3612 10900	3 7833
	281250 411187	45	32 39	35 42	2079	9,72 7 Ø 14 mm	6579 3289	2,1	Ø 4 mm a 20 cm	3612 11748	3 7833
	281250 421500	50	31 38	34 41	2244	10,50 7 Ø 14 mm	6744 3372	2,0	Ø 4 mm a 20 cm	3612 12390	4 10444
1000	312500 401562	20	51 58	54 61	1425	6,40 5 Ø 14 mm	6425 3212	3,1	Ø 4 mm a 20 cm	3612 7436	2 5222
	312500 413562	25	46 53	49 56	1617	7,35 5 Ø 14 mm	6617 3308	2,8	Ø 4 mm a 20 cm	3612 8440	2 5222
	312500 423875	30	42 49	45 52	1782	8,13 5 Ø 16 mm	6782 3391	2,6	Ø 4 mm a 20 cm	3612 9410	2 6820
	312500 433750	35	39 45	42 48	1940	8,71 5 Ø 16 mm	6940 3470	2,4	Ø 4 mm a 20 cm	3612 11500	3 10230
	312500 441187	40	36 43	39 46	2059	9,52 5 Ø 16 mm	7059 3529	2,3	Ø 4 mm a 20 cm	3612 11312	3 10230
	312500 449437	45	34 41	37 44	2191	10,21 7 Ø 14 mm	7191 3595	2,2	Ø 4 mm a 20 cm	3612 12140	4 10444
	312500 461000	50	33 39	36 42	2376	10,80 7 Ø 14 mm	7376 3688	2,1	Ø 6 mm a 20 cm	8208 12800	3 7833
	312500 466750	55	31 38	34 41	2468	11,55 8 Ø 14 mm	7458 3734	2,0	Ø 6 mm a 20 cm	7524 13720	4 10444
1250	390600 489600	20	57 64	60 67	1584	7,10 5 Ø 14 mm	7834 3917	3,4	Ø 6 mm a 20 cm	7524 8160	2 5222
	390600 501973	25	51 58	54 61	1782	8,02 4 Ø 16 mm	8032 4016	3,1	Ø 6 mm a 20 cm	7524 9929	2 6820
	390600 508100	30	47 53	50 56	1980	8,82 5 Ø 16 mm	8230 4115	2,9	Ø 6 mm a 20 cm	7524 10160	2 6820
	390600 523412	35	43 50	46 53	2125	9,69 5 Ø 16 mm	8375 4187	2,7	Ø 6 mm a 20 cm	7524 11370	2 6820
	390600 532475	40	40 47	43 50	2270	10,40 6 Ø 16 mm	8520 4260	2,5	Ø 6 mm a 20 cm	7524 12380	2 6820
	390600 542350	45	38 45	41 48	2428	11,25 6 Ø 16 mm	8678 4339	2,4	Ø 6 mm a 20 cm	7524 13220	2 6820
	390600 551475	50	36 43	39 46	2574	11,90 6 Ø 16 mm	8724 4362	2,2	Ø 6 mm a 20 cm	7524 14140	3 6820
	390600 562975	55	35 42	38 45	2758	12,81 7 Ø 16 mm	8908 4454	2,1	Ø 6 mm a 20 cm	7524 14810	4 13640

TABLA 23 (Continuación)

Kg por ml	M. Máx. kgcm	b cm	h cm	d cm	Peso viga kg	Hierro en cm²	P. kg $R_1 = R_2$	τ	Estribos	T_2 que absorbe estribos	Varillas a doblar
1500	468750 577625	20	63 70	66 73	1742	7,76 4 Ø 16 mm	9242 4621	3,7	Ø 6 mm a 20 cm	T_3 7524 kg T_1 8251	2 T_3 6820
	468750 590000	25	56 63	59 66	1940	8,75 5 Ø 16 mm	9440 4720	3,3	Ø 6 mm a 20 cm	7524 9365	2 6820
	468750 602375	30	51 58	54 61	2138	9,60 5 Ø 16 mm	9638 4819	3,1	Ø 6 mm a 20 cm	7524 10385	2 6820
	468750 615562	35	48 54	51 57	2349	10,50 4 Ø 20 mm	9849 4924	2,9	Ø 6 mm a 20 cm	7524 11390	2 10660
	468750 627125	40	45 51	48 54	2534	11,32 6 Ø 16 mm	10034 5017	2,7	Ø 6 mm a 20 cm	7524 12296	2 6820
	468750 633750	45	42 49	45 52	2640	12,15 7 Ø 16 mm	10140 5070	2,6	Ø 6 mm a 20 cm	7524 12930	3 10230
	468750 646125	50	40 47	43 50	2838	13,00 7 Ø 16 mm	10338 5169	2,4	Ø 6 mm a 20 cm	7524 13740	3 10230
	468750 654375	55	38 45	41 48	2970	13,69 7 Ø 16 mm	10470 5235	2,3	Ø 6 mm a 20 cm	7524 14541	3 10230
	468750 666750	60	37 43	40 46	3168	14,28 8 Ø 16 mm	10668 5334	2,3	Ø 6 mm a 20 cm	7524 15500	4 13640
1750	546800 663925	20	68 75	71 78	1874	8,32 4 Ø 18 mm	10624 5312	4,0	Ø 6 mm a 20 cm	7524 8852	2 8634
	546800 678800	25	61 68	64 71	2112	9,42 5 Ø 16 mm	10862 5431	3,6	Ø 6 mm a 20 cm	7524 9982	2 6820
	546800 690300	30	55 62	58 65	2296	10,32 5 Ø 18 mm	11046 5523	3,3	Ø 6 mm a 20 cm	7524 11133	2 8634
	546800 702675	35	51 58	54 61	2494	11,27 4 Ø 20 mm	11244 5622	3,1	Ø 6 mm a 20 cm	7524 12115	2 10660
	546800 711800	40	48 55	51 58	2640	12,00 6 Ø 16 mm	11390 5695	2,9	Ø 6 mm a 20 cm	7524 12941	2 6820
	546800 728300	45	46 52	49 55	2904	12,96 7 Ø 16 mm	11654 5827	2,8	Ø 6 mm a 20 cm	7524 14005	3 10230
	546800 736550	50	43 50	46 53	3036	13,85 7 Ø 16 mm	11786 5893	2,6	Ø 6 mm a 20 cm	7524 14731	3 10230
	546800 746425	55	41 48	44 51	3194	14,63 8 Ø 16 mm	11944 5972	2,5	Ø 6 mm a 20 cm	7524 15550	4 13640
	546800 754675	60	39 46	42 49	3326	15,30 8 Ø 16 mm	12076 6038	2,5	Ø 6 mm a 20 cm	7524 16405	4 13640
2000	625000 765250	25	65 72	68 75	2244	10,00 5 Ø 16 mm	12244 6122	3,8	Ø 6 mm a 20 cm	7524 10628	2 6820
	625000 780875	30	60 60	63 69	2494	10,98 5 Ø 18 mm	12494 6247	3,5	Ø 6 mm a 20 cm	7524 12394	2 6820
	625000 792437	35	55 62	58 65	2679	12,04 4 Ø 20 mm	12679 6339	3,2	Ø 6 mm a 6 cm	7524 12780	2 10650
	625000 803187	40	51 58	54 61	2851	12,87 6 Ø 18 mm	12851 6425	3,1	Ø 6 mm a 20 cm	7524 13840	2 8634
	625000 814750	45	48 55	51 58	3036	13,72 7 Ø 16 mm	13036 6518	3,0	Ø 6mm a 20 cm	7524 148130	3 10230
	625000 827125	50	46 53	49 56	3234	14,70 6 Ø 18 mm	13234 6617	2,8	Ø 6 mm a 20 cm	7524 15600	3 12951
	625000 837812	55	44 51	47 54	3405	15,56 8 Ø 16 mm	13405 6702	2,7	Ø 6 mm a 20 cm	7524 16420	4 13640
	625000 847750	60	42 49	45 52	3564	16,68 9 Ø 16 mm	13564 6782	2,6	Ø 6 mm a 20 cm	7524 17301	4 13640
2250	703100 851600	25	69 76	72 79	2376	10,50 4 Ø 20 mm	13626 6813	4,0	Ø 6 mm a 20 cm	7524 11205	2 10660

TABLA 23 (Continuación)

Kg por ml	M. Máx. kgcm	b cm	h cm	d cm	Peso viga kg	Hierro en cm²	P. kg $R_1 = R_2$	τ	Estribos	T_2 que absorbe estribos	Varillas a doblar
2250	703100 866412	30	63 70	66 73	2613	11,64 5 Ø 18 mm	13863 6931	3,7	Ø 6 mm a 20 cm	T_2 7524 T_1 12377	2 T_1 8634
	703100 878787	35	58 65	61 68	2811	12,60 5 Ø 18 mm	14061 7030	3,5	Ø 6 mm a 20 cm	7524 13510	2 8634
	703100 894475	40	55 61	58 64	3062	13,52 6 Ø 18 mm	14312 7156	3,3	Ø 6 mm a 20 cm	7524 14663	2 8634
	703100 903537	45	51 58	54 61	3207	14,40 6 Ø 18 mm	14457 7228	3,1	Ø 6 mm a 20 cm	7524 15570	2 8634
	703100 917600	50	49 56	52 59	3432	15,50 7 Ø 18 mm	14682 7341	3,0	Ø 6 mm a 20 cm	7524 16380	3 12951
	703100 929975	55	47 53	50 56	3630	15,95 8 Ø 16 mm	14880 7440	2,8	Ø 6 mm a 20 cm	7524 17546	4 13640
	703100 940662	60	45 51	48 54	3801	16,80 9 Ø 16 mm	15051 7525	2,7	Ø 6 mm a 20 cm	7524 18440	4 13640
2500	781250 935500	25	73 81	76 84	2468	11,25 4 Ø 20 mm	14968 7484	4,5	Ø 6 mm a 18 cm	9576 11549	2 10660
	781250 954500	30	67 73	70 76	2772	12,15 5 Ø 18 mm	15272 7636	3,9	Ø 6 mm a 18 cm	9576 13070	2 8634
	781250 968500	35	62 68	65 71	2996	13,19 4 Ø 22 mm	15496 7748	3,6	Ø 6 mm a 18 cm	9576 14242	2 12900
	781250 979250	40	57 64	60 67	3168	14,20 6 Ø 18 mm	15668 7834	3,4	Ø 6 mm a 18 cm	9576 15300	2 8634
	781250 992437	45	54 60	57 63	3379	14,98 6 Ø 18 mm	15879 7939	3,3	Ø 6 mm a 18 cm	9576 16540	2 8634
	781250 1004000	50	51 58	54 61	3564	16,09 7 Ø 18 mm	16064 8032	3,1	Ø 6 mm a 18 cm	9576 17310	3 12951
	781250 1017187	55	49 55	52 58	3775	16,77 7 Ø 18 mm	16275 8137	3,0	Ø 6 mm a 18 cm	9576 18494	3 12951
	781250 1028750	60	47 53	50 56	3960	17,64 9 Ø 16 mm	16460 8230	2,9	Ø 6 mm a 18 cm	9576 19410	4 13640
2750	859370 1021870	25	76 83	79 86	2600	11,50 4 Ø 20 mm	16350 8175	4,4	Ø 6 mm a 18 cm	9576 12311	2 10660
	859370 1040870	30	70 76	73 79	2904	12,66 5 Ø 18 mm	16654 8327	4,1	Ø 6 mm a 18 cm	9576 13695	2 8634
	859370 1052370	35	64 71	67 74	3088	13,79 4 Ø 22 mm	16838 8419	3,8	Ø 6 mm a 18 cm	9576 14822	2 12900
	859370 1065620	40	60 67	63 70	3300	14,84 6 Ø 18 mm	17050 8525	3,6	Ø 6 mm a 18 cm	9576 15904	2 8634
	859370 1082120	45	57 63	60 66	3564	15,70 7 Ø 18 mm	17314 8657	3,4	Ø 6 mm a 18 cm	9576 17176	3 12951
	859370 1094495	50	54 60	57 63	3762	16,65 7 Ø 18 mm	17512 8756	3,3	Ø 6 mm a 18 cm	9576 18241	3 12951
	859370 1104370	55	51 58	54 61	3920	17,71 7 Ø 18 mm	17670 8835	3,1	Ø 6 mm a 18 cm	9576 19040	3 12951
	859370 1116745	60	49 56	52 59	4118	18,60 8 Ø 18 mm	17868 8934	3,0	Ø 6 mm a 18 cm	9576 19940	4 17268
3000	937500 1108250	25	80 86	83 89	2732	11,92 4 Ø 20 mm	17732 8866	4,6	Ø 6 mm a 18 cm	9576 12886	2 10660
	937500 1125562	30	73 79	76 82	3009	13,14 4 Ø 22 mm	18009 9004	4,2	Ø 6 mm a 18 cm	9576 14247	2 T_1 12900
	937500 1139625	35	67 74	70 77	3234	14,35 4 Ø 22 mm	18234 9117	4,0	Ø 6 mm a 18 cm	9576 15400	2 12900
	937500 1155250	40	63 69	66 72	3484	15,28 5 Ø 20 mm	18484 9242	3,7	Ø 6 mm a 18 cm	9576 16742	2 10660

TABLA 23 (Conclusión)

Kg por ml	M. Máx kgcm	b cm	h cm	d cm	Peso viga kg	Hierro en cm²	P. kg $R_1 = R_2$	τ	Estribos	T_3 que absorbe estribos	Varillas a doblar
3000	937500 1170937	45	60 66	63 69	3735	16,47 7 Ø 18 mm	18735 9367	3,5	Ø 6 mm a 18 cm	T_3 9576 T_1 17740	3 T_2 12951
	937500 1179875	50	56 63	59 66	3894	17,45 7 Ø 18 mm	18894 9447	3,3	Ø 6 mm a 18 cm	9576 18728	3 12951
	937500 1195687	55	54 60	57 63	4131	18,31 8 Ø 18 mm	19131 9565	3,2	Ø 6 mm a 18 cm	9576 19928	4 17268
	937500 1204750	60	51 58	54 61	4276	19,31 8 Ø 18 mm	19276 9638	3,1	Ø 6 mm a 15 cm	10944 20771	4 17268

VIGAS DE HORMIGON ARMADO

Carga uniformemente repartida

TABLA 24

Luces: $l = 6{,}00$ m $\sigma_b = 40$ kg/cm² $\sigma_e = 1\,200$ kg/cm² M. máx. $= \dfrac{p\,L^2}{p\,L_b}$

$L = 6{,}50$ m.

Kg por ml	M. Máx kgcm	b cm	h cm	d cm	Peso viga kg	Hierro en cm²	P. kg $R_1 = R_2$	τ	Estribos	T_2 que absorbe estribos	Varillas a doblar
400	180000 264200	15	45 54	48 57	1123	4,50 4 Ø 12 mm	3523 1761	2,4	Ø 4 mm a 20 cm	T_2 4364 kg T_1 4892	2 T_3 3834
	180000 278250	20	39 48	42 51	1310	5,32 5 Ø 12 mm	3710 1855	2,2	Ø 4 mm a 20 cm	4364 5796	2 3834
	180000 291150	25	35 44	38 47	1482	6,10 4 Ø 14 mm	3882 1941	1,9	Ø 4 mm a 20 cm	4364 7617	2 5222
	180000 302850	30	32 41	35 44	1638	6,81 5 Ø 14 mm	4038 2019	1,8	Ø 4 mm a 20 cm	4364 7386	2 5222
	180000 314550	35	30 39	33 42	1794	7,56 5 Ø 14 mm	4194 2097	1,7	Ø 4 mm a 20 cm	4364 8060	2 5222
500	225000 319725	15	51 60	54 63	1263	5,00 4 Ø 14 mm	4263 2131	2,6	Ø 4 mm a 20 cm	4364 5328	2 5222
	225000 334950	20	44 53	47 56	1466	5,88 4 Ø 14 mm	4466 2233	2,4	Ø 4 mm a20 cm	4364 6319	2 5222
	225000 347850	25	39 47	42 50	1638	6,50 5 Ø 14 mm	4638 2319	2,2	Ø 4 mm a 20 cm	4364 7401	2 5222
	225000 361875	30	36 45	39 48	1825	7,47 5 Ø 14 mm	4825 2412	2,0	Ø 4 mm a 20 cm	4364 8041	2 5222
	225000 372375	35	33 42	36 45	1965	8,15 5 Ø 16 mm	4965 2482	1,9	Ø 4 mm a 20 cm	4364 8866	2 6820
600	270000 371700	15	55 64	58 67	1356	5,32 4 Ø 14 mm	4956 2478	2,9	Ø 4 mm a 20 cm	4364 5707	2 5222
	270000 389325	20	48 57	51 60	1591	6,32 5 Ø 14 mm	5191 2595	2,5	Ø 4 mm a 20 cm	4364 6830	2 5222
	270000 404550	25	43 52	46 55	1794	7,20 5 Ø 14 mm	5394 2697	2,3	Ø 4 mm a 20 cm	4364 7779	2 5222
	270000 417375	30	39 48	42 51	1965	7,98 4 Ø 16 mm	5565 2782	2,1	Ø 4 mm a 20 cm	4364 8695	2 6820
	270000 429075	35	36 45	39 48	2121	8,71 5 Ø 16 mm	5721 2860	2,0	Ø 4 mm a 20 cm	4364 9535	2 6820
	270000 443100	40	34 43	37 46	2308	9,52 5 Ø 16 mm	5908 2954	1,9	Ø 4 mm a 20 cm	4364 10304	2 6820
700	315000 424950	15	60 69	63 72	1466	5,75 4 Ø 14 mm	5666 2833	3,0	Ø 4 mm a 20 cm	4364 6158	2 5222
	315000 443700	20	52 61	55 64	1716	6,76 5 Ø 14 mm	5916 2958	2,7	Ø 4 mm a 20 cm	4364 7273	2 5222
	315000 457725	25	46 55	49 58	1903	7,62 5 Ø 14 mm	6103 3051	2,5	Ø 4 mm a 20 cm	4364 8322	2 5222
	315000 472950	30	42 51	45 54	2106	8,49 5 Ø 16 mm	6306 3153	2,3	Ø 4 mm a 20 cm	4364 9273	2 6820
	315000 486975	35	39 48	42 51	2293	9,57 5 Ø 16 mm	6493 3246	2,2	Ø 4 mm a 20 cm	4364 10145	2 6820
	315000 502200	40	37 46	40 49	2496	10,20 6 Ø 16 mm	6696 3348	2,0	Ø 4 mm a 20 cm	4364 10917	3 10230
800	360000 477000	15	64 73	67 76	1560	6,07 4 Ø 14 mm	6360 3180	3,3	Ø 4 mm a 20 cm	4364 6530	2 5222
	360000 495675	20	55 64	58 67	1809	7,10 5 Ø 14 mm	6609 3304	2,9	Ø 4 mm a 20 cm	4364 7744	2 5222

TABLA 24 (Continuación)

Kg por ml	M. Máx kgcm	b cm	h cm	d cm	Peso viga kg	Hierro en cm²	P. kg $R_1 = R_2$	τ	Estribos	T_2 que absorbe estribos	Varillas a doblar
800	360000 512100	25	49 58	52 61	2028	8,02 4 Ø 16 mm	6828 3414	2,6	Ø 4 mm a 20 cm	T_2 4364 T_1 8829	2 T_2 6820
	360000 535500	30	47 55	50 58	2340	9,15 5 Ø 16 mm	7140 3570	2,4	Ø 4 mm a 20 cm	4364 9736	2 6820
	360000 543675	35	42 51	45 54	2449	9,90 5 Ø 16 mm	7249 3624	2,3	Ø 4 mm a 20 cm	4364 10660	2 6820
	360000 556500	40	39 48	42 51	2620	10,64 6 Ø 16 mm	7420 3710	2,2	Ø 4 mm a 20 cm	4364 11590	2 6820
	360000 570600	45	37 46	40 49	2808	11,47 6 Ø 16 mm	7608 3804	2,1	Ø 4 mm a 20 cm	4364 12400	3 10230
	360000 582300	50	35 44	38 47	2964	12,20 7 Ø 16 mm	7764 3884	2,0	Ø 4 mm a 20 cm	4364 13230	3 10230
	360000 511600	55	33 42	36 45	3088	12,81 7 Ø 16 mm	7888 3944	1,9	Ø 4 mm a 20 cm	4364 12180	3 10230
900	405000 550050	20	59 68	62 71	1934	7,55 5 Ø 14 mm	7334 3667	3,0	Ø 4 mm a 20 cm	4364 8080	2 5222
	405000 568800	25	53 62	58 65	2184	8,60 5 Ø 16 mm	7584 3792	2,7	Ø 4 mm a 20 cm	4364 9170	2 6820
	405000 583950	30	48 57	51 60	2386	9,48 5 Ø 16 mm	7786 3893	2,5	Ø 4 mm a 20 cm	4364 10244	2 6820
	405000 598800	35	44 53	47 56	2584	10,29 4 Ø 20 mm	7984 3992	2,4	Ø 4 mm a 20 cm	4364 11290	2 10660
	405000 615600	40	42 50	45 53	2808	11,10 6 Ø 16 mm	8208 4104	2,3	Ø 4 mm a 20 cm	4364 12310	2 6820
	405000 627000	45	39 48	42 51	2960	11,97 6 Ø 16 mm	8360 4180	2,2	Ø 4 mm a 20 cm	4364 13060	3 6820
	405000 639000	50	37 46	40 49	3120	12,75 7 Ø 16 mm	8520 4260	2,1	Ø 4 mm a 20 cm	4364 13890	3 10230
	405000 650700	55	35 44	38 47	3276	13,42 7 Ø 16 mm	8676 4338	2,0	Ø 4 mm a 20 cm	4364 14780	3 10230
	405000 664725	60	34 43	37 46	3462	14,28 8 Ø 16 mm	8863 4431	1,9	Ø 6 mm a 20 cm	9918 15450	4 13640
1000	450000 627150	25	55 65	58 68	2262	9,00 5 Ø 16 mm	8262 4131	2,8	Ø 6 mm a 20 cm	9918 9648	2 6820
	450000 639525	30	51 60	54 63	2527	10,00 5 Ø 16 mm	8527 4263	2,6	Ø 6 mm a 20 cm	9918 10658	2 6820
	450000 654750	35	47 56	50 59	2730	10,85 4 Ø 20 mm	8730 4365	2,5	Ø 6 mm a 20 cm	9918 11691	2 10660
	450000 669900	40	44 53	47 56	2932	11,76 6 Ø 16 mm	8932 4466	2,3	Ø 6 mm a 20 cm	9918 12630	2 6820
	450000 681600	45	41 50	44 53	3088	12,46 5 Ø 18 mm	9088 4544	2,2	Ø 6 mm a 20 cm	9918 13630	2 8634
	450000 695700	50	39 48	42 51	3276	13,30 7 Ø 16 mm	9276 4638	2,1	Ø 6 mm a 20 cm	9918 14490	3 10230
	450000 707400	55	37 46	40 49	3432	14,02 7 Ø 16 mm	9434 4717	2,1	Ø 6 mm a 20 cm	9918 15378	3 10230
	450000 723750	60	36 45	39 48	3650	15,00 8 Ø 16 mm	9650 4825	2,0	Ø 6 mm a 20 cm	9918 16080	4 13640
1250	562500 752025	25	62 71	65 74	2527	9,85 5 Ø 16 mm	10027 5013	3,1	Ø 6 mm a 20 cm	9918 10591	2 6820
	562500 769575	30	56 65	59 68	2761	10,80 5 Ø 18 mm	10261 5130	3,0	Ø 6 mm a 20 cm	9918 11839	2 8634
	562500 787125	35	52 61	55 64	2995	11,83 4 Ø 20 mm	10495 5247	2,7	Ø 6 mm a 20 cm	9918 12903	2 10660

TABLA 24 (Continuación)

Kg por ml	M. Máx kgcm	b cm	h cm	d cm	Peso viga kg	Hierro en cm²	P. kg $R_1 = R_2$	τ	Estribos	T_3 que absorbe estribos	Varillas a doblar
1250	562500 805800	40	49 58	52 61	3244	12,83 6 Ø 18 mm	10744 5362	2,6	Ø 6 mm a 20 cm	T_3 9918 T_1 13890	3 T_2 12951
	562500 819900	45	46 56	49 58	3432	13,72 7 Ø 16 mm	10932 5466	2,5	Ø 6 mm a 20 cm	9918 14641	3 10230
	562500 837450	50	44 53	47 56	3666	14,70 6 Ø 18 mm	11166 5583	2,3	Ø 6 mm a 20 cm	9918 15782	3 12951
	562500 851475	55	42 50	45 53	3853	15,23 8 Ø 16 mm	11353 5676	2,3	Ø 6 mm a 20 cm	9918 kg 17029	4 13640
	562500 855000	60	40 49	43 52	3900	16,32 9 Ø 16 mm	11400 5700	2,2	Ø 6 mm a 20 cm	9918 17440	4 13640
1500	675000 903150	30	62 71	65 74	3042	11,82 5 Ø 18 mm	12042 6021	3,1	Ø 6 mm a 20 cm	9918 12720	2 8634
	675000 920700	35	57 66	60 69	3276	12,81 4 Ø 22 mm	12276 6138	3,0	Ø 6 mm a 20 cm	9918 13950	2 12900
	675000 937050	40	53 62	56 65	3494	13,76 6 Ø 18 mm	12494 6247	2,8	Ø 6 mm a 20 cm	9918 15113	2 8634
	675000 959250	45	51 60	54 63	3790	14,98 6 Ø 18 mm	12790 6395	2,6	Ø 6 mm a 20 cm	9918 15980	2 8634
	675000 973350	50	48 57	51 60	3978	15,80 7 Ø 18 mm	12978 6489	2,5	Ø 6 mm a 20 cm	9918 17070	3 12951
	675000 989700	55	46 55	49 58	4196	16,77 7 Ø 18 mm	13196 6598	2,4	Ø 6 mm a 20 cm	9918 17994	3 12951
	675000 1004925	60	44 53	47 56	4399	17,64 9 Ø 16 mm	13399 6699	2,3	Ø 6 mm a 20 cm	9918 18960	4 13640
1750	787500 1009800	25	73 82	76 85	2964	11,37 4 Ø 20 mm	13464 6734	3,5	Ø 6 mm a 20 cm	9918 12314	2 10660
	787500 1023200	30	67 76	70 79	3276	12,63 5 Ø 18 mm	13776 6888	3,4	Ø 6 mm a20 cm	9918 13460	2 8634
	787500 1051875	35	62 71	65 74	3525	13,79 4 Ø 22 mm	14025 7012	3,1	Ø 6 mm a 20 cm	9918 14815	2 12900
	787500 1072950	40	58 67	61 70	3806	14,88 6 Ø 18 mm	14306 7153	3,0	Ø 6 mm a 20 cm	9918 16014	2 8634
	787500 1091700	45	55 64	58 67	4056	15,97 7 Ø 18 mm	14556 7278	2,8	Ø 6 mm a 20 cm	9918 17057	3 12951
	787500 1109250	50	52 61	55 64	4290	16,90 7 Ø 18 mm	14790 7395	2,7	Ø 6 mm a 20 cm	9918 18180	3 12951
	787500 1122075	55	49 58	52 61	4461	17,60 7 Ø 18 mm	14961 7480	2,6	Ø 6 mm a 20 cm	9918 19346	3 12951
	787500 1138500	60	47 56	50 59	4680	18,60 8 Ø 18 mm	15180 7590	2,5	Ø 6 mm a 20 cm	9918 20330	4 17268
2000	900000 1134000	25	78 87	81 90	3120	12,05 4 Ø 20 mm	15120 7560	3,9	Ø 6 mm a 20 cm	9918 13030	2 10660
	900000 1159725	30	71 80	74 83	3463	13,32 4 Ø 22 mm	15463 7731	3,6	Ø 6 mm a 20 cm	9918 14496	2 12900
	900000 1180800	35	66 75	69 78	3744	14,56 4 Ø 22 mm	15744 7872	3,4	Ø 6 mm a 20 cm	9918 15740	2 12900
	900000 1204200	40	62 72	65 75	4056	16,00 6 Ø 20 mm	16056 8028	3,1	Ø 6 mm a 20 cm	9918 16725	2 10660
	900000 1215900	45	58 67	61 70	4212	16,69 7 Ø 18 mm	16212 8106	3,0	Ø 6 mm a 20 cm	9918 18140	3 12951
	900000 1239300	50	55 64	58 67	4524	17,75 7 Ø 18 mm	16524 8262	2,9	Ø 6 mm a 20 cm	9918 19364	3 12951
	900000 1252125	55	53 62	56 65	4695	18,92 8 Ø 18 mm	16695 8347	2,7	Ø 6 mm a 20 cm	9918 20190	4 17268

TABLA 24 (Conclusión)

Kg por ml	M. Máx kgcm	b cm	h cm	d cm	Peso viga kg	Hierro en cm²	P. kg $R_1 = R_2$	τ	Estribos	T_2 que absorbe estribos	Varillas a doblar
2000	900000 1274400	60	51 60	54 63	4992	19,98 8 Ø 18 mm	16992 8496	2,6	Ø 6 mm a 20 cm	T_2 9918 T_1 21240	4 T_2 17268
2250	1012000 1282000	30	76 85	79 88	3600	14,13 4 Ø 22 mm	17100 8550	3,8	Ø 6 mm a 20 cm	9918 15082	2 12900
	1012000 1310350	35	70 79	73 82	3978	15,33 5 Ø 20 mm	17478 8739	3,5	Ø 6 mm a 20 cm	9918 16580	2 10660
	1012000 1334500	40	66 75	69 78	4300	16,64 6 Ø 20 mm	17800 8900	3,3	Ø 6 mm a 20 cm	9918 kg 17700	2 10660
	1012000 1351300	45	62 71	65 74	4524	17,73 7 Ø 18 mm	18024 9012	3,1	Ø 6 mm a 20 cm	9918 19030	3 12951
	1012000 1374700	50	59 68	62 71	4836	18,50 6 Ø 20 mm	18336 9168	3,0	Ø 6 mm a 20 cm	9918 20216	3 15990
	1012000 1386400	55	56 65	59 68	4992	19,80 8 Ø 18 mm	18492 9246	2,9	Ø 6 mm a 20 cm	9918 21329	4 17268
	1012000 1398100	60	53 62	56 65	5148	20,64 9 Ø 18 mm	18648 9324	2,8	Ø 6 mm a 20 cm	9918 22550	4 17268
2500	1125000 1417500	30	80 89	84 92	3900	14,79 4 Ø 22 mm	18900 9450	3,9	Ø 6 mm a 20 cm	9918 15926	2 12900
	1125000 1440900	35	74 82	77 86	4212	16,10 5 Ø 22 mm	19212 9606	3,7	Ø 6 mm a 20 cm	9918 17571	2 12900
	1125000 1452600	40	69 78	72 81	4368	17,20 6 Ø 20 mm	19368 9684	3,5	Ø 6 mm a 20 cm	9918 18620	2 10660
	1125000 1476000	45	65 74	68 77	4680	18,45 6 Ø 20 mm	19680 9840	3,3	Ø 6 mm a 20 cm	9918 19945	2 10660
	1125000 1499400	50	62 71	65 74	4992	19,70 7 Ø 20 mm	19992 9996	3,1	Ø 6 mm a 18 cm	11286 21110	3 15990
	1125000 1522800	55	59 68	62 71	5304	20,72 7 Ø 20 mm	20304 10152	3,0	Ø 6 mm a 18 cm	11286 22390	3 15990
	1125000 1533500	60	56 65	59 68	5460	21,78 9 Ø 18 mm	20460 10230	2,9	Ø 6 mm a 18 cm	11286 23592	4 17268
2750	1237500 1541700	30	84 93	87 96	4056	15,48 5 Ø 20 mm	20556 10278	4,1	Ø 6 mm a18 cm	11286 16570	2 10660
	1237500 1565100	35	77 87	80 90	4368	16,87 5 Ø 22 mm	20868 10434	3,8	Ø 6 mm a 18 cm	11286 17989	2 12900
	1237500 1588500	40	72 81	75 84	4680	18,00 6 Ø 20 mm	21180 10590	3,6	Ø 6 mm a 18 cm	11286 19611	2 10660
	1237500 1611900	45	68 77	71 80	4992	19,21 7 Ø 20 mm	21492 10746	3,5	Ø 6 mm a 18 cm	11286 20933	3 15990
	1237500 1635300	50	65 74	68 77	5304	20,50 7 Ø 20 mm	21804 10902	3,3	Ø 6 mm a 18 cm	11286 22098	3 15990
	1237500 1647000	55	62 70	65 73	5460	21,34 7 Ø 20 mm	21960 10980	3,2	Ø 6 mm a 18 cm	11286 23520	3 15990
	1237500 1658700	60	59 68	61 71	5616	22,62 9 Ø 18 mm	22116 11058	3,0	Ø 6 mm a 18 cm	11286 24390	4 17268
3000	1350000 1665900	30	88 96	91 99	4212	15,96 4 Ø 24 mm	22212 11106	4,3	Ø 6 mm a 18 cm	11286 17350	2 15350
	1350000 1689300	35	81 90	84 93	4524	17,50 5 Ø 22 mm	22524 11262	4,0	Ø 6 mm a 18 cm	11286 18770	2 12900
	1350000 1712700	40	76 85	79 88	4836	18,84 6 Ø 20 mm	22836 11418	3,8	Ø 6 mm a 18 cm	11286 20140	2 10660
	1350000 1736100	45	71 80	74 83	5148	19,98 7 Ø 20 mm	23148 11574	3,6	Ø 6 mm a 18 cm	11286 21700	3 15990
	1350000 1759500	50	68 77	71 80	5460	21,35 7 Ø 20 mm	23460 11730	3,4	Ø 6 mm a 18 cm	11286 22800	3 15990
	1350000 1771200	55	64 73	67 76	5616	22,27 8 Ø 20 mm	23616 11808	3,3	Ø 6 mm a 18 cm	11286 24260	4 21320
	1350000 1806300	60	62 71	65 74	6084	23,64 8 Ø 20 mm	24084 12042	3,1	Ø 6 mm a 18 cm	11286 25400	4 21320

VIGAS DE HORMIGON ARMADO **TABLA 25**

Carga uniformemente repartida

Luces: $l = 7{,}00$ m $\sigma_b = 40$ kg/cm² $\sigma_e = 1\,200$ kg/cm² M. máx. $= \dfrac{p L^2}{8}$

$L = 7{,}50$ m.

Kg por ml.	M. Máx. kgcm	b cm	h cm	d cm	Peso viga kg	Hierro en cm²	P. kg $R_1 = R_2$	τ	Estribos	T_3 que absorbe estribos	Varillas a doblar
400	245000 408800	20	49 58	52 61	1872	6,43 5 Ø 14 mm	4672 2336	2,2	Ø 4 mm a 20 cm	T_3 5117 kg T_1 7044 kg	2 T_2 5222 kg
	245000 418250	25	41 53	44 56	1980	7,35 5 Ø 14 mm	4780 2390	2,0	Ø 4 mm a 20 cm	5117 7891	2 5222
	245000 434000	30	37 49	40 52	2160	8,15 5 Ø 16 mm	4960 2480	1,9	Ø 4 mm a 20 cm	5117 8857	2 6820
	245000 454475	35	35 46	38 49	2394	8,93 5 Ø 16 mm	5194 2597	1,8	Ø 4 mm a 20 cm	5117 9879	2 6820
500	306250 476350	20	51 63	54 66	1944	7,00 5 Ø 14 mm	5444 2722	2,4	Ø 4 mm a 20 cm	5117 7561	2 5222
	306250 498400	25	46 58	49 61	2196	8,04 4 Ø 16 mm	5696 2848	2,2	Ø 4 mm a 20 cm	5117 8593	2 6820
	306250 518875	30	42 53	45 56	2430	8,82 5 Ø 16 mm	5930 2965	2,1	Ø 4 mm a 20 cm	5117 9790	2 6820
	306250 537775	35	39 50	42 53	2646	9,71 5 Ø 16 mm	6146 3073	1,9	Ø 4 mm a 20 cm	5117 10755	2 6820
600	367500 556500	20	57 68	60 71	2160	7,54 5 Ø 14 mm	6360 3180	2,6	Ø 4 mm a 20 cm	5117 8183	2 5222
	367500 575400	25	50 62	53 65	2376	8,60 5 Ø 16 mm	6576 3288	2,3	Ø 4 mm a 20 cm	5117 9280	2 6820
	367500 599025	30	46 58	49 61	2646	9,65 5 Ø 16 mm	6846 3423	2,2	Ø 4 mm a 20 cm	5117 10328	2 6820
	367500 614775	35	42 54	45 57	2826	10,48 4 Ø 20 mm	7026 3513	2,0	Ø 4 mm a 20 cm	5117 11384	2 10660
700	428750 627200	20	60 72	63 75	2268	7,99 4 Ø 16 mm	7168 3584	2,8	Ø 4 mm a 20 cm	5117 8711	2 6820
	428750 652400	25	54 66	57 69	2556	9,15 5 Ø 16 mm	7456 3728	2,5	Ø 4 mm a 20 cm	5117 9884	2 6820
	428750 674450	30	49 61	52 64	2808	10,15 4 Ø 18 mm	7708 3854	2,3	Ø 4 mm a 20 cm	5117 11056	2 8634
	428750 698075	35	46 58	49 61	3078	11,26 4 Ø 20 mm	7978 3989	2,2	Ø 4 mm a 20 cm	5117 12035	2 10660
	428750 718550	40	43 55	46 58	3312	12,21 5 Ø 18 mm	8212 4106	2,1	Ø 4 mm a 20 cm	5117 13064	2 8634
800	490000 704200	20	65 77	68 80	2448	8,54 4 Ø 18 mm	8048 4024	2,9	Ø 4 mm a 20 cm	5117 9145	2 8634
	490000 729400	25	58 70	61 73	2736	9,71 5 Ø 16 mm	8336 4168	2,6	Ø 4 mm a 20 cm	5117 10420	2 6820
	490000 754600	30	53 65	56 68	3024	10,82 5 Ø 18 mm	8624 4312	2,5	Ø 4 mm a 4 cm	5117 11609	2 8634
	490000 776650	35	49 61	52 64	3276	11,84 4 Ø 20 mm	8876 4438	2,3	Ø 4 mm a 20 cm	5117 12730	2 10660
	490000 798700	40	46 58	49 61	3528	12,87 6 Ø 18 mm	9128 4564	2,2	Ø 4 mm a 20 cm	5117 13770	2 8634
900	551250 774900	20	68 80	71 83	2556	8,88 4 Ø 18 mm	8856 4428	3,1	Ø 4 mm a 20 cm	5117 9686	2 8634
	551250 803250	25	61 73	64 76	2880	10,12 4 Ø 18 mm	9180 4590	2,8	Ø 4 mm a 20 cm	5117 11000	2 8634

Si T_3 es menor a T_1 es preciso doblar hierros

Si $\tau \geqslant$ es preciso doblar hierros

T_1 = esfuerzo a absorber

T_2 = esfuerzo absorbido por hierros

T_3 = esfuerzo absorbido por estribos

TABLA 25 (Continuación)

Kg por ml	M. Máx kgcm	b cm	h cm	d cm	Peso viga kg	Hierro en cm²	P. kg $R_1 = R_2$	τ	Estribos	T_3 que absorbe estribos	Varillas a doblar
900	551250 830025	30	56 68	59 71	3186	11,32 5 Ø 18 mm	9486 4743	2,6	Ø 4 mm a 20 cm	T_3 5117 T. 12206	2 T_2 8634
	551250 853650	35	52 64	55 67	3456	12,43 4 Ø 20 mm	9756 4878	2,4	Ø 4 mm a 20 cm	5117 13338	2 10660
	551250 872550	40	48 60	51 63	3672	13,32 6 Ø 18 mm	9972 4986	2,3	Ø 4 mm a 20 cm	5117 kg 14542	3 12951
	551250 897750	45	46 58	49 61	3960	14,48 6 Ø 18 mm	10260 5130	2,2	Ø 4 mm a 20 cm	5117 15478	3 12951
1000	612500 848750	20	72 84	75 87	2700	9,32 4 Ø 18 mm	9700 4850	3,2	Ø 4 mm a 20 cm	5117 10104	2 8634
	612500 880250	25	65 77	68 80	3060	10,68 4 Ø 20 mm	10060 5030	2,9	Ø 4 mm a 20 cm	5117 11431	2 10660
	612500 905450	30	59 71	62 74	3348	11,82 4 Ø 20 mm	10348 5174	2,7	Ø 6 mm a 20 cm	11628 12752	2 10660
	612500 932225	35	55 66	58 69	3656	12,82 4 Ø 22 mm	10654 5327	2,6	Ø 6 mm a 20 cm	11628 14124	2 12900
	612500 952700	40	51 63	54 66	3888	13,98 6 Ø 18 mm	10888 5444	2,4	Ø 6 mm a 20 cm	11628 14646	2 8634
	612500 973175	45	48 60	51 63	4122	14,98 6 Ø 18 mm	11122 5561	2,3	Ø 6 mm a 20 cm	11628 16219	2 8634
1250	765620 1060145	25	72 84	75 87	3366	11,65 4 Ø 20 mm	12116 6058	3,2	Ø 6 mm a 20 cm	11628 12620	2 10660
	765620 1091645	30	66 77	69 80	3726	12,82 4 Ø 22 mm	12476 6238	3,0	Ø 6 mm a 20 cm	11628 14177	2 12900
	765620 1118420	35	61 73	64 76	4032	14,18 4 Ø 22 mm	12782 6391	2,8	Ø 6 mm a 20 cm	11628 15320	2 12900
	765620 1143620	40	57 69	60 72	4320	15,31 5 Ø 20 mm	13070 6535	2,6	Ø 6 mm a 20 cm	11628 16574	2 10660
	765620 1168820	45	54 66	57 69	4608	16,48 7 Ø 18 mm	13358 6674	2,5	Ø 6 mm a 20 cm	11628 17700	3 12951
1500	918750 1241625	25	79 91	82 94	3690	12,62 5 Ø 18 mm	14190 7095	3,5	Ø 6 mm a 20 cm	11628 13640	2 8634
	918750 1273125	30	72 84	75 87	4050	13,87 4 Ø 22 mm	14550 7275	3,2	Ø 6 mm a 20 cm	11628 15150	2 12900
	918750 1304625	35	67 79	70 82	4410	15,34 5 Ø 20 mm	14910 7455	3,0	Ø 6 mm a 20 cm	11628 16514	2 10660
	918750 1328250	40	62 74	65 77	4680	16,42 6 Ø 20 mm	15180 7590	2,9	Ø 6 mm a 20 cm	11628 17949	2 10660
	918750 1358175	45	59 71	62 74	5022	17,73 7 Ø 18 mm	15520 7760	2,7	Ø 6 mm a 20 cm	11628 19100	3 12951
	918750 1383375	50	56 68	59 71	5310	18,87 6 Ø 20 mm	15810 7900	2,6	Ø 6 mm a 20 cm	11628 20300	3 15990
1750	1071800 1454525	30	78 90	81 93	4374	14,98 4 Ø 22 mm	16624 8312	3,4	Ø 6 mm a 20 cm	11628 16161	2 12900
	1071800 1484450	35	72 84	75 87	4716	16,31 5 Ø 22 mm	16966 8483	3,2	Ø 6 mm a 20 cm	11628 17671	2 12900
	1071800 1512800	40	67 79	70 82	5040	17,53 6 Ø 20 mm	17290 8645	3,0	Ø 6 mm a 20 cm	11628 19149	2 10660
	1071800 1544300	45	64 76	67 79	5400	18,98 7 Ø 20 mm	17650 8825	2,9	Ø 6 mm a 20 cm	11628 20319	3 15990
	1071800 1567925	50	60 72	63 75	5670	19,98 7 Ø 20 mm	17920 8960	2,8	Ø 6 mm a 20 cm	11628 21776	3 15990
2000	1225000 1595125	25	91 103	94 106	4230	14,29 5 Ø 20 mm	18230 9115	4,0	Ø 6 mm a 20 cm	11628 15486	2 10660

TABLA 25 (Continuación)

Kg por ml	M. Máx kgcm	b cm	h cm	d cm	Peso viga kg	Hierro en cm²	P. kg $R_1 = R_2$	τ	Estribos	T_3 que absorbe estribos	Varillas a doblar
2000	1225000 1631350	30	83 95	86 98	4644	15,98 4 Ø 24 mm	18644 9322	3,6	Ø 6 mm a 20 cm	T_3 11628 T_1 17170	2 T_2 15350
	1225000 1666000	35	77 89	80 92	5040	17,28 5 Ø 22 mm	19040 9520	3,4	Ø 6 mm a 20 cm	11628 18710	2 12900
	1225000 1697500	40	72 84	75 87	5400	18,64 6 Ø 20 mm	19400 9700	3,2	Ø 6 mm a 20 cm	11628 20208	2 10660
	1225000 1729000	45	68 80	71 83	5760	19,98 7 Ø 20 mm	19760 9880	3,0	Ø 6 mm a 20 cm	11628 21610	3 15990
	1225000 1752625	50	64 76	67 79	6030	21,09 7 Ø 20 mm	20030 10015	2,9	Ø 6 mm a 20 cm	11628 23060	3 15990
	1225000 1787275	55	62 73	65 76	6426	22,28 8 Ø 20 mm	20426 10213	2,9	Ø 6 mm a 20 cm	11628 24480	4 21320
	1225000 1810900	60	59 71	62 74	6696	23,64 8 Ø 20 mm	20696 10348	2,7	Ø 6 mm a 20 cm	11628 25500	4 21320
2250	1378100 1808075	30	88 101	91 104	4914	16,81 4 Ø 24 mm	20664 10332	3,8	Ø 6 mm a 20 cm	11628 17901	2 15350
	1378100 1845875	35	82 94	85 97	5346	18,25 5 Ø 22 mm	21096 10548	3,6	Ø 6 mm a 20 cm	11628 19630	2 12900
	1378100 1875800	40	76 88	79 91	5688	19,53 6 Ø 22 mm	21438 10719	3,4	Ø 6 mm a 20 cm	11628 21310	2 12900
	1378100 1908875	45	72 84	75 87	6066	20,97 7 Ø 20 mm	21816 10908	3,2	Ø 6 mm a 20 cm	11628 22724	3 15990
	1378100 1937225	50	68 80	71 83	6390	22,20 6 Ø 22 mm	22140 11070	3,1	Ø 6 mm a 20 cm	11628 24215	3 19350
	1378100 1967150	55	65 77	68 80	6732	23,50 8 Ø 20 mm	22482 11241	3,0	Ø 6 mm a 20 cm	11628 25540	4 21320
	1378100 1992350	60	62 74	65 77	7020	24,64 8 Ø 20 mm	22770 11385	2,9	Ø 6 mm a 20 cm	11628 26920	4 21320
2500	1531200 1984800	30	93 105	96 108	5184	17,48 4 Ø 24 mm	22684 11342	4,0	Ø 6 mm a 20 cm	11628 18902	2 15350
	1531200 2021025	35	86 98	89 101	5598	18,48 5 Ø 22 mm	23098 11549	3,7	Ø 6 mm a 20 cm	11628 30622	2 12900
	1531200 2054100	40	80 93	83 96	5976	20,64 6 Ø 22 mm	23476 11738	3,5	Ø 6 mm a 18 cm	12996 22080	2 12900
	1531200 2089450	45	76 88	79 91	6390	21,97 7 Ø 20 mm	23890 11945	3,4	Ø 6 mm a 18 cm	12996 23743	3 15990
	1531200 2121825	50	72 84	75 87	6750	23,31 7 Ø 22 mm	24250 12125	3,2	Ø 6 mm a 18 cm	12996 25259	3 19350
	1531200 2154900	55	69 81	72 84	7128	24,72 8 Ø 20 mm	24628 12314	3,1	Ø 6 mm a 18 cm	12996 26600	4 21320
	1531200 2183250	60	66 78	69 81	7452	25,97 9 Ø 20 mm	24952 12476	3,0	Ø 6 mm a 18 cm	12996 27990	4 21320
2750	1684300 2156800	30	97 110	100 113	5400	18,31 5 Ø 22 mm	24650 12325	4,2	Ø 6 mm a 18 cm	12996 19607	2 12900
	1684300 2196175	35	90 102	93 105	5850	19,81 5 Ø 24 mm	25100 12550	3,9	Ø 6 mm a 18 cm	12996 21530	2 15350
	1684300 2238700	40	85 96	88 99	6336	21,31 6 Ø 22 mm	25586 12793	3,7	Ø 6 mm a 18 cm	12996 23310	2 12900
	1684300 2306425	45	80 93	83 96	7110	23,22 7 Ø 22 mm	26360 13180	3,5	Ø 6 mm a 15 cm	15732 24800	3 12350
	1684300 2306425	50	76 88	79 91	7110	24,42 7 Ø 22 mm	26360 13180	3,3	Ø 6 mm a 15 cm	15732 26200	3 12350
	1684300 2330050	55	72 84	75 87	7380	25,64 7 Ø 22 mm	26630 13315	3,2	Ø 6 mm a 15 cm	15732 27738	3 12350

TABLA 25 (Conclusión)

K por ml	M. máximo kg/cm	b cm	h cm	d cm	Peso viga kg.	Hierro en cm²	P. kg $R_1 = R_2$	c	Estribos	T_3 que absorbe estribos	Varillas a doblar
2750	1684300 2364700	60	69 81	72 84	7776	26,97 9 Ø 20 mm	27026 13513	3,1	Ø 6 mm a 15 cm	15732 29190	4 T_2 15990
3000	1837500 2333625	30	102 114	105 117	5670	18,98 5 Ø 22 mm	26670 13335	4,4	Ø 6 mm a 15 cm	T_3 15732 kg T_1 20470	2 12900
	1837500 2371425	35	94 106	97 109	6102	20,59 5 Ø 24 mm	27102 13551	4,1	Ø 6 mm a 15 cm	15732 22371	2 15350
	1837500 2410800	40	88 100	91 103	6552	22,20 6 Ø 22 mm	27552 13776	3,9	Ø 6 mm a 15 cm	15732 24108	2 12900
	1837500 2447025	45	83 95	86 98	6966	23,72 7 Ø 22 mm	27966 13983	3,6	Ø 6 mm a 15 cm	15732 25758	3 19350
	1837500 2483250	50	79 91	82 94	7380	25,25 7 Ø 22 mm	28380 14190	3,5	Ø 6 mm a 15 cm	15732 27288	3 19350
	1837500 2513175	55	75 87	78 90	7722	26,55 7 Ø 22 mm	28722 14361	3,3	Ø 6 mm a 15 cm	15732 28888	3 19350
	1837500 2546250	60	72 84	75 87	8100	27,97 9 Ø 20 mm	29100 14550	3,2	Ø 6 mm a 15 cm	15732 30312	4 21320

V. Tablas de vigas rectangulares de hormigón armado en función del momento máximo

VIGAS DE HORMIGON ARMADO EN FUNCION DEL MOMENTO MAXIMO. SECCION RECTANGULAR

TABLA 26

Fatiga del hormigón 40 kg/cm²
Ancho 15 cm.

Fatiga del hierro 1 200 kg/cm²

Momento Kgcm	h d	b = 15 cm Armadura resistente	Momento Kgcm	h d	b = 15 cm Armadura resistente
10087	11 14	0,91 cm² 2 Ø 8 mm	74397	29 32	2,41 cm² 3 Ø 12 mm
13125	12 15	1,00 cm² 2 Ø 8 mm	81975	30 33	2,50 cm² 3 Ø 12 mm
16043	14 17	1,16 cm² 2 Ø 9 mm	88720	32 35	2,66 cm² 3 Ø 12 mm
18450	14 17	1,16 cm² 2 Ø 9 mm	94800	33 36	2,74 cm² 3 Ø 12 mm
18937	15 18	1,25 cm² 2 Ø 9 mm	106350	34 37	2,83 cm² 3 Ø 12 mm
21986	16 19	1,33 cm² 2 Ø 10 mm	106450	34 37	2,83 cm² 3 Ø 12 mm
23875	16 19	1,33 cm² 2 Ø 10 mm	118187	36 39	3,00 cm² 3 Ø 12 mm
24881	17 20	1,41 cm² 2 Ø 10 mm	129700	38 41	3,07 cm² 3 Ø 12 mm
27850	18 21	1,50 cm² 2 Ø 10 mm	152400	41 44	3,40 cm² 3 Ø 12 mm
29300	18 21	1,50 cm² 2 Ø 10 mm	174550	44 47	3,66 cm² 4 Ø 12 mm
34450	19 22	1,57 cm² 2 Ø 10 mm	175750	45 48	3,73 cm² 4 Ø 12 mm
36656	21 24	1,75 cm² 3 Ø 9 mm	197250	47 50	3,90 cm² 4 Ø 12 mm
39875	21 24	1,75 cm² 3 Ø 9 mm	215125	49 52	4,04 cm² 4 Ø 12 mm
42520	22 25	1,83 cm² 3 Ø 9 mm	248125	53 56	4,41 cm² 4 Ø 12 mm
45175	22 25	1,83 cm² 3 Ø 9 mm	264200	54 57	4,50 cm² 4 Ø 12 mm
48318	23 26	1,91 cm² 3 Ø 9 mm	284315	57 60	4,74 cm² 4 Ø 14 mm
54012	25 28	2,10 cm² 2 Ø 12 mm	319250	60 63	5,00 cm² 4 Ø 14 mm
57262	25 28	2,10 cm² 2 Ø 12 mm	371700	64 67	5,32 cm² 4 Ø 14 mm
59925	26 29	2,16 cm² 2 Ø 12 mm	424950	69 72	5,75 cm² 4 Ø 14 mm
67123	28 31	2,33 cm² 3 Ø 10 mm	477000	73 76	6,07 cm² 4 Ø 14 mm
69737	28 31	2,33 cm² 3 Ø 10 mm			

VIGAS DE HORMIGON ARMADO EN FUNCION DEL MOMENTO MAXIMO. SECCION RECTANGULAR **TABLA 27**

Ancho: 20 cm.

Momento Kgcm	h d	b = 20 cm Armadura resistente	Momento Kgcm	h d	b = 20 cm Armadura resistente
10480	10 13	1,11 cm² 3 Ø 8 mm	70500	24 27	2,66 cm² 4 Ø 10 mm
14462	11 14	1,22 cm² 3 Ø 8 mm	71950	24 27	2,66 cm² 4 Ø 10 mm
16381	12 15	1,33 cm² 3 Ø 8 mm	75091	25 28	2,77 cm² 4 Ø 10 mm
19025	12 15	1,33 cm² 3 Ø 8 mm	83050	26 29	2,88 cm² 4 Ø 10 mm
19350	13 16	1,44 cm² 3 Ø 8 mm	84487	26 29	2,88 cm² 4 Ø 10 mm
22586	14 17	1,55 cm² 4 Ø 8 mm	89451	28 31	3,10 cm² 4 Ø 10 mm
24600	14 17	1,55 cm² 4 Ø 8 mm	96125	28 31	3,10 cm² 4 Ø 10 mm
25406	15 18	1,66 cm² 4 Ø 8 mm	97012	28 31	3,10 cm² 4 Ø 10 mm
28375	16 19	1,77 4 Ø 8 mm	109200	30 33	3,32 cm² 4 Ø 12 mm
30175	16 19	1,77 cm² 4 Ø 8 mm	111300	30 33	3,32 cm² 4 Ø 12 mm
31363	16 19	1,77 cm² 4 Ø 8 mm	121975	32 35	3,55 cm² 4 Ø 12 mm
34750	17 20	1,88 cm² 4 Ø 8 mm	122275	32 35	3,55 cm² 4 Ø 12 mm
37162	18 21	2,10 cm² 3 Ø 10 mm	125775	32 35	3,55 cm² 4 Ø 12 mm
40750	18 21	2,10 cm² 3 Ø 10 mm	134550	33 36	3,66 cm² 4 Ø 12 mm
43120	19 22	2,10 cm² 3 Ø 10 mm	135350	34 37	3,76 cm² 4 Ø 12 mm
46025	19 22	2,10 cm² 3 Ø 10 mm	148150	35 38	3,88 cm² 4 Ø 12 mm
48918	20 23	2,22 cm² 3 Ø 10 mm	158800	36 39	4,00 cm² 4 Ø 12 mm
51600	21 24	2,22 cm² 3 Ø 10 mm	161225	37 40	4,10 cm² 4 Ø 12 mm
54687	21 24	2,33 cm² 3 Ø 10 mm	164525	37 40	4,10 cm² 4 Ø 12 mm
56325	22 25	2,44 cm² 4 Ø 9 mm	181000	39 42	4,32 cm² 4 Ø 12 mm
59475	22 25	2,44 cm² 4 Ø 9 mm	184375	39 42	4,32 cm² 4 Ø 12 mm
60525	23 26	2,55 cm² 4 Ø 9 mm	194500	40 43	4,44 cm² 4 Ø 12 mm
67892	24 27	2,66 cm² 4 Ø 10 mm	203200	41 44	4,54 cm² 5 Ø 12 mm

TABLA 27 (Conclusión)

Momento Kgcm	h d	b = 20 cm Armadura resistente	Momento Kgcm	h d	b = 20 cm Armadura resistente
224250	43 46	4,76 cm^2 5 Ø 12 mm	401562	58 61	6,40 cm^2 5 Ø 14 mm
225350	43 46	4,76 cm^2 5 Ø 12 mm	408800	58 61	6,43 cm^2 5 Ø 14 mm
247500	45 48	5,00 cm^2 5 Ø 12 mm	412600	58 61	6,40 cm^2 5 Ø 14 mm
254587	46 49	5,10 cm^2 5 Ø 12 mm	443700	61 64	6,76 cm^2 5 Ø 14 mm
258437	47 50	5,20 cm^2 5 Ø 12 mm	476350	63 66	7,00 cm^2 5 Ø 14 mm
284600	49 52	5,43 cm^2 5 Ø 12 mm	489600	64 67	7,10 cm^2 5 Ø 14 mm
294625	50 53	5,54 cm^2 5 Ø 12 mm	495675	64 67	7,10 cm^2 5 Ø 14 mm
302900	50 53	5,54 cm^2 5 Ø 12 mm	550050	68 71	7,55 cm^2 5 Ø 14 mm
313987	51 54	5,66 cm^2 5 Ø 12 mm	556500	68 71	7,55 cm^2 5 Ø 14 mm
330812	53 56	5,88 cm^2 4 Ø 14 mm	557625	70 73	7,76 cm^2 4 Ø 16 mm
343800	54 57	6,00 cm^2 4 Ø 14 mm	627200	72 75	7,99 cm^2 4 Ø 16 mm
358300	55 58	6,00 cm^2 4 Ø 14 mm	663925	75 78	8,32 cm^2 4 Ø 18 mm
366875	55 58	6,11 cm^2 4 Ø 14 mm	704200	77 80	8,54 cm^2 4 Ø 18 mm
373125	56 59	6,21 cm^2 5 Ø 14 mm	774900	80 83	8,88 cm^2 4 Ø 18 mm
389325	57 60	6,32 cm^2 5 Ø 14 mm	848750	84 87	9,32 cm^2 4 Ø 18 mm

VIGAS DE HORMIGON ARMADO EN FUNCION DEL MOMENTO MAXIMO. SECCION RECTANGULAR **TABLA 28**

Ancho: 25 cm.

Momento Kgcm	h d	b = 25 cm Armadura resistente	Momento Kgcm	h d	b = 25 cm Armadura resistente
10762	9 12	1,24 cm^2 2 Ø 10 mm	84350	24 27	3,32 cm^2 3 Ø 12 mm
13800	10 13	1,38 cm^2 2 Ø 10 mm	87000	24 27	3,33 cm^2 3 Ø 12 mm
16737	11 14	1,52 cm^2 2 Ø 10 mm	90088	25 28	3,46 cm^2 4 Ø 12 mm
19625	11 14	1,52 cm^2 2 Ø 10 mm	97575	26 29	3,60 cm^2 4 Ø 12 mm
19781	12 15	1,66 cm^2 3 Ø 9 mm	99825	26 29	3,60 cm^2 4 Ø 12 mm
22830	12 15	1,66 cm^2 3 Ø 9 mm	110400	27 30	3,72 cm^2 4 Ø 12 mm
25350	13 16	1,80 cm^2 3 Ø 9 mm	112050	27 30	3,74 cm^2 4 Ø 12 mm
28881	14 17	1,94 cm^2 3 Ø 10 mm	116150	27 30	3,75 cm^2 4 Ø 12 mm
30750	14 17	1,94 cm^2 3 Ø 10 mm	123575	29 32	4,00 cm^2 4 Ø 12 mm
31701	15 18	2,10 cm^2 3 Ø 10 mm	128625	29 32	4,02 cm^2 4 Ø 12 mm
36050	15 18	2,10 cm^2 3 Ø 10 mm	136500	30 33	4,15 cm^2 4 Ø 12 mm
37762	16 19	2,22 cm^2 3 Ø 10 mm	138850	30 33	4,15 cm^2 4 Ø 12 mm
43645	17 20	2,36 cm^2 3 Ø 10 mm	149750	32 35	4,42 cm^2 4 Ø 12 mm
46750	17 20	2,36 cm^2 3 Ø 10 mm	162600	33 36	4,57 cm^2 3 Ø 14 mm
49443	18 21	2,50 cm^2 4 Ø 10 mm	163200	33 36	4,57 cm^2 3 Ø 14 mm
52475	18 21	2,50 cm^2 4 Ø 10 mm	167375	33 36	4,57 cm^2 3 Ø 14 mm
52475	18 21	2,50 cm^2 4 Ø 10 mm	185900	35 38	4,85 cm^2 4 Ø 14 mm
55287	20 23	2,77 cm^2 4 Ø 10 mm	191000	36 39	4,97 cm^2 4 Ø 14 mm
61125	20 23	2,77 cm^2 4 Ø 10 mm	197650	36 39	5,00 cm^2 4 Ø 14 mm
68398	21 24	2,91 cm^2 4 Ø 10 mm	208600	36 39	5,12 cm^2 4 Ø 14 mm
71125	22 25	3,05 cm^2 4 Ø 10 mm	228300	39 42	5,41 cm^2 4 Ø 14 mm
74125	22 25	3,05 cm^2 4 Ø 10 mm	231300	39 42	5,41 cm^2 4 Ø 14 mm
75597	23 26	3,19 cm^2 3 Ø 12 mm	232500	40 43	5,55 cm^2 4 Ø 14 mm

TABLA 28 (Conclusión)

Momento Kgcm	h d	b = 25 cm Armadura resistente	Momento Kgcm	h d	b = 25 cm Armadura resistente
254000	41 44	5,50 cm^2 4 Ø 14 mm	568800	62 65	8,60 cm^2 5 Ø 16 mm
258075	42 45	5,82 cm^2 4 Ø 14 mm	575400	62 65	8,60 cm^2 5 Ø 16 mm
267937	43 46	5,95 cm^2 4 Ø 14 mm	582050	62 65	8,60 cm^2 5 Ø 16 mm
289325	44 47	6,10 cm^2 4 Ø 14 mm	590000	63 66	8,75 cm^2 5 Ø 16 mm
291190	44 47	6,10 cm^2 4 Ø 14 mm	627150	65 68	9,00 cm^2 5 Ø 16 mm
305375	45 48	6,22 cm^2 5 Ø 14 mm	636400	65 68	9,00 cm^2 5 Ø 16 mm
309400	45 48	6,25 cm^2 5 Ø 14 mm	652400	66 69	9,15 cm^2 5 Ø 16 mm
318075	46 49	6,38 cm^2 5 Ø 14 mm	678800	68 71	9,42 cm^2 5 Ø 16 mm
340750	48 51	6,65 cm^2 5 Ø 14 mm	691800	68 71	9,44 cm^2 5 Ø 16 mm
347550	48 51	6,66 cm^2 5 Ø 14 mm	729400	70 73	9,71 cm^2 5 Ø 16 mm
364800	49 52	6,75 cm^2 5 Ø 14 mm	752025	71 74	9,85 cm^2 5 Ø 16 mm
376000	50 53	6'92 cm^2 5 Ø 14 mm	765250	72 75	10,00 cm^2 5 Ø 16 mm
404550	52 55	7,20 cm^2 5 Ø 14 mm	803250	73 76	10,12 cm^2 4 Ø 18 mm
413562	53 56	7,35 cm^2 5 Ø 14 mm	851600	76 79	10,50 cm^2 4 Ø 20 mm
418250	53 56	7,35 cm^2 5 Ø 14 mm	880250	77 80	10,68 cm^2 4 Ø 20 mm
420200	53 56	7,35 cm^2 5 Ø 14 mm	935500	81 84	11,25 cm^2 4 Ø 20 mm
457725	55 58	7,62 cm^2 5 Ø 14 mm	1009800	82 85	11,37 cm^2 4 Ø 20 mm
473950	56 59	7,75 cm^2 4 Ø 16 mm	1021870	83 86	11,50 cm^2 4 Ø 20 mm
498400	58 61	8,04 cm^2 4 Ø 16 mm	1060145	84 87	11,65 cm^2 4 Ø 20 mm
501973	58 61	8,04 cm^2 4 Ø 16 mm	1108250	86 89	11,92 cm^2 4 Ø 20 mm
512100	58 61	8,04 cm^2 4 Ø 16 mm	1134000	87 90	12,05 cm^2 4 Ø 20 mm
526650	59 62	8,04 cm^2 4 Ø 16 mm			

VIGAS DE HORMIGON ARMADO EN FUNCION DEL MOMENTO MAXIMO. SECCION RECTANGULAR

TABLA 29

Ancho: 30 cm.

Momento Kgcm	h d	b = 30 cm Armadura resistente	Momento Kgcm	h d	b = 30 cm Armadura resistente
47775	16 19	2,64 cm^2 4 Ø 10 mm	236700	36 39	6,00 cm^2 4 Ø 14 mm
53200	17 20	2,82 cm^2 4 Ø 10 mm	239875	37 40	6,15 cm^2 4 Ø 14 mm
58625	18 21	2,97 cm^2 4 Ø 10 mm	259400	38 41	6,30 cm^2 5 Ø 14 mm
72000	20 23	3,33 cm^2 5 Ø 10 mm	261825	38 41	6,32 cm^2 5 Ø 14 mm
76197	21 24	3,50 cm^2 5 Ø 10 mm	276562	39 42	6,48 cm^2 5 Ø 14 mm
84925	22 25	3,66 cm^2 5 Ø 10 mm	291837	40 43	6,66 cm^2 5 Ø 14 mm
90782	23 26	3,83 cm^2 5 Ø 10 mm	302850	41 44	6,81 cm^2 5 Ø 14 mm
98300	23 26	3,83 cm^2 5 Ø 10 mm	312750	42 45	6,99 cm^2 5 Ø 14 mm
111650	25 28	4,14 cm^2 4 Ø 12 mm	316400	42 45	6,99 cm^2 5 Ø 14 mm
120500	26 29	4,32 cm^2 4 Ø 12 mm	321862	42 45	7,00 cm^2 5 Ø 14 mm
124575	26 29	4,32 cm^2 4 Ø 12 mm	351675	44 47	7,32 cm^2 5 Ø 14 mm
126700	26 29	4,32 cm^2 4 Ø 12 mm	361875	45 48	7,47 cm^2 5 Ø 14 mm
131437	27 30	4,50 cm^2 4 Ø 12 mm	371250	45 48	7,47 cm^2 5 Ø 14 mm
137950	28 31	4,65 cm^2 5 Ø 12 mm	381750	46 49	7,66 cm^2 5 Ø 14 mm
143700	28 31	4,65 cm^2 5 Ø 12 mm	387500	47 50	7,80 cm^2 4 Ø 16 mm
150875	29 32	4,80 cm^2 5 Ø 12 mm	417375	48 51	7,98 cm^2 4 Ø 16 mm
163800	30 33	4,98 cm^2 5 Ø 12 mm	423875	49 52	8,13 cm^2 5 Ø 16 mm
166950	30 33	4,98 cm^2 5 Ø 12 mm	425600	49 52	8,16 cm^2 5 Ø 16 mm
169887	30 33	5,00 cm^2 5 Ø 12 mm	434000	49 52	8,16 cm^2 5 Ø 16 mm
190200	32 35	5,31 cm^2 5 Ø 12 mm	472950	51 54	8,49 cm^2 5 Ø 16 mm
199250	34 37	5,64 cm^2 5 Ø 12 mm	482600	52 55	8,64 cm^2 5 Ø 16 mm
213500	34 37	5,75 cm^2 4 Ø 14 mm	508100	53 56	8,82 cm^2 5 Ø 16 mm
230812	36 39	6,00 cm^2 4 Ø 14 mm	518875	53 56	8,82 cm^2 5 Ø 16 mm

TABLA 29 (Conclusión)

Momento Kgcm	h d	b = 30 cm Armadura resistente	Momento Kgcm	h d	b = 30 cm Armadura resistente
535500	55 58	9,15 cm² 5 Ø 16 mm	954500	73 76	12,15 cm² 5 Ø 18 mm
537450	55 58	9,15 cm² 5 Ø 16 mm	1023200	76 79	12,63 cm² 5 Ø 18 mm
583950	57 60	9,48 cm² 5 Ø 16 mm	1040870	76 79	12,66 cm² 5 Ø 18 mm
590700	57 60	9,48 cm² 5 Ø 16 mm	1091645	77 80	12,82 cm² 4 Ø 22 mm
599025	58 61	9,65 cm² 5 Ø 16 mm	1125562	79 82	13,14 cm² 4 Ø 22 mm
602375	58 61	9,65 cm² 5 Ø 16 mm	1159725	80 83	13,32 cm² 4 Ø 22 mm
639525	60 63	10,00 cm² 5 Ø 16 mm	1273125	84 87	13,87 cm² 4 Ø 22 mm
645555	60 63	10,00 cm² 5 Ø 16 mm	1282000	85 88	14,13 cm² 4 Ø 22 mm
674450	61 64	10,15 cm² 4 Ø 18 mm	1417500	89 92	14,79 cm² 4 Ø 22 mm
690300	62 65	10,32 cm² 5 Ø 18 mm	1454525	90 93	14,98 cm² 4 Ø 22 mm
698800	62 65	10,32 cm² 5 Ø 18 mm	1541700	93 96	15,48 cm² 5 Ø 20 mm
754600	65 68	10,82 cm² 5 Ø 18 mm	1631350	95 98	15,98 cm² 4 Ø 24 mm
769575	65 68	10,82 cm² 5 Ø 18 mm	1665900	96 99	15,98 cm² 4 Ø 24 mm
780875	66 69	10,98 cm² 5 Ø 18 mm	1808075	101 104	16,81 cm² 4 Ø 24 mm
830025	68 71	11,32 cm² 5 Ø 18 mm	1984800	105 108	17,48 cm² 4 Ø 24 mm
866412	70 73	11,64 cm² 5 Ø 18 mm	2156800	110 113	18,31 cm² 5 Ø 22 mm
905450	71 74	11,82 cm² 5 Ø 18 mm	2333625	114 117	18,98 cm² 5 Ø 22 mm

VIGAS DE HORMIGON ARMADO EN FUNCION DEL MOMENTO MAXIMO. SECCION RECTANGULAR **TABLA 30**

Ancho: 35 cm.

Momento Kgcm	h d	b = 35 cm Armadura resistente	Momento Kgcm	h d	b = 35 cm Armadura resistente
48550	15 18	2,90 cm² 4 Ø 10 mm	294987	37 40	7,18 cm² 5 Ø 14 mm
54050	16 19	3,08 cm² 4 Ø 10 mm	314555	39 42	7,56 cm² 5 Ø 14 mm
59500	17 20	3,29 cm² 5 Ø 10 mm	321800	39 42	7,58 cm² 5 Ø 14 mm
72575	19 22	3,67 cm² 5 Ø 10 mm	326287	40 43	7,77 cm² 4 Ø 16 mm
86075	20 23	3,88 cm² 5 Ø 10 mm	355425	41 44	7,96 cm² 4 Ø 16 mm
99575	22 25	4,75 cm² 4 Ø 12 mm	359687	42 45	8,15 cm² 5 Ø 16 mm
112550	23 26	4,44 cm² 4 Ø 12 mm	377200	43 46	8,33 cm² 5 Ø 16 mm
123200	24 27	4,65 cm² 5 Ø 12 mm	384750	43 46	8,35 cm² 5 Ø 16 mm
125600	24 27	4,65 cm² 5 Ø 12 mm	396625	44 47	8,54 cm² 5 Ø 16 mm
132400	25 28	4,82 cm² 5 Ø 12 mm	429075	45 48	8,71 cm² 5 Ø 16 mm
139100	26 29	5,04 cm² 5 Ø 12 mm	433750	45 48	8,71 cm² 5 Ø 16 mm
152075	27 30	5,21 cm² 5 Ø 12 mm	454475	46 49	8,93 cm² 5 Ø 16 mm
165100	28 31	5,42 cm² 5 Ø 12 mm	486975	48 51	9,57 cm² 5 Ø 16 mm
170750	28 31	5,42 cm² 5 Ø 12 mm	523412	50 53	9,69 cm² 5 Ø 16 mm
194000	30 33	5,81 cm² 4 Ø 14 mm	537775	50 53	9,71 cm² 5 Ø 16 mm
202712	31 34	6,02 cm² 4 Ø 14 mm	543675	51 54	9,90 cm² 5 Ø 16 mm
205812	32 35	6,19 cm² 5 Ø 14 mm	598800	53 56	10,29 cm² 4 Ø 20 mm
214000	32 35	6,10 cm² 5 Ø 14 mm	614775	54 57	10,48 cm² 4 Ø 20 mm
236475	33 36	6,41 cm² 5 Ø 14 mm	652600	56 59	10,85 cm² 4 Ø 20 mm
242100	34 37	6,58 cm² 5 Ø 14 mm	654750	56 59	10,85 cm² 4 Ø 20 mm
247750	34 37	6,58 cm² 5 Ø 14 mm	698075	58 61	11,26 cm² 4 Ø 20 mm
264250	36 39	7,00 cm² 5 Ø 14 mm	702675	58 61	11,27 cm² 4 Ø 20 mm
282750	37 40	7,00 cm² 5 Ø 14 mm	708000	58 61	11,27 cm² 4 Ø 20 mm

TABLA 30 (Conclusión)

Momento Kgcm	h d	b = 35 cm Armadura resistente	Momento Kgcm	h d	b = 35 cm Armadura resistente
776650	61 64	11,84 cm^2 4 Ø 20 mm	1304625	79 82	15,34 cm^2 5 Ø 20 mm
787125	61 64	11,84 cm^2 4 Ø 20 mm	1310350	79 82	15,34 cm^2 5 Ø 20 mm
792437	62 65	12,04 cm° 4 Ø 20 mm	1440900	82 85	16,10 cm^2 5 Ø 22 mm
853650	64 67	12,43 cm^2 4 Ø 20 mm	1484450	84 87	16,31 cm^2 5 Ø 22 mm
878787	65 68	12,60 cm^2 5 Ø 18 mm	1565100	87 90	16,87 cm^2 5 Ø 22 mm
920700	66 69	12,81 cm^2 4 Ø 22 mm	1666000	89 92	17,28 cm^2 5 Ø 22 mm
932225	66 69	12,82 cm^2 4 Ø 22 mm	1689300	90 93	17,50 cm^2 5 Ø 22 mm
968500	68 71	13,19 cm^2 4 Ø 22 mm	1845875	94 97	18,25 cm^2 5 Ø 22 mm
1051875	71 74	13,79 cm^2 4 Ø 22 mm	2021025	98 101	18,48 cm^2 5 Ø 22 mm
1118420	73 76	14,18 cm^2 4 Ø 22 mm	2196175	102 105	19,81 cm^2 5 Ø 24 mm
1139625	74 77	14,35 cm^2 4 Ø 22 mm	2371425	106 109	20,59 cm^2 5 Ø 24 mm
1180800	75 78	14,56 cm^2 4 Ø 22 mm			

VIGAS DE HORMIGON ARMADO EN FUNCION DEL MOMENTO MAXIMO. SECCION RECTANGULAR

TABLA 31

Ancho: 40 cm.

Momento Kgcm	h d	b = 40 cm Armadura resistente	Momento Kgcm	h d	b = 40 cm Armadura resistente
100150	20	4,44 cm^2	532475	47	10,40 cm^2
	23	6 Ø 10 mm		50	6 Ø 16 mm
113800	22	4,88 cm^2	551500	48	10,64 cm^2
	25	5 Ø 12 mm		51	6 Ø 16 mm
126900	23	5,08 cm^2	605800	50	11,08 cm^2
	26	5,Ø 12 mm		53	6 Ø 16 mm
139975	24	5,32 cm^2	615600	50	11,10 cm^2
	27	5 Ø 12 mm		53	6 Ø 16 mm
153050	25	5,52 cm^2	627125	51	11,32 cm^2
	28	5 Ø 12 mm		54	6 Ø 16 mm
166125	26	5,76 cm^2	660150	53	11,76 cm^2
	29	6 Ø 12 mm		56	6 Ø 16 mm
199400	28	6,20 cm^2	669900	53	11,76 cm^2
	31	6 Ø 12 mm		56	6 Ø 16 mm
206200	29	6,43 cm^2	711800	55	12,00 cm^2
	32	6 Ø 12 mm		58	6 Ø 16 mm
222600	30	6,64 cm^2	714450	55	12,00 cm^2
	33	6 Ø 12 mm		58	6 Ø 16 mm
236925	31	6,93 cm^2	718550	55	12,21 cm^2
	34	5 Ø 14 mm		58	5 Ø 18 mm
246950	32	7,08 cm^2	798700	58	12,87 cm^2
	35	5 Ø 14 mm		61	6 Ø 18 mm
267825	33	7,32 cm^2	803187	58	12,87 cm^2
	36	5 Ø 14 mm		61	6 Ø 18 mm
269100	33	7,32 cm^2	872550	60	13,32 cm^2
	36	5 Ø 14 mm		63	6 Ø 18 mm
298437	35	7,77 cm^2	894475	61	13,52 cm^2
	38	6 Ø 14 mm		64	6 Ø 18 mm
327625	37	8,20 cm^2	937050	62	13,76 cm^2
	40	6 Ø 14 mm		65	6 Ø 18 mm
329100	37	8,21 cm^2	952700	63	13,98 cm^2
	40	6 Ø 14 mm		66	6 Ø 18 mm
358425	39	8,65 cm^2	979250	64	14,20 cm^2
	42	6 Ø 14 mm		67	6 Ø 18 mm
368750	39	8,64 cm^2	1065620	67	14,84 cm^2
	42	6 Ø 14 mm		70	6 Ø 18 mm
384200	40	8,88 cm^2	1072950	67	14,88 cm^2
	43	6 Ø 14 mm		70	6 Ø 18 mm
404187	41	9,08 cm^2	1143620	69	15,30 cm^2
	44	6 Ø 14 mm		72	5 Ø 20 mm
440700	43	9,52 cm^2	1155250	69	15,30 cm^2
	46	5 Ø 16 mm		72	5 Ø 20 mm
499350	45	10,00 cm^2	1204200	72	16,00 cm°
	48	5 Ø 16 mm		75	6 Ø 20 mm
502200	46	10,20 cm^2	1328250	74	16,42 cm^2
	49	6 Ø 16 mm		77	6 Ø 20 mm

TABLA 31 (Conclusión)

Momento Kgcm	h d	b = 40 cm Armadura resistente	Momento Kgcm	h d	b = 40 cm Armadura resistente
1334500	75 78	16,64 cm² 6 Ø 20 mm	1712700	85 88	18,84 cm² 6 Ø 20 mm
1452600	78 81	17,20 cm² 6 Ø 20 mm	1875800	88 91	19,53 cm² 6 Ø 22 mm
1512800	79 82	17,53 cm² 6 Ø 20 mm	2054100	93 96	20,64 cm² 6 Ø 22 mm
1588500	81 84	18,00 cm² 6 Ø 20 mm	2238700	96 99	21,31 cm² 6 Ø 22 mm
1697500	84 87	18,64 cm² 6 Ø 20 mm	2410800	100 103	22,20 cm² 6 Ø 22 mm

VIGAS DE HORMIGON ARMADO EN FUNCION DEL MOMENTO MAXIMO. SECCION RECTANGULAR

TABLA 32

Ancho: 45 cm.

Momento Kgcm	h d	b = 45 cm Armadura resistente	Momento Kgcm	h d	b = 45 cm Armadura resistente
114250	21 24	5,22 cm² 7 Ø 10 mm	668800	50 53	12,46 cm² 7 Ø 16 mm
128050	22 25	5,49 cm² 7 Ø 10 mm	681600	50 53	12,46 cm² 7 Ø 16 mm
141175	23 26	5,71 cm² 6 Ø 12 mm	724200	52 55	12,96 cm² 7 Ø 16 mm
154325	24 27	5,98 cm² 6 Ø 12 mm	814750	55 58	13,72 cm² 7 Ø 16 mm
167500	25 28	6,21 cm² 6 Ø 12 mm	819900	55 58	13,72 cm² 7 Ø 16 mm
209575	28 31	7,00 cm² 7 Ø 12 mm	903537	58 61	14,40 cm² 6 Ø 18 mm
240562	30 33	7,50 cm² 7 Ø 12 mm	959250	60 63	14,98 cm² 6 Ø 18 mm
270337	32 35	8,00 cm² 6 Ø 14 mm	973175	60 63	14,98 cm² 6 Ø 18 mm
301287	33 36	8,24 cm² 6 Ø 14 mm	992437	60 63	14,98 cm² 6 Ø 18 mm
332250	35 38	8,74 cm² 6 Ø 14 mm	1082120	63 66	15,70 cm² 7 Ø 18 mm
364445	36 39	9,00 cm² 6 Ø 14 mm	1091700	64 67	15,97 cm² 7 Ø 18 mm
376187	38 41	9,45 cm² 7 Ø 14 mm	1168820	66 69	16,48 cm² 7 Ø 18 mm
389600	38 41	9,45 cm² 7 Ø 14 mm	1215900	67 70	16,69 cm² 7 Ø 18 mm
392625	38 41	9,49 cm² 7 Ø 14 mm	1351300	71 74	17,73 cm² 7 Ø 18 mm
411062	39 42	9,72 cm² 7 Ø 14 mm	1476000	74 77	18,45 cm² 6 Ø 20 mm
447200	41 44	10,21 cm² 7 Ø 14 mm	1544300	76 79	18,98 cm² 7 Ø 20 mm
502050	43 46	10,71 cm² 7 Ø 14 mm	1611900	77 80	19,21 cm² 7 Ø 20 mm
542350	45 48	11,25 cm² 6 Ø 16 mm	1729000	80 83	19,98 cm² 7 Ø 20 mm
556900	45 48	11,25 cm² 6 Ø 16 mm	1908875	84 87	20,97 cm² 7 Ø 20 mm
570600	46 49	11,47 cm² 6 Ø 16 mm	2089450	88 91	21,97 cm² 7 Ø 20 mm
613400	48 51	11,97 cm² 6 Ø 16 mm	2306425	93 96	23,22 cm² 7 Ø 22 mm
633750	49 52	12,15 cm² 7 Ø 16 mm	2447025	95 98	23,72 cm² 7 Ø 22 mm

VIGAS DE HORMIGON ARMADO EN FUNCION DEL MOMENTO MAXIMO. SECCION RECTANGULAR

TABLA 33

Ancho: 50 cm.

Momento Kgcm	h d	b = 50 cm Armadura resistente	Momento Kgcm	h d	b = 50 cm Armadura resistente
155500	23 26	6,35 cm² 6 Ø 12 mm	729600	49 52	13,50 cm² 7 Ø 16 mm
168700	24 27	6,65 cm² 6 Ø 12 mm	736550	50 53	13,85 cm² 7 Ø 16 mm
211075	26 29	7,21 cm² 7 Ø 12 mm	827125	53 56	14,70 cm² 6 Ø 18 mm
242475	28 31	7,77 cm² 7 Ø 12 mm	837450	53 56	14,70 cm² 6 Ø 18 mm
273825	30 33	8,32 cm² 6 Ø 14 mm	917600	56 59	15,50 cm² 7 Ø 18 mm
303500	32 35	8,90 cm² 6 Ø 14 mm	973350	57 60	15,80 cm² 7 Ø 18 mm
334500	33 36	9,15 cm² 6 Ø 14 mm	1004000	58 61	16,09 cm² 7 Ø 18 mm
365925	35 38	9,71 cm² 7 Ø 14 mm	1094495	60 63	16,65 cm² 7 Ø 18 mm
382000	36 39	9,95 cm° 7 Ø 14 mm	1109250	61 64	16,90 cm² 7 Ø 18 mm
394500	36 39	10,00 cm² 7 Ø 14 mm	1179875	63 66	17,45 cm² 7 Ø 18 mm
421375	38 41	10,50 cm² 7 Ø 14 mm	1239300	64 67	17,75 cm² 7 Ø 18 mm
452600	39 42	10,80 cm² 7 Ø 14 mm	1374700	68 71	18,50 cm² 6 Ø 20 mm
461000	39 42	10,80 cm² 7 Ø 14 mm	1499400	71 74	19,70 cm 7 Ø 20 mm
508000	41 44	11,35 cm² 6 Ø 16 mm	1567925	72 75	19,98 cm² 7 Ø 20 mm
551475	43 46	11,90 cm² 6 Ø 16 mm	1635300	74 77	20,50 cm² 7 Ø 20 mm
563100	43 46	11,90 cm² 6 Ø 16 mm	1752625	76 79	21,09 cm² 7 Ø 20 mm
582300	44 47	12,20 cm² 7 Ø 16 mm	1759500	77 80	21,35 cm² 7 Ø 20 mm
618800	45 48	12,50 cm² 7 Ø 16 mm	1937225	80 83	22,20 cm² 6 Ø 22 mm
639000	46 49	12,75 cm² 7 Ø 16 mm	2121825	84 87	23,31 cm² 7 Ø 22 mm
646125	47 50	13,00 cm² 7 Ø 16 mm	2306425	88 91	24,42 cm² 7 Ø 22 mm
674200	47 50	13,00 cm² 7 Ø 16 mm	2483250	91 94	25,25 cm° 7 Ø 22 mm
695700	48 51	13,30 cm² 7 Ø 16 mm			

VIGAS DE HORMIGON ARMADO EN FUNCION DEL MOMENTO MAXIMO. SECCION RECTANGULAR

TABLA 34

Ancho: 55 cm.

Momento Kgcm	h d	b = 55 cm Armadura resistente	Momento Kgcm	h d	b = 55 cm Armadura resistente
169725	23 26	6,98 cm^2 7 Ø 12 mm	707400	46 49	14,02 cm^2 7 Ø 16 mm
196800	25 28	7,63 cm^2 7 Ø 12 mm	736600	47 50	14,30 cm^2 8 Ø 16 mm
245247	27 30	8,24 cm^2 8 Ø 12 mm	746425	48 51	14,63 cm^2 8 Ø 16 mm
275062	29 32	8,85 cm^2 8 Ø 12 mm	851475	50 53	15,23 cm^2 8 Ø 16 mm
306650	30 33	9,15 cm^2 7 Ø 14 mm	929975	53 56	15,95 cm^2 8 Ø 16 mm
309300	31 34	9,47 cm^2 7 Ø 14 mm	989700	55 58	16,77 cm^2 7 Ø 18 mm
338250	32 35	9,76 cm^2 7 Ø 14 mm	1017187	55 58	16,77 cm^2 7 Ø 18 mm
368175	33 36	10,07 cm^2 7 Ø 14 mm	1104370	58 61	17,71 cm^2 7 Ø 18 mm
397200	34 37	10,37 cm^2 7 Ø 14 mm	1122075	58 61	17,71 cm^2 7 Ø 18 mm
399750	35 38	10,67 cm^2 7 Ø 14 mm	1195687	60 63	18,31 cm^2 8 Ø 18 mm
456900	37 40	11,27 cm^2 8 Ø 14 mm	1252125	62 65	18,92 cm^2 8 Ø 18 mm
466750	38 41	11,55 cm^2 8 Ø 14 mm	1386400	65 68	19,80 cm^2 8 Ø 18 mm
513400	39 42	11,88 cm^2 8 Ø 14 mm	1522800	68 71	20,72 cm^2 7 Ø 20 mm
568800	41 44	12,48 cm^2 7 Ø 16 mm	1647000	70 70	21,34 cm^2 7 Ø 20 mm
591600	42 45	12,81 cm^2 7 Ø 16 mm	1771200	73 76	22,27 cm^2 8 Ø 20 mm
624200	43 46	13,09 cm^2 7 Ø 16 mm	1967150	77 80	23,50 cm^2 8 Ø 20 mm
650700	44 47	13,42 cm^2 7 Ø 16 mm	2154900	81 84	24,72 cm^2 8 Ø 20 mm
654375	45 48	13,69 cm^2 7 Ø 16 mm	2330050	84 87	25,64 cm^2 7 Ø 22 mm
680650	45 48	13,70 cm^2 7 Ø 16 mm	2513175	87 90	26,55 cm^2 7 Ø 22 mm

VIGAS DE HORMIGON ARMADO EN FUNCION DEL MOMENTO MAXIMO. SECCION RECTANGULAR **TABLA 35**

Ancho: 60 cm.

Momento Kgcm	h d	b = 60 cm Armadura resistente	Momento Kgcm	h d	b = 60 cm Armadura resistente
150000	21 24	7,00 cm² 9 Ø 10 mm	847750	49 52	16,68 cm² 9 Ø 16 mm
170725	22 25	7,32 cm² 8 Ø 12 mm	940662	51 54	16,80 cm² 9 Ø 16 mm
281250	28 31	9,33 cm² 9 Ø 12 mm	1004925	53 56	17,64 cm² 9 Ø 16 mm
339750	30 33	10,00 cm² 9 Ø 12 mm	1116745	56 59	18,60 cm² 8 Ø 18 mm
350000	32 35	10,65 cm² 8 Ø 14 mm	1138500	56 59	18,60 cm² 8 Ø 18 mm
371550	32 35	10,65 cm² 8 Ø 14 mm	1204750	58 61	19,31 cm² 8 Ø 18 mm
401625	33 36	10,98 cm² 8 Ø 14 mm	1225000	59 62	19,66 cm² 8 Ø 18 mm
405000	34 37	11,33 cm² 8 Ø 14 mm	1274400	60 63	19,98 cm² 8 Ø 18 mm
463400	36 39	12,00 cm² 8 Ø 14 mm	1398100	62 65	20,64 cm² 9 Ø 18 mm
518800	38 41	12,60 cm² 9 Ø 14 mm	1533500	65 68	21,78 cm² 9 Ø 18 mm
546800	39 42	13,00 cm² 9 Ø 14 mm	1658700	68 71	22,62 cm² 9 Ø 18 mm
574200	40 43	13,32 cm² 9 Ø 14 mm	1806300	71 74	23,64 cm² 8 Ø 20 mm
632800	42 45	13,98 cm² 9 Ø 14 mm	1992350	74 77	24,64 cm² 8 Ø 20 mm
686050	43 46	14,33 cm² 8 Ø 16 mm	2183250	78 81	25,97 cm² 9 Ø 20 mm
723750	45 48	15,00 cm² 8 Ø 16 mm	2364700	81 84	26,97 cm² 9 Ø 20 mm
754675	46 49	15,30 cm² 8 Ø 16 mm	2546250	84 87	27,97 cm² 9 Ø 20 mm

VI. Tablas de pilares con armadura longitudinal

MANEJO DE LAS TABLAS DE PILARES

Estas tablas se han construido a base de pilares de sección cuadrada y rectangular, y creciendo sus lados de 5 en 5 cm. La armadura se ha calculado rectangular a base de 4 redondos, para facilitar la construcción de las tablas, si bien el diámetro de éstos va creciendo en cada caso de forma tal que la cuantía (relación entre la sección del hierro y la sección de hormigón) quede comprendida entre la máxima y la mínima admisible. Indiscutiblemente, si se precisa colocar en vez de 4 redondos otro número cualquiera, se transforman los centímetros cuadrados de hierro en el número de varillas que se deseen poner, cuya equivalencia nunca será menor a los 4 redondos calculados.

Así, por ejemplo, puede verse en la primera casilla de la tabla 36, que la sección del pilar es de 20 × 20 cm = 0,04 m² con 4 ∅ 10 mm = 3,14 cm² y que corresponde una cuantía = 0,00785 = 0,785 por 100.

Para estas secciones de hormigón y de hierro puede verse lo que soporta el pilar según la fatiga del hormigón tomada, y así tenemos:

Para fatiga del hormigón **F** = 35 kg/cm² corresponde **P** = 15 648 kg.
F = 40 kg/cm² corresponde **P** = 17 884 kg.
F = 45 kg/cm² corresponde **P** = 20 119 kg.

aclarado el significado de cada número que lleva la tabla, vamos a resolver algunos problemas en los siguientes ejemplos:

Ejemplo:

Se desea saber la cantidad de hierro que hemos de poner a un pilar de 20 × 20 cm para que soporte 20 000 kg, para una fatiga de hormigón de 35 kg/cm^2.

Manejo de la tabla: Se busca en los pilares de 20 × 20 cm (Tabla 36) los valores de **P** que hay debajo de **F** = 35 que más se aproxime por exceso a los 20 000 kg y vemos que en la última casilla hay **P** = **20 599 kg, lo** que resiste el pilar al cual corresponde 4 Ø 20 mm.

Los estribos no se incluyen en las tablas porque ya se sabe que se colocarán distanciados a una separación igual a la menor dimensión del pilar, en este caso 20 cm, y el diámetro del estribo se toma el equivalente a la cuarta parte del diámetro del redondo longitudinal, o sea en este caso de 5 mm de diámetro; si el pilar llevase armadura longitudinal compuesta de varios diámetros, el estribo se referirá a la cuarta parte del más desfavorable, o sea del más grueso.

Otro ejemplo:

Se calculan las cargas que van transmitidas a un pilar que se proyecta y vemos son de 50 000 kg, para fatiga del hormigón **F** = 40 kg/cm^2. Se desea saber la sección del pilar y la cantidad de hierro para una altura de 5 metros.

Manejo de la tabla: Buscamos la sección del pilar cuya altura (**H. máximo**) sea igual o mayor de 5 m, para que no haya esbeltez, y vemos que para sección de 35 × 35 el pilar puede alcanzar 5,25 m. El peso propio del pilar por metro lineal = 294 kg, o sea 294 × 5 = **1 470 kg** el peso pilar.

El pilar ha de soportar una carga **P** = 50 000 + 1 470 = **51 740** kg. Buscamos este valor en la Tabla 36 y vemos que en la primera casilla de pilares de 35 × 35 cm para **F** = 40, **P** = 55 107 kg, corresponde a 4 Ø 18 mm = 10,17 cm^2 de hierro.

NOTA. — Estas tablas sirven para pilares de sección cualquiera; así por ejemplo, si se pide lo que resiste un pilar de sección circular de 33 cm de diámetro = 0,0855 m^2 para una fatiga **F** = **40** kg/cm^2, se busca en la Tabla 36 una sección cuadrada equivalente de pilar que más se aproxime a 0,0855 m^2 y vemos que es la de 30 × 30 = 0,09 m^2. Si tomamos una cuantía de hierro de 1 por 100 = 0,01 (cuantía comercial), soporta una carga **P** = 42 107 kg.

PILARES DE HORMIGON ARMADO DE SECCION CUADRADA CARGA CENTRADA. ARMADURA LONGITUDINAL

TABLA 36

P = Carga en kg que soporta el pilar (sin incluir peso propio)
F = Fatiga del hormigón 35, 40 y 45 kg/cm²
pp./m. L. = Peso propio del pilar por metro lineal
Cuantía = Proporción del hierro hasta un máximo de 3 %
H = Altura máxima (15 veces el lado menor)

Sección pilar	H m	pp/ml kg	peso pilar kg	Sección Ø mm	hierro cm²	e equiv. Ø mm	F = 35 P - kg	F=40 P - kg	F=45 P - kg	Cuantía hierro en %
20 × 20	3,00	96	288	4 Ø 10	3,14		15648	17884	20119	0,00785
=0,04 m²				4 Ø 12	4,52		16373	18712	21051	0,0113
				4 Ø 14	6,16		17234	19696	22158	0,0154
				4 Ø 16	8,04		18221	20824	23427	0,0201
				4 Ø 18	10,18		19344	22108	24871	0,0254
				4 Ø 20	12,57		20599	23542	26484	0,0314
25 × 25	3,75	150	562	4 Ø 10	3,14		23523	26884	30244	0,005
=0,0625 m²				4 Ø 12	4,52		24247	27712	31176	0,0072
				4 Ø 14	6,16		25109	29696	32283	0,0098
				4 Ø 16	8,04		26096	30824	33552	0,0128
				4 Ø 18	10,18		27219	32108	34996	0,0162
				4 Ø 20	12,57		28474	33542	36609	0,020
				4 Ø 22	15,21		29860	35126	38391	0,024
				4 Ø 24	18,10		31317	36860	40342	0,028
				4 Ø 26	21,24		33026	38744	42462	0,033
30 × 30	4,50	216	972	4 Ø 16	8,042		35722	40825	45928	0,0089
=0,09 m²				4 Ø 18	10,17		36843	42107	47370	0,011
				4 Ø 20	12,56		38097	43539	48982	0,014
				4 Ø 22	15,20		39482	45123	50763	0,017
				4 Ø 24	18,09		41000	46857	52714	0,02
				4 Ø 26	21,23		42649	48742	54835	0,023
				4 Ø 28	24,63		44430	50778	57125	0,027
35 × 35	5,25	294	1543	4 Ø 18	10,17		48218	55107	61995	0,0083
=0,1225 m²				4 Ø 20	12,56		49472	56539	63607	0,01
				4 Ø 22	15,20		50857	58123	65388	0,012
				4 Ø 24	18,09		52375	59857	67339	0,014
				4 Ø 26	21,20		54024	61742	69460	0,017
				4 Ø 28	24,63		55805	63778	71750	0,020
				4 Ø 30	28,27		57719	65964	74210	0,023
				4 Ø 32	32,16		59764	68301	76839	0,026
				4 Ø 34	36,31		61941	70790	79638	0,029
40 × 40	6	384	2304	4 Ø 20	12,56		62597	71539	80482	0,0078
=0,16 m²				4 Ø 22	15,20		63982	73123	82263	0,0095
				4 Ø 24	18,09		65500	74857	84214	0,011
				4 Ø 26	21,23		67149	76742	86335	0,013
				4 Ø 28	24,63		68930	78778	88625	0,015
				4 Ø 30	28,27		70844	80964	91085	0,017
				4 Ø 32	32,16	8 Ø 24	72889	83301	93714	0,02
				4 Ø 34	36,31	8 Ø 25	75066	85790	96513	0,022
				4 Ø 36	40,71	8 Ø 26	77375	88429	99482	0,025
				4 Ø 38	45,36	8 Ø 28	79816	91218	102621	0,028

TABLA 36 (Continuación)

Sección pilar	H m	pp/ml kg	peso pilar kg	Sección hierro Ø mm	Sección hierro cm²	equiv. Ø mm	F = 35 P - kg	F=40 P - kg	F=45 P - kg	Cuantía hierro en %
45 × 45 =0,2025 m²	6,75	486	3280	4 Ø 22	15,20		78857	90123	101388	0,0075
				4 Ø 24	18,09		80375	91857	103339	0,0089
				4 Ø 26	21,23		82024	93742	105460	0,01
				4 Ø 28	24,63	8 Ø 20	83805	95778	107750	0,012
				4 Ø 30	28,27	8 Ø 22	85719	97964	110210	0,014
				4 Ø 32	32,16	8 Ø 24	87764	100301	112839	0,016
				4 Ø 34	36,31	8 Ø 25	89941	102790	115638	0,018
				4 Ø 36	40,71	8 Ø 26	92250	105429	118607	0,02
				4 Ø 38	45,36	8 Ø 28	94691	108218	121746	0,022
				4 Ø 40	50,26	8 Ø 30	97264	111159	125054	0,025
				4 Ø 42	55,41	10 Ø 28	99969	114250	128532	0,027
				4 Ø 44	60,82	10 Ø 28	102806	117492	132179	0,03
50 × 50 =0,25 m²	7,50	600	4500	4 Ø 24	18,09		97000	110857	124714	0,0072
				4 Ø 26	21,23		98649	112742	126835	0,0084
				4 Ø 28	24,63	8 Ø 20	100430	114778	129125	0,01
				4 Ø 30	28,27	8 Ø 22	102344	116964	131585	0,011
				4 Ø 32	32,16	8 Ø 24	104389	119301	134214	0,013
				4 Ø 34	36,31	8 Ø 25	106566	121790	137013	0,014
				4 Ø 36	40,71	8 Ø 26	108875	124429	139982	0,016
				4 Ø 38	45,36	8 Ø 28	111316	127218	143121	0,018
				4 Ø 40	50,26	12 Ø 24	113889	130159	146429	0,020
				4 Ø 42	55,41	12 Ø 25	116594	133250	149907	0,022
				4 Ø 44	60,82	12 Ø 26	119431	136492	153554	0,024
				4 Ø 46	66,47	12 Ø 28	122400	139885	157371	0,026
				4 Ø 48	72,38	12 Ø 28	125500	143429	161358	0,029
55 × 55 =0,3025 m²	8,25	726	5989	4 Ø 26	21,23		117024	133742	150460	0,007
				4 Ø 28	24,63		118805	135778	152750	0,0081
				4 Ø 30	28,27	8 Ø 22	120719	137964	155210	0,0093
				4 Ø 32	32,16	8 Ø 24	122764	140301	157839	0,01
				4 Ø 34	36,31	8 Ø 25	124941	142790	160638	0,012
				4 Ø 36	40,71	8 Ø 26	127250	145429	163607	0,013
				4 Ø 38	45,36	8 Ø 28	129691	148218	166746	0,015
				4 Ø 40	50,26	12 Ø 24	132264	151159	170054	0,016
				4 Ø 42	55,41	12 Ø 25	134969	154250	173532	0,018
				4 Ø 44	60,82	12 Ø 26	137806	157492	177179	0,02
				4 Ø 46	66,47	12 Ø 28	140775	160885	180996	0,022
				4 Ø 48	72,38	12 Ø 28	143875	164429	184943	0,024
				4 Ø 50	78,54	12 Ø 30	147108	168124	189139	0,026
				4 Ø 52	84,94	12 Ø 30	150473	171969	193465	0,028
				4 Ø 54	91,60	12 Ø 32	153969	175965	197961	0,03
60 × 60 =036 m²	9	864	7776	4 Ø 28	24,63	8 Ø 20	138930	158778	178625	0,0068
				4 Ø 30	28,27	8 Ø 22	140844	160964	181085	0,0078
				4 Ø 32	32,16	8 Ø 24	142889	163301	183714	0,0089
				4 Ø 34	36,31	8 Ø 25	145066	165790	186513	0,01
				4 Ø 36	40,71	8 Ø 26	147375	168429	189482	0,011
				4 Ø 38	45,36	8 Ø 28	149816	171218	192621	0,012
				4 Ø 40	50,26	8 Ø 30	152389	174159	195929	0,014
				4 Ø 42	55,41	12 Ø 25	155094	177250	199407	0,015
				4 Ø 44	60,82	12 Ø 26	157931	180492	203054	0,017
				4 Ø 46	66,47	12 Ø 28	160900	183885	206871	0,018
				4 Ø 48	72,38	12 Ø 28	164000	187429	210858	0,02
				4 Ø 50	78,54	12 Ø 30	167233	191124	215014	0,022
				4 Ø 52	84,94	12 Ø 30	170598	194969	219340	0,023
				4 Ø 54	91,60	12 Ø 32	174094	198965	223836	0,025
				4 Ø 56	98,52	12 Ø 34	177723	203112	228501	0,027
				4 Ø 58	105,68	12 Ø 34	181483	207410	233336	0,029

TABLA 36 (Conclusión)

Sección pilar	H m	pp/ml kg	peso pilar kg	Sección Ø mm	hierro cm²	e equiv. Ø mm	F = 35 P - kg	F=40 P - kg	F=45 P - kg	Cuantía hierro en %
65 × 65 =0,4225 m²	9,75	1014	9886	4 Ø 34	36,31	8 Ø 25	166941	190790	214638	0,0085
				4 Ø 36	40,71	8 Ø 26	169250	193429	217607	0,0096
				4 Ø 38	45,36	8 Ø 28	171691	196218	220746	0,01
				4 Ø 40	50,26	8 Ø 30	174264	199159	224054	0,012
				4 Ø 42	55,41	8 Ø 30	176969	202250	227532	0,013
				4 Ø 44	60,82	16 Ø 22	179806	205492	231179	0,014
				4 Ø 46	66,47	16 Ø 24	182775	208885	234996	0,015
				4 Ø 48	72,38	16 Ø 25	185875	212429	238983	0,017
				4 Ø 50	78,54	16 Ø 25	189108	216124	243139	0,018
				4 Ø 52	84,94	16 Ø 26	192473	219969	247465	0,02
				4 Ø 54	91,60	16 Ø 28	195969	223965	251961	0,021
				4 Ø 56	98,52	16 Ø 30	199598	228112	256626	0,023
				4 Ø 58	105,68	16 Ø 30	203358	232410	261461	0,025
				4 Ø 60	113,09	16 Ø 32	207251	236858	266465	0,026
				4 Ø 62	120,76	16 Ø 32	211275	241456	271640	0,028
				4 Ø 64	128,67	16 Ø 32	215431	246207	276983	0,03
70 × 70 =0,49 m²	10,50	1176	12348	4 Ø 36	40,71	8 Ø 26	192875	220429	247982	0,0083
				4 Ø 38	45,36	8 Ø 28	195316	223218	251121	0,0092
				4 Ø 40	50,26	8 Ø 30	197889	226159	254429	0,01
				4 Ø 42	55,41	8 Ø 30	200594	229250	257907	0,011
				4 Ø 44	60,82	12 Ø 26	203431	232492	261554	0,012
				4 Ø 46	66,47	12 Ø 28	206400	235885	265371	0,013
				4 Ø 48	72,38	12 Ø 28	209500	239429	269358	0,014
				4 Ø 50	78,54	12 Ø 30	212733	243124	273514	0,016
				4 Ø 52	84,94	12 Ø 30	216098	246969	277840	0,017
				4 Ø 54	91,60	16 Ø 28	219594	250965	282336	0,018
				4 Ø 56	98,52	16 Ø 28	223223	255112	287001	0,02
				4 Ø 58	105,68	16 Ø 30	226983	259410	291836	0,021
				4 Ø 60	113,09	16 Ø 32	230876	263858	296840	0,023
				4 Ø 62	120,76	16 Ø 32	234900	268457	302015	0,024
				4 Ø 64	128,67	16 Ø 32	239056	273207	307358	0,026
				4 Ø 66	136,84	16 Ø 34	243345	278108	312872	0,028
				4 Ø 68	145,26	16 Ø 34	247765	283160	318555	0,029

PILARES DE HORMIGON ARMADO DE SECCION RECTANGULAR

TABLA 37

De 25 × 30 cm hasta 25 × 70 cm

P = Carga en kg que soporta el pilar (sin incluir peso propio)

F = Fatiga del hormigón 35, 40 y 45 kg/cm²

pp./m. l. = Peso propio del pilar por metro lineal

Cuantía = Proporción del hierro hasta un máximo de 3 %

H = Altura máxima (15 veces el lado menor)

Sección pilar	H m	pp/ml kg	peso pilar kg	Sección hierro Ø mm	cm²	e equiv. Ø mm	F = 35 P - kg	F=40 P - kg	F=45 P - kg	Cuantía hierro en %
25 × 30 =0,075 m²	3,75	180	675	4 Ø 14	6,15	6 Ø 12	29482	33694	37906	0,0082
				4 Ø 16	8,04	6 Ø 14	30472	34825	39178	0,01
				4 Ø 18	10,17	6 Ø 16	31593	36107	40620	0,013
				4 Ø 20	12,56	6 Ø 18	32847	37539	42232	0,016
				4 Ø 22	15,20	6 Ø 18	34232	39123	44013	0,02
				4 Ø 24	18,09	6 Ø 20	35750	40857	45964	0,024
				4 Ø 26	21,23	6 Ø 22	37399	42742	48085	0,028
25 × 35 = 0,0875 m²	3,75	210	788	4 Ø 16	8,02	6 Ø 14	34847	39825	44803	0,0091
				4 Ø 18	10,17	6 Ø 16	35968	41107	46245	0,011
				4 Ø 20	12,56	6 Ø 18	37222	42539	47857	0,014
				4 Ø 22	15,20	6 Ø 18	38607	44123	49638	0,017
				4 Ø 24	18,09	6 Ø 20	40125	45857	51589	0,02
				4 Ø 26	21,23	6 Ø 22	44774	47742	53710	0,024
				4 Ø 28	24,63	6 Ø 24	43555	49778	56000	0,028
25 × 40 = 0,10 m²	3,75	240	900	4 Ø 16	8,04	6 Ø 14	39222	44825	50428	0,008
				4 Ø 18	10,17	6 Ø 16	40343	46107	51870	0,01
				4 Ø 20	12,56	6 Ø 18	41597	47539	53482	0,012
				4 Ø 22	15,20	6 Ø 18	42982	49123	55263	0,015
				4 Ø 24	18,09	6 Ø 20	44500	50857	57214	0,018
				4 Ø 26	21,23	6 Ø 22	46149	52742	59335	0,021
				4 Ø 28	24,63	6 Ø 24	47930	54778	61625	0,024
				4 Ø 30	28,27	6 Ø 25	49844	56964	64085	0,028
25 × 45 =0,1125 m²	3,75	270	1013	4 Ø 18	10,17		44718	51107	57495	0,009
				4 Ø 20	12,56	6 Ø 18	45972	52539	59107	0,011
				4 Ø 22	15,20	6 Ø 18	47357	54123	60888	0,013
				4 Ø 24	18,09	6 Ø 20	48875	55857	62839	0,016
				4 Ø 26	21,23	6 Ø 22	50524	57742	64960	0,018
				4 Ø 28	24,63	6 Ø 24	52305	59778	67250	0,021
				4 Ø 30	28,27	6 Ø 25	54219	61964	69710	0,025
				4 Ø 32	32,16	6 Ø 28	56264	64301	72339	0,028
25 × 50 =0,125 m²	3,75	300	1125	4 Ø 18	10,17		49093	56107	63120	0,0081
				4 Ø 20	12,56	6 Ø 18	50347	57539	64732	0,01
				4 Ø 22	15,20	6 Ø 18	51732	59123	66513	0,012
				4 Ø 24	18,09	6 Ø 20	53250	60857	68464	0,014
				4 Ø 26	21,23	6 Ø 22	54899	62742	70585	0,016
				4 Ø 28	24,63	6 Ø 24	56680	64778	72875	0,019
				4 Ø 30	28,27	6 Ø 25	58594	66964	75335	0,022
				4 Ø 32	32,16	6 Ø 28	60639	69301	77964	0,025

TABLA 37 (Conclusión)

Sección pilar	H m	pp/ml kg	peso pilar kg	Sección hierro Ø mm	hierro cm²	e equiv. Ø mm	F = 35 P - kg	F=40 P - kg	F=45 P - kg	Cuantía hierro en %
25 × 55 =0,1375 m²	3,75	330	1238	4 Ø 20	12,56	6 Ø 18	54722	62539	70357	0,0091
				4 Ø 22	15,20	6 Ø 18	56107	64123	72138	0,011
				4 Ø 24	18,09	6 Ø 20	57625	65857	74089	0,013
				4 Ø 26	21,23	6 Ø 22	59274	67742	76210	0,015
				4 Ø 28	24,63	6 Ø 24	61055	69778	78500	0,017
				4 Ø 30	28,27	6 Ø 25	62969	71964	80960	0,02
				4 Ø 32	32,16	6 Ø 28	65014	74301	83589	0,023
				4 Ø 34	36,31	6 Ø 28	67191	76790	86388	0,026
25 × 60 =0,15 m²	3,75	360	1350	4 Ø 20	12,56	6 Ø 18	59097	67539	75982	0,0083
				4 Ø 22	15,20	6 Ø 18	60482	69123	77763	0,01
				4 Ø 24	18,09	6 Ø 20	62000	70857	79714	0,012
				4 Ø 26	21,23	6 Ø 22	63649	72742	81835	0,014
				4 Ø 28	24,63	6 Ø 24	65430	74778	84125	0,016
				4 Ø 30	28,27	6 Ø 25	67344	76964	86585	0,018
				4 Ø 32	32,16	6 Ø 28	69389	79301	89214	0,021
				4 Ø 34	36,31	6 Ø 28	71566	81790	92013	0,024
25 × 65 =0,1625 m²	3,75	390	1463	4 Ø 22	15,20	6 Ø 18	64857	74123	83388	0,0093
				4 Ø 24	18,09	6 Ø 20	66375	75857	85339	0,011
				4 Ø 26	21,23	6 Ø 22	68024	77742	87460	0,013
				4 Ø 28	24,63	6 Ø 24	69805	79778	89750	0,015
				4 Ø 30	28,27	6 Ø 25	71719	81964	92210	0,017
				4 Ø 32	32,16	6 Ø 28	73764	84301	94839	0,019
				4 Ø 34	36,31	6 Ø 28	75941	86790	97638	0,022
				4 Ø 36	40,71	6 Ø 30	78250	89429	100607	0,025
25 × 70 =0,175 m²	3,75	420	1575	4 Ø 22	15,20	6 Ø 18	69232	79123	89013	0,0086
				4 Ø 24	18,09	6 Ø 20	70750	80857	90964	0,01
				4 Ø 26	21,23	6 Ø 22	72399	82742	93085	0,012
				4 Ø 28	24,63	6 Ø 24	74180	84778	95375	0,014
				4 Ø 30	28,27	6 Ø 25	76094	86964	97835	0,016
				4 Ø 32	32,16	6 Ø 28	78139	89301	100464	0,018
				4 Ø 34	36,31	6 Ø 28	80316	91790	103263	0,02
				4 Ø 36	40,71	6 Ø 30	82625	94429	106232	0,023

PILARES DE HORMIGON ARMADO DE SECCION RECTANGULAR de 30 × 35 a 30 × 70 cm.

TABLA 38

Sección pilar	H m	pp/ml kg	peso pilar kg	Sección hierro Ø mm	cm²	e equiv. Ø mm	F = 35 P - kg	F=40 P - kg	F=45 P - kg	Cuantía hierro en %
30 × 35 =0,105 m^2	4,50	252	1134	4 Ø 16	8,04		40972	46825	52678	0,0076
				4 Ø 18	10,17		42093	48107	54120	0,0096
				4 Ø 20	12,56		43347	49539	55732	0,019
				4 Ø 22	15,20	6 Ø 18	44732	51123	57513	0,014
				4 Ø 24	18,09	6 Ø 20	46250	52857	59464	0,017
				4 Ø 26	21,23	6 Ø 22	47899	54742	61585	0,02
				4 Ø 28	24,63	6 Ø 24	49680	56778	63875	0,023
				4 Ø 30	28,27	6 Ø 25	51594	58964	66335	0,026
30 × 40 =0,12 m^2	4,50	288	1296	4 Ø 18	10,17		47343	54107	60870	0,0084
				4 Ø 20	12,56		48597	55539	62482	0,01
				4 Ø 22	15,20	6 Ø 18	49982	57123	64263	0,012
				4 Ø 24	18,09	6 Ø 20	51500	58867	66214	0,015
				4 Ø 26	21,23	6 Ø 22	53149	60742	68335	0,017
				4 Ø 28	24,63	6 Ø 24	54930	62778	70625	0,02
				4 Ø 30	28,27	6 Ø 25	56844	64964	73085	0,023
				4 Ø 32	32,16	6 Ø 28	58889	67301	75714	0,026
30 × 45 =0,135 m^2	4,50	324	1458	4 Ø 20	12,56	6 Ø 18	53847	61539	69232	0,0093
				4 Ø 22	15,20	6 Ø 18	55232	63123	71013	0,011
				4 Ø 24	18,09	6 Ø 20	56750	64857	72964	0,013
				4 Ø 26	21,23	6 Ø 22	58399	66742	75085	0,015
				4 Ø 28	24,63	6 Ø 24	60180	68778	77375	0,018
				4 Ø 30	28,27	6 Ø 25	62094	70964	79835	0,02
				4 Ø 32	32,16	6 Ø 28	64139	73301	82464	0,023
				4 Ø 34	36,31	6 Ø 28	66316	75790	85263	0,026
30 × 50 =0,15 m^2	4,50	360	1620	4 Ø 20	12,56	6 Ø 18	59097	67539	75982	0,0083
				4 Ø 22	15,20	6 Ø 18	60482	69123	77763	0,01
				4 Ø 24	18,09	6 Ø 20	62000	70857	79714	0,012
				4 Ø 26	21,23	6 Ø 22	63649	72742	81835	0,014
				4 Ø 28	24,63	6 Ø 24	65430	74778	84125	0,016
				4 Ø 30	28,27	6 Ø 25	67344	76964	86585	0,018
				4 Ø 32	32,16	6 Ø 28	69389	79301	89214	0,021
				4 Ø 34	36,31	6 Ø 28	71566	81790	92013	0,024
30 × 55 0,165 m^2	4,50	396	1782	4 Ø 22	15,20	6 Ø 18	65732	75123	84513	0,0092
				4 Ø 24	18,09	6 Ø 20	67250	76857	86464	0,01
				4 Ø 26	21,23	6 Ø 22	68899	78742	88585	0,012
				4 Ø 28	24,63	6 Ø 24	70680	80778	90875	0,04
				4 Ø 30	28,27	6 Ø 25	72594	82964	93335	0,017
				4 Ø 32	32,16	6 Ø 28	74639	85301	95964	0,019
				4 Ø 34	36,31	6 Ø 28	76816	87790	98763	0,022
				4 Ø 36	40,71	6 Ø 30	79125	90429	101732	0,024
30 × 60 =0,18 m^2	4,50	432	1944	4 Ø 22	15,20	6 Ø 18	70982	81123	91263	0,0084
				4 Ø 24	18,09	6 Ø 20	72500	82857	93214	0,01
				4 Ø 26	21,23	6 Ø 22	74149	84742	95335	0,011
				4 Ø 28	24,63	6 Ø 24	75930	86778	97625	0,013
				4 Ø 30	28,27	6 Ø 25	77844	88964	100085	0,015
				4 Ø 32	32,16	6 Ø 28	79889	91301	102714	0,017
				4 Ø 34	36,31	6 Ø 28	82066	93790	105513	0,02
				4 Ø 36	40,71	6 Ø 30	84375	96429	108482	0,022
30 × 65 =0,195 m^2	4,50	468	2106	4 Ø 24	18,09	6 Ø 20	77750	88857	99964	0,0092
				4 Ø 26	21,23	6 Ø 22	79399	90742	102085	0,01
				4 Ø 28	24,63	6 Ø 24	81180	92778	104375	0,012
				4 Ø 30	28,27	6 Ø 25	83094	94964	106835	0,014
				4 Ø 32	32,16	6 Ø 28	85139	97301	109464	0,016
				4 Ø 34	36,31	6 Ø 28	87316	99790	112263	0,018
				4 Ø 36	40,71	6 Ø 30	89625	102420	115232	0,02
				4 Ø 38	47,75	6 Ø 32	92066	105218	118371	0,024
30 × 70 =0,21 m^2	4,50	504	2268	4 Ø 24	18,09	6 Ø 20	83000	94857	106714	0,0086
				4 Ø 26	21,23	6 Ø 22	84649	96742	108835	0,010
				4 Ø 28	24,63	6 Ø 24	86430	98778	111125	0,011
				4 Ø 30	28,27	6 Ø 25	88344	100964	113585	0,013
				4 Ø 32	32,16	6 Ø 28	90389	103301	116214	0,015
				4 Ø 34	36,31	6 Ø 28	92566	105790	119013	0,017
				4 Ø 36	40,71	6 Ø 30	94875	108429	121982	0,019
				4 Ø 38	47,75	6 Ø 32	97316	111218	125121	0,022

PILARES DE HORMIGON ARMADO DE SECCION RECTANGULAR de 35 × 40 a 35 × 70 cm.

TABLA 39

Sección pilar	H m	pp/ml kg	peso pilar kg	Sección Ø mm	hierro cm²	e equiv. Ø mm	F = 35 P - kg	F=40 P - kg	F=45 P - kg	Cuantía hierro en %
35 × 40 =0,14 m²	5,25	336	1764	4 Ø 20	12,56		55597	63539	71482	0,0089
				4 Ø 22	15,20	6 Ø 18	56982	65123	73263	0,01
				4 Ø 24	18,09	6 Ø 20	58000	66857	75214	0,012
				4 Ø 26	21,23	6 Ø 22	60149	68742	77335	0,015
				4 Ø 28	24,63	6 Ø 24	61930	70778	79625	0,017
				4 Ø 30	28,27	6 Ø 25	63844	72964	82085	0,020
				4 Ø 32	32,16	6 Ø 28	65889	75301	84714	0,022
				4 Ø 34	36,31	6 Ø 28	68066	77790	87513	0,025
35 × 45 =0,1575m²	5,25	378	1985	4 Ø 22	15,20	6 Ø 18	63107	72123	81138	0,0096
				4 Ø 24	18,09	6 Ø 20	64625	73857	83089	0,011
				4 Ø 26	21,23	6 Ø 22	66274	75742	85210	0,013
				4 Ø 28	24,63	6 Ø 24	68055	77778	87500	0,015
				4 Ø 30	28,27	6 Ø 25	69969	79964	89960	0,017
				4 Ø 32	32,16	6 Ø 28	72014	82301	92589	0,020
				4 Ø 34	36,31	6 Ø 28	74191	84790	95388	0,023
				4 Ø 36	40,71	6 Ø 30	76500	87429	98357	0,025
35 × 50 =0,175 m²	5,25	420	2205	4 Ø 22	15,20	6 Ø 18	69232	79123	89013	0,0086
				4 Ø 24	18,09	6 Ø 20	70750	80857	90964	0,01
				4 Ø 26	21,23	6 Ø 22	72399	82742	92085	0,012
				4 Ø 28	24,63	6 Ø 24	74180	84778	95375	0,014
				4 Ø 30	28,27	6 Ø 25	76094	86964	97835	0,016
				4 Ø 32	32,16	6 Ø 28	78139	89301	100464	0,018
				4 Ø 34	36,31	6 Ø 28	80316	91790	103263	0,020
				4 Ø 36	40,71	6 Ø 30	82625	94429	106232	0,023
35 × 55 =0,1925 m²	5,25	462	2426	4 Ø 24	18,09	6 Ø 20	76875	87857	98839	0,0094
				4 Ø 26	21,23	6 Ø 22	78524	89742	100960	0,011
				4 Ø 28	24,63	6 Ø 24	80305	91778	103250	0,012
				4 Ø 30	28,27	6 Ø 25	82219	93964	105710	0,014
				4 Ø 32	32,16	6 Ø 28	84264	96301	108339	0,016
				4 Ø 34	36,31	6 Ø 28	86441	98790	111138	0,018
				4 Ø 36	40,71	6 Ø 30	88750	101429	114107	0,021
				4 Ø 38	45,36	6 Ø 32	91191	104218	117246	0,023
35 × 60 =0,21 m²	5,25	504	2646	4 Ø 24	18,09	6 Ø 20	83000	94857	106714	0,0086
				4 Ø 26	21,23	6 Ø 22	84649	96742	108835	0,01
				4 Ø 28	24,63	6 Ø 24	86430	98778	111125	0,011
				4 Ø 30	28,27	6 Ø 25	88344	100964	113585	0,013
				4 Ø 32	32,16	6 Ø 28	90389	103301	116214	0,015
				4 Ø 34	36,31	6 Ø 28	92566	105790	119013	0,017
				4 Ø 36	40,71	6 Ø 30	94875	108429	121982	0,019
				4 Ø 38	45,36	6 Ø 32	97316	111218	125121	0,021
35 × 65 =0,2275 m²	5,25	546	2867	4 Ø 26	21,23	6 Ø 22	90774	103742	116710	0,0093
				4 Ø 28	24,63	6 Ø 24	92555	105778	119000	0,01
				4 Ø 30	28,27	6 Ø 25	94469	107964	121460	0,012
				4 Ø 32	32,16	6 Ø 28	96514	110301	124089	0,014
				4 Ø 34	36,31	6 Ø 28	98691	112790	126888	0,015
				4 Ø 36	40,71	6 Ø 30	101000	115429	129857	0,017
				4 Ø 38	45,36	6 Ø 32	103441	118218	132996	0,019
				4 Ø 40	50,26	6 Ø 34	106014	121159	136304	0,022
35 × 70 =0,245 m²	5,25	588	3087	4 Ø 26	21,23	6 Ø 22	96899	110742	124585	0,0086
				4 Ø 28	24,63	6 Ø 24	98680	112778	126875	0,01
				4 Ø 30	28,27	6 Ø 25	100594	114964	129335	0,011
				4 Ø 32	32,16	6 Ø 28	102689	117301	131964	0,013
				4 Ø 34	36,31	6 Ø 28	104816	119790	134763	0,014
				4 Ø 36	40,71	6 Ø 30	107125	122429	137732	0,016
				4 Ø 38	45,36	6Ø 32	109566	125218	140871	0,018
				4 Ø 40	50,26	6 Ø 34	112139	128159	144179	0,020

PILARES DE HORMIGON ARMADO DE SECCION RECTANGULAR DE 40 × 45 a 40 × 70 cm.

TABLA 40

Sección pilar	H m	pp/ml kg	peso pilar kg	Sección Ø mm	hierro cm²	e equiv Ø mm	F = 35 P - kg	F=40 P - kg	F=45 P - kg	Cuantía hierro en %
40 × 45 =0,18 m²	6,00	432	2592	4 Ø 22	15,20	6 Ø 18	70982	81123	91263	0,0084
				4 Ø 24	18,09	6 Ø 20	72500	82857	93214	0,01
				4 Ø 26	21,23	6 Ø 22	74149	84742	95335	0,011
				4 Ø 28	24,63	6 Ø 24	75930	86778	97625	0,013
				4 Ø 30	28,27	6 Ø 25	77844	88964	100085	0,015
				4 Ø 32	32,16	6 Ø 28	79889	91301	102714	0,017
				4 Ø 34	36,31	6 Ø 28	82066	93790	105513	0,020
				4 Ø 36	40,71	6 Ø 30	84375	96429	108482	0,022
40 × 50 =0,20 m²	6,00	480	2880	4 Ø 24	18,09	6 Ø 20	79500	90857	102214	0,009
				4 Ø 26	21,23	6 Ø 22	81149	92742	104335	0,01
				4 Ø 28	24,63	6 Ø 24	82930	94778	106625	0,012
				4 Ø 30	28,27	6 Ø 25	84844	96964	109085	0,014
				4 Ø 32	32,16	6 Ø 28	86889	99301	111714	0,016
				4 Ø 34	36,31	6 Ø 28	89066	101790	114513	0,018
				4 Ø 36	40,71	6 Ø 30	91375	104429	117482	0,02
				4 Ø 38	45,36	6 Ø 32	93816	107218	120621	0,022
40 × 55 =0,22 m²	6,00	528	3168	4 Ø 24	18,09	6 Ø 20	86500	98857	111214	0,0082
				4 Ø 26	21,23	6 Ø 22	88149	100742	113335	0,0096
				4 Ø 28	24,63	6 Ø 24	89930	102778	115625	0,011
				4 Ø 30	28,27	6 Ø 25	91844	104964	118085	0,012
				4 Ø 32	32,16	6 Ø 28	93889	107301	120714	0,014
				4 Ø 34	36,31	6 Ø 28	96066	109790	123513	0,016
				4 Ø 36	40,71	6 Ø 30	98375	112429	126482	0,018
				4 Ø 38	45,36	6 Ø 32	100816	115218	129621	0,020
40 × 60 =0,24 m²	6,00	576	3456	4 Ø 26	21,23	6 Ø 22	95149	108742	122335	0,0088
				4 Ø 28	24,63	6 Ø 24	96930	110778	124625	0,01
				4 Ø 30	28,27	6 Ø 25	98844	112964	127085	0,011
				4 Ø 34	36,31	6 Ø 28	103066	117790	132513	0,015
				4 Ø 36	40,71	6 Ø 30	105375	120429	135482	0,016
				4 Ø 38	45,36	6 Ø 32	101816	123218	138621	0,018
				4 Ø 40	50,26	6 Ø 34	110389	126159	141929	0,02
40 × 65 =0,26 m²	6,00	624	3744	4 Ø 26	21,23	6 Ø 22	102149	116742	131335	0,0081
				4 Ø 28	24,63	6 Ø 24	103930	118778	133625	0,0094
				4 Ø 30	28,27	6 Ø 25	105844	120964	136085	0,01
				4 Ø 32	32,16	6 Ø 28	107889	123301	138714	0,012
				4 Ø 34	36,31	6 Ø 28	110066	125790	141513	0,013
				4 Ø 36	40,71	6 Ø 30	112375	128429	144482	0,015
				4 Ø 38	45,36	6 Ø 32	114816	131218	147621	0,017
				4 Ø 40	50,26	6 Ø 34	117389	134159	150929	0,019
				4 Ø 42	55,41	6 Ø 35	120094	137250	154407	0,021
40 × 70 =0,28 m²	6,00	672	4032	4 Ø 28	24,63	6 Ø 24	110930	126778	142625	0,0087
				4 Ø 30	28,27	6 Ø 25	112844	128964	145085	0,01
				4 Ø 32	32,16	6 Ø 28	114889	131301	147714	0,011
				4 Ø 34	36,31	6 Ø 28	117066	133790	150513	0,012
				4 Ø 36	40,71	6 Ø 30	119375	136429	153482	0,014
				4 Ø 38	45,36	6 Ø 32	121816	139218	146621	0,016
				4 Ø 40	50,26	6 Ø 34	124389	142159	159929	0,017
				4 Ø 42	55,41	6 Ø 35	127094	145250	163407	0,019
				4 Ø 44	60,82	8 Ø 32	129931	148492	167054	0,021

PILARES DE HORMIGON ARMADO DE SECCION RECTANGULAR DE 45 × 50 a 45 × 70 cm.

TABLA 41

Sección pilar	H m	pp/ml kg	peso pilar kg	Sección Ø mm	hierro cm²	ê equiv. Ø mm	F = 35 P - kg	F=40 P - kg	F=45 P - kg	Cuantía hierro en %
45 × 50 =0,225 m²	6,75	540	3645	4 Ø 24	18,09	6 Ø 20	88250	100857	113464	0,008
				4 Ø 26	21,23	6 Ø 22	89899	102742	115585	0,0094
				4 Ø 28	24,63	6 Ø 24	91680	104778	117875	0,01
				4 Ø 30	28,27	6 Ø 25	93594	106964	120335	0,012
				4 Ø 32	32,16	6 Ø 28	95639	109301	122964	0,014
				4 Ø 34	36,31	6 Ø 28	97816	111790	125763	0,016
				4 Ø 36	40,71	6 Ø 30	100125	114429	128732	0,018
				4 Ø 38	45,36	6 Ø 32	102566	117218	131871	0,02
45 × 55 =0,2475 m²	6,75	592	4010	4 Ø 26	21,23	6 Ø 22	97774	111742	125710	0,0085
				4 Ø 28	24,63	6 Ø 24	99555	113778	128000	0,0099
				4 Ø 30	28,27	6 Ø 25	101469	115964	130460	0,011
				4 Ø 32	32,16	6 Ø 28	103514	118301	133089	0,012
				4 Ø 34	36,31	6 Ø 28	105691	120790	135888	0,014
				4 Ø 36	40,71	6 Ø 30	108000	123429	138857	0,016
				4 Ø 38	45,36	6 Ø 32	110441	126218	141996	0,018
				4 Ø 40	50,26	6 Ø 34	113014	129159	145304	0,02
45 × 60 =0,27 m²	6,75	648	4374	4 Ø 28	24,63	6 Ø 24	107430	122778	138125	0,0091
				4 Ø 30	28,27	6 Ø 25	109344	124964	140585	0,01
				4 Ø 32	32,16	6 Ø 28	111389	127301	143214	0,012
				4 Ø 34	36,31	6 Ø 28	113566	129790	146013	0,012
				4 Ø 36	40,71	6 Ø 30	115875	132429	148982	0,015
				4 Ø 38	45,36	6 Ø 32	118316	135218	152121	0,016
				4 Ø 40	50,26	6 Ø 34	120889	138159	155429	0,018
				4 Ø 42	55,41	6 Ø 34	123594	141250	158907	0,02
45 × 65 =0,2925 m²	6,75	700	4739	4 Ø 28	24,63	6 Ø 24	115305	131778	148250	0,0084
				4 Ø 30	28,27	6 Ø 25	117219	133964	150710	0,0096
				4 Ø 32	32,16	8 Ø 24	119264	136301	153339	0,01
				4 Ø 34	36,31	8 Ø 24	121441	138790	156138	0,012
				4 Ø 36	40,71	8 Ø 26	123750	141429	159107	0,014
				4 Ø 38	45,36	8 Ø 28	126191	144218	162246	0,015
				4 Ø 40	50,26	10 Ø 26	128764	147159	165554	0,017
				4 Ø 42	55,41	10 Ø 28	131469	150250	169032	0,018
				4 Ø 44	60,82	10 Ø 28	134306	153492	172679	0,02
45 × 70 =0,315 m²	6,75	756	5103	4 Ø 30	27,27	6 Ø 25	125094	142964	160835	0,0089
				4 Ø 32	32,16	6 Ø 28	127139	145301	163464	0,01
				4 Ø 34	36,31	6 Ø 28	129316	147790	166263	0,011
				4 Ø 36	40,71	6 Ø 30	131625	150429	169232	0,012
				4 Ø 38	45,36	6 Ø 32	134066	153218	172371	0,014
				4 Ø 40	50,26	6 Ø 34	136639	156159	175679	0,016
				4 Ø 42	55,41	6 Ø 35	139344	159250	179157	0,017
				4 Ø 44	60,82	8 Ø 32	142181	162492	182804	0,019
				4 Ø 46	66,47	8 Ø 34	145150	165885	186621	0,021

PILARES DE HORMIGON ARMADO DE SECCION RECTANGULAR DE 50 × 55 a 50 × 70 cm.

TABLA 42

Sección pilar	H m	pp/ml kg	peso pilar kg	Sección hierro Ø mm	hierro cm²	e equiv. Ø mm	F = 35 P - kg	F=40 P - kg	F=45 P - kg	Cuantía hierro en %
50 × 55	7,50	660	4950	4 Ø 28	24,63	8 Ø 20	109180	124778	140375	0,0089
=0,275 m²				4 Ø 30	28,27	8 Ø 22	111094	126964	142835	0,01
				4 Ø 32	32,16	8 Ø 24	113139	129301	145464	0,011
				4 Ø 34	36,31	8 Ø 24	115316	131790	148263	0,013
				4 Ø 36	40,71	8 Ø 26	117625	134429	151232	0,014
				4 Ø 38	45,36	8 Ø 28	120066	137218	154371	0,016
				4 Ø 40	50,26	8 Ø 30	122639	140159	157679	0,018
				4 Ø 42	55,41	8 Ø 30	125344	143250	161157	0,02
50 × 60	7,50	720	5400	4 Ø 28	24,63	6 Ø 24	117930	134778	151625	0,0082
=0,30 m²				4 Ø 30	28,27	6 Ø 25	119844	136964	154085	0,0094
				4 Ø 32	32,16	6 Ø 28	121889	139301	156714	0,01
				4 Ø 34	36,31	6 Ø 28	124066	141790	159513	0,012
				4 Ø 36	40,71	8 Ø 26	126375	144429	162482	0,013
				4 Ø 38	45,36	8 Ø 28	128816	147218	165621	0,015
				4 Ø 40	50,26	10 Ø 26	131389	150159	168929	0,016
				4 Ø 42	55,41	10 Ø 28	134094	153250	172407	0,018
				4 Ø 44	60,82	10 Ø 28	136931	156492	176054	0,02
50 × 65	7,50	780	5850	4 Ø 30	28,27	6 Ø 28	128594	146964	165335	0,0086
=0,325 m²				4 Ø 32	32,16	6 Ø 28	130639	149301	167964	0,0098
				4 Ø 34	36,31	6 Ø 28	132816	151790	170763	0,011
				4 Ø 36	40,71	8 Ø 26	135125	154429	173732	0,012
				4 Ø 38	45,36	8 Ø 28	137566	157218	176871	0,013
				4 Ø 40	50,26	10 Ø 26	140139	160159	180179	0,015
				4 Ø 42	55,41	8 Ø 30	142844	163250	183657	0,017
				4 Ø 44	60,82	10 Ø 28	145681	166492	187304	0,018
				4 Ø 46	66,47	10 Ø 30	148650	169885	191121	0,02
50 × 70	7,50	840	6300	4 Ø 30	28,27	6 Ø 25	137344	156964	176585	0,008
=0,35 m²				4 Ø 32	32,16	8 Ø 24	139389	159301	179214	0,0091
				4 Ø 34	36,31	8 Ø 24	141566	161790	182013	0,01
				4 Ø 36	40,71	8 Ø 26	143875	164429	184982	0,011
				4 Ø 38	45,36	10 Ø 24	146316	167218	188121	0,012
				4 Ø 40	50,26	10 Ø 26	148889	170159	191429	0,014
				4 Ø 42	55,41	10 Ø 28	151594	173250	194907	0,015
				4 Ø 44	60,82	10 Ø 28	154431	176492	198554	0,017
				4 Ø 46	66,47	10 Ø 30	157400	179885	202371	0,018
				4 Ø 48	72,38	10 Ø 32	160500	183429	206358	0,02

PILARES DE HORMIGON ARMADO DE SECCION RECTANGULAR DE 55 × 60 a 55 × 70 cm.

TABLA 43

Sección pilar	H m	pp/ml kg	peso pilar kg	Sección Ø mm	hierro cm²	e equiv. Ø mm	F = 35 P - kg	F=40 P - kg	F=45 P - kg	Cuantía hierro en %
55 × 60 =0,33 m²	8,25	792	6534	4 Ø 30	28,27	6 Ø 25	130344	148964	167585	0,0085
				4 Ø 32	32,16	6 Ø 28	132389	151301	170214	0,0097
				4 Ø 34	36,31	6 Ø 28	134566	153790	173013	0,011
				4 Ø 36	40,71	6 Ø 30	136875	156429	175982	0,012
				4 Ø 38	45,36	8 Ø 28	139316	159218	179121	0,013
				4 Ø 40	50,26	8 Ø 28	141889	162159	182429	0,015
				4 Ø 42	55,41	8 Ø 30	144594	165250	185907	0,016
				4 Ø 44	60,82	10 Ø 28	147331	168492	189554	0,018
				4 Ø 46	66,47	10 Ø 30	150400	171885	193371	0,02
55 × 65 =0,3575 m²	8,25	858	7079	4 Ø 32	32,16	6 Ø 28	142014	162301	182589	0,0089
				4 Ø 34	36,31	6 Ø 28	144191	164790	185388	0,01
				4 Ø 36	40,71	6 Ø 30	146500	167429	188357	0,011
				4 Ø 38	45,36	8 Ø 28	148941	170218	191496	0,012
				4 Ø 40	50,26	8 Ø 28	151514	173159	194804	0,014
				4 Ø 42	55,41	8 Ø 30	154219	176250	198282	0,015
				4 Ø 44	60,82	8 Ø 32	157056	179492	201929	0,017
				4 Ø 46	66,47	10 Ø 30	160025	182885	205746	0,018
				4 Ø 48	72,38	12 Ø 28	163125	186429	209733	0,02
55 × 70 =0,385 m²	8,25	924	7623	4 Ø 32	32,16	6 Ø 28	151639	173301	194964	0,0083
				4 Ø 34	36,31	6 Ø 28	153816	175790	197763	0,0094
				4 Ø 36	40,71	6 Ø 30	156125	178429	200732	0,01
				4 Ø 38	45,36	8 Ø 28	158566	181218	203871	0,011
				4 Ø 40	50,26	8 Ø 28	161139	184159	207179	0,013
				4 Ø 42	55,41	10 Ø 28	163844	187250	210657	0,014
				4 Ø 44	60,82	10 Ø 28	166681	190492	214304	0,015
				4 Ø 46	66,47	10 Ø 30	169650	193885	218121	0,017
				4 Ø 48	72,38	12 Ø 28	172750	197429	222108	0,018
				4 Ø 50	78,54	10 Ø 32	175983	201124	226264	0,020

PILARES DE HORMIGON ARMADO DE SECCION RECTANGULAR DE 60 × 65 a 60 × 70 cm.

TABLA 44

Sección pilar	H m	pp/ml kg	peso pilar kg	Sección Ø mm	hierro cm²	e equiv. Ø mm	F = 35 P - kg	F=40 P - kg	F=45 P - kg	Cuantía hierro en %
60 × 65 =0,39 m²	9,00	936	8424	4 Ø 32	32,16	6 Ø 28	153389	175301	197214	0,0082
				4 Ø 34	36,31	6 Ø 28	155566	177790	200013	0,0093
				4 Ø 36	40,71	6 Ø 30	157875	180429	202982	0,01
				4 Ø 38	45,36	8 Ø 28	160316	183218	206121	0,011
				4 Ø 40	50,26	8 Ø 28	162889	186159	209429	0,012
				4 Ø 42	55,41	8 Ø 30	165594	189250	212907	0,014
				4 Ø 44	60,82	10 Ø 28	168431	192492	216554	0,015
				4 Ø 46	66,47	10 Ø 30	171400	195885	220371	0,017
				4 Ø 48	72,38	12 Ø 28	174500	199429	224358	0,018
				4 Ø 50	78,54	10 Ø 32	177733	203124	228514	0,02
60 × 70 =0,42 m²	9,00	1008	9072	4 Ø 34	36,31	6 Ø 28	166066	189790	213513	0,0086
				4 Ø 36	40,71	6 Ø 30	168375	192429	216482	0,0096
				4 Ø 38	45,36	8 Ø 28	170816	195218	219621	0,01
				4 Ø 40	50,26	8 Ø 28	173389	198159	222928	0,012
				4 Ø 42	55,41	10 Ø 28	176094	201250	226407	0,013
				4 Ø 44	60,82	10 Ø 28	178931	204492	230054	0,014
				4 Ø 46	66,47	10 Ø 30	181900	207885	233871	0,015
				4 Ø 48	72,38	12 Ø 28	185000	211429	237858	0,017
				4 Ø 50	78,54	10 Ø 32	188288	215124	242014	0,018
				4 Ø 52	84,94	12 Ø 30	191598	218969	246340	0,02

PILARES DE HORMIGON ARMADO DE SECCION RECTANGULAR DE 65 × 70 cm.

TABLA 45

Sección pilar	H m	pp/ml kg	peso pilar kg	Sección Ø mm	hierro cm²	e equiv. Ø mm	F = 35 P - kg	F=40 P - kg	F=45 P - kg	Cuantía hierro en %
65 × 70 =0,455 m²	9,75	1090	10647	4 Ø 36	40,71	6 Ø 30	180625	206249	232232	0,0089
				4 Ø 38	45,36	8 Ø 28	183066	209218	235371	0,0099
				4 Ø 40	50,26	8 Ø 28	185639	212159	238679	0,011
				4 Ø 42	55,41	10 Ø 28	188344	215250	242157	0,012
				4 Ø 44	60,82	10 Ø 28	191181	218492	245804	0,013
				4 Ø 46	66,47	10 Ø 30	194150	221885	249621	0,014
				4 Ø 48	72,38	12 Ø 28	197250	225429	253608	0,015
				4 Ø 50	78,54	10 Ø 32	200483	229124	257764	0,017
				4 Ø 52	84,94	12 Ø 30	203848	232969	262090	0,018
				4 Ø 54	91,60	12 Ø 32	207344	236965	266586	0,02

VII. Tablas de zapatas de hormigón en masa

COEFICIENTE DE TRABAJO DEL TERRENO

Tierras flojas (sin consolidar	0,25	a	0,50	kg/cm²
» acarreadas (sin consolidar) . .	0,50	a	1	»
Arena y tierra virgen	0,50	a	1	»
Arcilla muy húmeda	0,50	a	1	»
» seca compacta	2	a	3	»
Arena fina	2	a	3	»
Arena angulosa	4	a	5	»
Gravilla y canto rodado	4	a	6	»
Grava	5	a	7	»
Roca blanda	7	a	25	»
» dura	20	a	50	»

Las condiciones estáticas para el cálculo de un cimiento exigen que el punto de aplicación de la resultante de todas las cargas, caiga dentro del tercio central (con ello hay seguridad respecto al vuelco).

MANEJO DE LA TABLA DE ZAPATAS DE HORMIGON EN MASA. CARGAS PRODUCIDAS POR PILARES DE HORMIGON ARMADO (SECCION MINIMA DEL PILAR)

Columna 1. **Carga de cálculo** de zapata sin incluir peso propio.

Columna 2. **Dimensión mínima** de pilar, por eso se han considerado los de hormigón armado. Si se toma un pilar mayor al considerado en la tabla, el vuelo **D** disminuye, y, por tanto, la altura **H.**
Si la dimensión del pilar difiere en más de 15 ó 20 cm con el de la tabla, se recurre a la TABLA 55.

Columna 3. **Sección** en cm² que se necesita en la base.

Columna 4. **Lados** de la base cuadrada.

Columna 5. **Vuelo máximo** de cara de pilar a cara zapata (véase figura de tablas).

Columna 6. **Altura máxima** de la zapata (la cual se descompone en dados) si las dimensiones son muy grandes.

Columna 7 y 8. **Vuelo y altura** de las dados (véase la figura de la tabla).

Columnas 9 y 10. **Volumen y peso** de la zapata.

Ejemplo:

Se desea saber las dimensiones de una zapata cuadrada para una carga de 94 500 kg y fatiga 2 kg/cm^2.

Se busca la carga 94 500 en la columna 1, que más se aproxime por exceso y encontramos 95 toneladas, a su derecha (columna 10) encontramos el peso propio de 8 758 kg que sumados a la carga 94 500 da 103 259 $\simeq$ 104 toneladas. Se busca de nuevo en la columna 1 esta carga y la que más se aproxima es 110 toneladas, a su derecha columna 4, encontramos los lados de la base 235 $\times$ 235 cm, altura máxima columna 6, 132 cm y así se toman los demás datos con arreglo a la figura de la tabla.

A la derecha de la carga 110 toneladas, en columna 2, se encuentra la dimensión del pilar de hormigón armado 50 $\times$ 50 que se ha tomado para esta carga.

Si para 110 toneladas tomamos un pilar mayor 50 $\times$ 50, por ejemplo 100 $\times$ 100 centímetros (mampostería, ladrillo, etc.) varía la altura **H** de la zapata y entonces se hace uso de la TABLA 55.

MANEJO DE LA TABLA 55 DE ZAPATAS DE HORMIGON EN MASA EN FUNCION DEL VUELO PARA CUALQUIER DIMENSION DEL PILAR

Ejemplo:

Zapata sección cuadrada para carga 110 toneladas incluido peso propio; fatiga terreno 2 kg/cm^2; sección del pilar 100 $\times$ 100 cm.

En la TABLA 47 buscamos, columna 1, la carga 110 t. y a su derecha, columna 4, encontramos la bose 235 × 235 cm; como el pilar difiere en mucho al de la columna 2 (50 × 50), se halla el vuelo $D = \dfrac{235 - 100}{2} = 67{,}5$ cm, para este vuelo la misma TABLA 47, da $H = 1{,}32 \times D = 1{,}42 \times 67{,}5 = 95{,}8$ cm altura.

Si hacemos uso de la TABLA 55 para vuelo $D = 67{,}5$ se busca en la columna 1 el valor que más se aproxime y da 70, a su derecha y para fatiga 2 kg/cm^2 de $H = 99{,}4$ cm.

Otro ejemplo:

Carga 50 toneladas incluido peso propio: fatiga 4 kg/cm^2; ancho máximo de zapata 100 cm y pilar de 40 × 60 cm.

Se busca, columna 1, TABLA 51, la carga 50 toneladas, y a su derecha, columna 3, encontramos 12 500 cm^2; operamos 12 000 : 100 = 125 cm, queda base 100 × 125 cm; vuelo mayor (125 — 60) : 2 = 32,5 cm; vuelo menor (100 — 40) : 2 = 30 cm. La altura de zapata se calcula para vuelo máximo, TABLA 55, para $D = 32{,}5 \simeq 35$ y fatiga 4 kg/cm^2 de $H = 70$ cm.

ZAPATAS DE HORMIGON EN MASA DE BASE CUADRADA CARGA CENTRADA. FATIGA DEL TERRENO 1 kg/cm²

TABLA 46

1	2	3	4	5	6	7	8	9	10
Carga Tm	Pilar tomado cm	Sección cm² base	a × a cm base	Vuelo D cm	Altura H cm	Vuelo d cm	Altura h cm	Volumen m³ zapata	Peso kg zapata
20	20 × 20	20000	141 × 141	60,5	60,5	30,25	30,25	0,801	1762
25	20 × 20	25000	158 × 158	69,0	69,0	34,5	34,5	1,135	2497
30	20 × 20	30000	173 × 173	76,5	76,5	38,25	38,25	1,503	3306
35	25 × 25	35000	187 × 187	81	81	40,5	40,5	1,873	4120
40	25 × 25	40000	200 × 200	87,5	87,5	43,75	43,75	2,303	5066
45	30 × 30	45000	212 × 212	91	91	45,5	45,5	2,713	5968
50	30 × 30	50000	223 × 223	96,5	96,5	48,25	48,25	3,184	7004
55	35 × 35	55000	234 × 234	99,5	99,5	49,75	49,75	3,633	7992
60	35 × 35	60000	244 × 244	104,5	104,5	52,25	52,25	4,135	9097
65	35 × 35	65000	254 × 254	109,5	109,5	54,75	54,75	4,699	10337
70	40 × 40	70000	264 × 264	114	114	57	57	5,272	11598
75	40 × 40	75000	273 × 273	116,5	116,5	58,25	58,25	5,792	12742
80	40 × 40	80000	282 × 282	121	121	60,5	60,5	6,408	14097
85	40 × 40	85000	291 × 291	125,5	125,5	62,75	62,75	7,049	15507
90	45 × 45	90000	300 × 300	127,5	127,5	63,75	63,75	7,633	16792
95	45 × 45	95000	308 × 308	131,5	131,5	65,75	65,75	8,290	18238
100	45 × 45	100000	316 × 316	135,5	135,5	67,75	67,75	9,080	19976
110	50 × 50	110000	331 × 331	140,5	140,5	70,25	70,25	10,273	22600
120	50 × 50	120000	346 × 346	148	148	74	74	11,781	25918
130	50 × 50	130000	360 × 360	155	155	77,5	77,5	13,331	29328
140	55 × 55	140000	374 × 374	159,5	159,5	79,75	79,75	14,833	32632
150	55 × 55	150000	387 × 387	166	166	83	83	16,503	36306
160	60 × 60	160000	400 × 400	170	170	85	85	18,096	39811
170	60 × 60	170000	412 × 412	176	176	88	88	19,861	43694
180	60 × 60	180000	424 × 424	182	182	91	91	21,709	47759
190	60 × 60	190000	435 × 435	187,5	187,5	93,75	93,75	23,554	51818
200	60 × 60	200000	447 × 447	193,5	193,5	96,75	96,75	25,566	56245

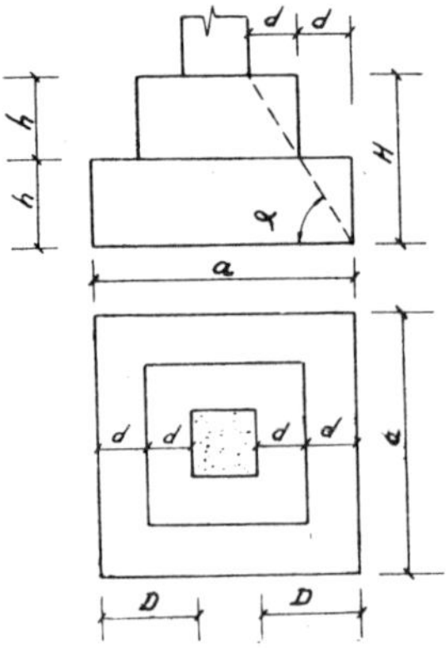

Fatiga por tracción del hormigón se ha tomado 3 kg/cm²

Corresponde para fatiga del terreno tomada un ángulo $\alpha = 45^o$

H = I.D.

ZAPATAS DE HORMIGON EN MASA DE BASE CUADRADA CARGA CENTRADA. FATIGA DEL TERRENO 2 kg/cm² **TABLA 47**

Carga Tm	Pilar tomado cm	Sección cm² base	a × a cm base	Vuelo D cm	Altura H cm	Vuelo d cm	Altura h cm	Volumen m³ zapata	Peso kg zapata
20	20 × 20	10000	100 × 100	40	57	20	28,5	0,387	851
25	20 × 20	12500	112 × 112	46	66	23	33	0,555	1221
30	20 × 20	15000	123 × 123	51,5	74	25,75	37	0,744	1636
35	25 × 25	17500	133 × 133	54	77	27	38,5	0,913	2008
40	25 × 25	20000	142 × 142	58,5	83	29,25	41,5	1,119	2461
45	30 × 30	22500	150 × 150	60	86	30	43	1,315	2893
50	30 × 30	25000	158 × 158	64	91	32	45,5	1,538	3383
55	35 × 35	27500	166 × 166	65,5	93	32,75	46,5	1,747	3843
60	35 × 35	30000	174 × 174	69,5	99	34,75	49,5	2,024	4452
65	35 × 35	32500	180 × 180	72,5	103	36,25	51,5	2,265	4983
70	40 × 40	35000	187 × 187	73,5	105	36,75	52,5	2,511	5524
75	40 × 40	37500	194 × 194	77	110	38,5	55	2,814	6190
80	40 × 40	40000	200 × 200	80	114	40	57	3,100	6820
85	40 × 40	42500	206 × 206	83	118	41,5	59	3,399	7477
90	45 × 45	45000	212 × 212	83,5	119	41,75	59,5	3,655	8041
95	45 × 45	47500	218 × 218	86,5	123	43,25	61,5	3,981	8758
100	45 × 45	50000	224 × 224	89,5	127	44,75	63,5	4,323	9510
110	50 × 50	55000	235 × 235	92,5	132	46,25	66	4,966	10925
120	50 × 50	60000	245 × 245	97,5	139	48,75	69,5	5,681	12498
130	50 × 50	65000	255 × 255	102,5	146	51,25	73	6,442	14172
140	55 × 55	70000	265 × 265	105	150	52,5	75	7,170	15774
150	55 × 55	75000	274 × 274	109,5	156	54,75	78	7,866	17305
160	60 × 60	80000	283 × 283	111,5	159	55,75	79,5	8,689	19115
170	60 × 60	85000	292 × 292	116	165	58	82,5	9,567	21047
180	60 × 60	90000	300 × 300	120	171	60	85,5	10,465	23023
190	60 × 60	95000	309 × 309	124,5	177	62,25	88,5	11,416	25115
200	60 × 60	100000	317 × 317	128,5	183	64,25	91,5	12,398	27275
210	65 × 65	105000	325 × 325	130	185	65	92,5	13,228	29101
220	65 × 65	110000	332 × 332	133,5	190	66,75	95	14,193	31224
230	65 × 65	115000	340 × 340	137,5	196	68,75	98	15,268	33589
240	70 × 70	120000	347 × 347	138,5	197	69,25	98,5	16,094	35406
250	70 × 70	125000	354 × 354	142	202	71	101	17,163	37758

Fatiga por tracción del hormigón se ha tomado 3 kg/cm²

Corresponde para fatiga del terreno tomada un ángulo $\alpha = 54^0\ 50'$

H = 1,42 D.

ZAPATAS DE HORMIGON EN MASA DE BASE CUADRADA CARGA CENTRADA. FATIGA DEL TERRENO 2,5 kg/cm² TABLA 48

Carga Tm	Pilar tomado cm	Sección cm² base	a × a cm base	Vuelo D cm	Altura H cm	Vuelo d cm	Altura h, cm	Volumen m³ zapata	Peso kg zapata
20	20 × 20	8000	90 × 90	35	56	17,5	28	0,308	677
25	20 × 20	10000	100 × 100	40	64	20	32	0,435	957
30	20 × 20	12000	110 × 110	45	71	22,5	35,5	0,575	1265
35	25 × 25	14000	119 × 119	47	75	23,5	37,5	0,719	1581
40	25 × 25	16000	127 × 127	51	81	25,5	40,5	0,881	1938
45	30 × 30	18000	135 × 135	52,5	83	26,25	41,5	1,029	2263
50	30 × 30	20000	142 × 142	56	89	28	44,5	1,218	2679
55	35 × 35	22000	149 × 149	57	90	28,5	45	1,370	3014
60	35 × 35	24000	155 × 155	60	95	30	47,5	1,568	3449
65	35 × 35	26000	162 × 162	63,5	101	31,75	50,5	1,802	3964
70	40 × 40	28000	168 × 168	64	102	32	51	1,979	4353
75	40 × 40	30000	174 × 174	67	106	33,5	53	2,196	4831
80	40 × 40	32000	179 × 179	69,5	110	34,75	55	2,419	5321
85	40 × 40	34000	185 × 185	72,5	115	36,25	57,5	2,682	5900
90	45 × 45	36000	190 × 190	72,5	115	36,25	57,5	2,860	6292
95	45 × 45	38000	195 × 195	75	119	37,5	59,5	3,117	6857
100	45 × 45	40000	200 × 200	77,5	123	38,75	61,5	3,382	7440
110	50 × 50	44000	210 × 210	80	127	40	63,5	3,867	8507
120	50 × 50	48000	220 × 220	85	135	42,5	67,5	4,469	9831
130	50 × 50	52000	229 × 229	89,5	142	44,75	71	5,073	11160
140	55 × 55	56000	237 × 237	91	144	45,5	72	5,566	12245
150	55 × 55	60000	245 × 245	95	150	47,5	75	6,187	13611
160	60 × 60	64000	253 × 253	96,5	153	48,25	76,5	6,768	14889
170	60 × 60	68000	261 × 261	100,5	159	50,25	79,5	7,449	16387
180	60 × 60	72000	269 × 269	104,5	165	52,25	82,5	8,167	17967
190	60 × 60	76000	276 × 276	108	171	54	85,5	8,913	19608
200	60 × 60	80000	283 × 283	111,5	176	55,75	88	9,618	21159
210	65 × 65	84000	290 × 290	112,5	178	56,25	89	10,279	22613
220	65 × 65	88000	297 × 297	116	184	58	92	11,109	24439
230	65 × 65	92000	304 × 304	119,5	189	59,75	94,5	11,892	26162
240	70 × 70	96000	310 × 310	120	190	60	95	12,549	27607
250	70 × 70	100000	317 × 317	123,5	195	61,75	97,5	13,396	29471

Fatiga por tracción del hormigón se ha tomado 3 kg/cm²

Corresponde para fatiga del terreno tomada un ángulo $\alpha = 57^0\ 40'$

H = 1,58 D.

ZAPATAS DE HORMIGON EN MASA DE BASE CUADRADA CARGA CENTRADA. FATIGA DEL TERRENO 3 kg/cm²

TABLA 49

Carga Tm	Pilar tomado cm	Sección cm² base	a × a cm base	Vuelo D cm	Altura H cm	Vuelo d cm	Altura h cm	Volumen m³ zapata	Peso kg zapata
20	20 × 20	6666	82 × 82	31	54	15,5	27	0,2490	547
25	20 × 20	8333	92 × 92	36,5	64	18,25	32	0,3630	798
30	20 × 20	10000	100 × 100	40	70	20	35	0,4760	1047
35	25 × 25	11666	108 × 108	41,5	72	20,75	36	0,5730	1260
40	25 × 25	13333	116 × 116	45,5	79	22,75	39,5	0,7200	1584
45	30 × 30	15000	123 × 123	46,5	81	23,25	40,5	0,8410	1850
50	30 × 30	16666	130 × 130	50	87	25	43,5	1,002	2204
55	35 × 35	18333	136 × 136	50,5	88	25,25	44	1,127	2479
60	35 × 35	20000	142 × 142	53,5	93	26,75	46,5	1,293	2844
65	35 × 35	21600	149 × 149	57	99	28,5	49,5	1,487	3271
70	40 × 40	23333	153 × 153	56,5	98	28,25	49	1,598	3515
75	40 × 40	25000	159 × 159	59,5	103	29,75	51,5	1,796	3951
80	40 × 40	26666	164 × 164	62	108	31	54	2,000	4400
85	40 × 40	28333	169 × 169	64,5	112	32,25	56	2,196	4831
90	45 × 45	30000	174 × 174	64,5	112	32,25	56	2,346	5161
95	45 × 45	31666	178 × 178	66,5	116	33,25	58	2,555	5621
100	45 × 45	33333	183 × 183	69	120	34,5	60	2,778	6111
110	50 × 50	36666	192 × 192	71	123	35,5	61,5	3,154	6938
120	50 × 50	40000	200 × 200	75	130	37,5	65	3,615	7953
130	50 × 50	43333	209 × 209	79,5	138	39,75	69	4,141	9110
140	55 × 55	46666	217 × 217	81	141	40,5	70,5	4,592	10102
150	55 × 55	50000	224 × 224	84,5	147	42,25	73,5	5,100	11220
160	60 × 60	53333	231 × 231	85,5	148	42,75	74	5,507	12115
170	60 × 60	56666	238 × 238	89	154	44,5	77	6,072	13358
180	60 × 60	60000	245 × 245	92,5	161	46,25	80,5	6,697	14733
190	60 × 60	63333	252 × 252	96	167	48	83,5	7,319	16101
200	60 × 60	66666	259 × 259	99,5	173	49,75	86,5	7,963	17518
210	65 × 65	70000	265 × 265	100	174	50	87	8,458	18607
220	65 × 65	73333	271 × 271	103	179	51,5	89,5	9,089	19995
230	65 × 65	76666	277 × 277	106	184	53	92	9,743	21434
240	70 × 70	80000	283 × 283	106,5	185	53,25	92,5	10,276	22607
250	70 × 70	83333	289 × 289	109,5	190	54,75	95	10,976	24125

Fatiga por tracción del hormigón se ha tomado 3 kg/cm²

Corresponde para fatiga del terreno tomada un ángulo $\alpha = 60^0$

H = 1,732 D.

ZAPATAS DE HORMIGON EN MASA DE BASE CUADRADA CARGA CENTRADA. FATIGA DEL TERRENO 3,5 kg/cm² **TABLA 50**

Carga Tm	Pilar tomado cm	Sección cm² base	a × a cm base	Vuelo D cm	Altura H cm	Vuelo d cm	Altura h cm	Volumen m³ zapata	Peso kg zapata
20	20 × 20	5715	76 × 76	28	52	14	26	0,208	457
25	20 × 20	7143	85 × 85	32,5	61	16,25	30,5	0,300	660
30	20 × 20	8572	93 × 93	36,5	68	18,25	34	0,399	877
35	25 × 25	10000	100 × 100	37,5	70	18,75	35	0,486	1069
40	25 × 25	11429	107 × 107	41	77	20,5	38,50	0,607	1335
45	30 × 30	12858	114 × 114	42	79	21	39,50	0,711	1564
50	30 × 30	14286	120 × 120	45	84	22,5	42	0,835	1837
55	35 × 35	15715	126 × 126	45,5	85	22,75	42,50	0,941	2070
60	35 × 35	17143	131 × 131	48	90	24	45	1,081	2378
65	35 × 35	18572	137 × 137	51	95	25,5	47,50	1,233	2712
70	40 × 40	20000	142 × 142	51	95	25,5	47,50	1,343	2954
75	40 × 40	21429	147 × 147	53,5	100	26,75	50	1,506	3313
80	40 × 40	24286	156 × 156	58	104	27,75	52	1,661	3654
85	40 × 40	24286	156 × 156	58	109	29	54,50	1,846	4061
90	45 × 45	25714	161 × 161	58	109	29	54,50	1,979	4353
95	45 × 45	27143	165 × 165	60	112	30	56	2,137	4701
100	45 × 45	28571	170 × 170	62,5	117	31,25	58,50	2,343	5154
110	50 × 50	31429	178 × 178	64	120	32	60	2,664	5860
120	50 × 50	34286	186 × 186	68	127	34	63,50	3,060	6732
130	50 × 50	37143	193 × 193	71,5	134	35,75	67	3,472	7638
140	55 × 55	40000	200 × 200	72,5	136	36,25	68	3,821	8406
150	55 × 55	42858	208 × 208	76,5	143	38,25	71,5	4,293	9444
160	60 × 60	45715	214 × 214	77	144	38,50	72	4,637	10201
170	60 × 60	48572	221 × 221	80,5	150	40,25	75	5,119	11261
180	60 × 60	51429	227 × 227	83,5	156	41,75	78	5,610	12342
190	60 × 60	54286	233 × 233	86,5	162	43,25	81	6,134	13494
200	60 × 60	57143	240 × 240	90	168	45	84	6,690	14718
210	65 × 65	60000	245 × 245	90	168	45	84	7,056	15523
220	65 × 65	62858	251 × 251	93	174	46,50	87	7,634	16794
230	65 × 65	65715	257 × 257	96	179	48	89,5	8,199	18037
240	70 × 70	68572	262 × 262	96	179	48	89,5	8,598	18915
250	70 × 70	71429	268 × 268	99	185	49,50	92,5	9,243	20334

Fatiga por tracción del hormigón se ha tomado 3 kg/cm²

Corresponde para fatiga del terreno tomada un ángulo $\alpha = 61^0\ 55'$

H = 1,87 D.

ZAPATAS DE HORMIGON EN MASA DE BASE CUADRADA
CARGA CENTRADA. FATIGA DEL TERRENO 4 kg/cm² — TABLA 51

Carga Tm	Pilar tomado cm	Sección cm² base	a × a cm base	Vuelo D cm	Altura H cm	Vuelo d cm	Altura h cm	Volumen m³ zapata	Peso kg zapata
20	20 × 20	5000	71 × 71	25,5	51	12,75	25,5	0,179	393
25	20 × 20	6250	80 × 80	30	60	15	30	0,262	576
30	20 × 20	7500	87 × 87	33,5	67	16,75	33,5	0,346	761
35	25 × 25	8750	94 × 94	34,5	69	17,25	34,5	0,421	926
40	25 × 25	10000	100 × 100	37,5	75	18,75	37,5	0,519	1141
45	30 × 30	11250	107 × 107	38,5	77	19,25	38,5	0,612	1346
50	30 × 30	12500	112 × 112	41	82	20,5	41	0,718	1579
55	35 × 35	13750	118 × 118	41,5	83	20,75	41,5	0,810	1782
60	35 × 35	15000	123 × 123	44	88	22	44	0,934	2054
65	35 × 35	16250	128 × 128	46,5	93	23,25	46,5	1,061	2334
70	40 × 40	17500	133 × 133	46,5	93	23,25	46,5	1,157	2545
75	40 × 40	18750	137 × 137	48,5	97	24,25	48,5	1,287	2831
80	40 × 40	20000	142 × 142	51	102	25,5	51	1,442	3172
85	40 × 40	21250	146 × 146	53	106	26,5	53	1,583	3482
90	45 × 45	22500	150 × 150	52,5	105	26,25	52,5	1,679	3693
95	45 × 45	23750	155 × 155	55	110	27,5	55	1,856	4083
100	45 × 45	25000	159 × 159	57	114	28,5	57	2,017	4437
110	50 × 50	27500	166 × 166	58	116	29	58	2,267	4987
120	50 × 50	30000	174 × 174	62	124	31	62	2,635	5797
130	50 × 50	32500	181 × 181	65,5	131	32,75	65,5	2,999	6597
140	55 × 55	35000	188 × 188	66,5	133	33,25	66,5	3,304	7268
150	55 × 55	37500	194 × 194	69,5	139	34,75	69,5	3,676	8087
160	60 × 60	40000	200 × 200	70	140	35	70	3,983	8762
170	60 × 60	42500	207 × 207	73,5	147	36,75	73,5	4,423	9730
180	60 × 60	45000	212 × 212	76	152	38	76	4,818	10599
190	60 × 60	47500	218 × 218	79	158	39,5	79	5,276	11607
200	60 × 60	50000	224 × 224	82	164	41	82	5,748	12645
210	65 × 65	52500	230 × 230	82,5	165	41,25	82,5	6,121	13466
220	65 × 65	55000	235 × 235	85	170	42,5	85	6,587	14491
230	65 × 65	57500	240 × 240	87,5	175	43,75	87,5	7,061	15534
240	70 × 70	60000	245 × 245	87,5	175	43,75	87,5	7,411	16304
250	70 × 70	62500	250 × 250	90	180	45	90	7,925	17435

Fatiga por tracción del hormigón se ha tomado 3 kg/cm²

Corresponde para fatiga del terreno tomada un ángulo $\alpha = 63^\circ\ 25'$

H = 2 D.

ZAPATAS DE HORMIGON EN MASA DE BASE CUADRADA CARGA CENTRADA. FATIGA DEL TERRENO 5 kg/cm² TABLA 52

Carga Tm	Pilar tomado cm	Sección cm² base	a × a cm base	Vuelo D cm	Altura H cm	Vuelo d cm	Altura h cm	Volumen m³ zapata	Peso kg zapata
20	20 × 20	4000	64 × 64	22	50	11	25	0,140	308
25	20 × 20	5000	71 × 71	25,5	58	12,75	29	0,205	451
30	20 × 20	6000	78 × 78	29	65	14,5	32,5	0,273	600
35	25 × 25	7000	84 × 84	29,5	66	14,75	33	0,329	723
40	25 × 25	8000	90 × 90	32,5	73	16,25	36,5	0,412	906
45	30 × 30	9000	95 × 95	32,5	73	16,25	36,5	0,471	1036
50	30 × 30	10000	100 × 100	35	79	17,5	39,5	0,561	1234
55	35 × 35	11000	105 × 105	35	79	17,5	39,5	0,627	1379
60	35 × 35	12000	110 × 110	37,5	84	18,75	42	0,724	1592
65	35 × 35	13000	115 × 115	40	90	20	45	0,837	1841
70	40 × 40	14000	119 × 119	39,5	89	19,75	44,5	0,904	1988
75	40 × 40	15000	123 × 123	41,5	93	20,75	46,5	1,005	2211
80	40 × 40	16000	127 × 127	43,5	98	21,75	49	1,125	2475
85	40 × 40	17000	131 × 131	45,5	102	22,75	51	1,239	2725
90	45 × 45	18000	135 × 135	45	101	22,5	50,5	1,318	2899
95	45 × 45	19000	138 × 138	46,5	105	23,25	52,5	1,436	3159
100	45 × 45	20000	142 × 142	48,5	109	24,25	54,5	1,566	3445
110	50 × 50	22000	149 × 149	49,5	111	24,75	55,5	1,770	3894
120	50 × 50	24000	155 × 155	52,5	118	26,25	59	2,035	4477
130	50 × 50	26000	162 × 162	56	126	28	63	2,345	5159
140	55 × 55	28000	168 × 168	56,5	127	28,25	63,5	2,567	5647
150	55 × 55	30000	174 × 174	59,5	134	29,75	67	2,887	6351
160	60 × 60	32000	179 × 179	59,5	134	29,75	67	3,100	6820
170	60 × 60	34000	185 × 185	62,5	140	31,25	70	3,430	7546
180	60 × 60	36000	190 × 190	65	146	32,5	73	3,768	8289
190	60 × 60	38000	195 × 195	67,5	152	33,75	76	4,119	9061
200	60 × 60	40000	200 × 200	70	157	35	78,5	4,466	9825
210	65 × 65	42000	205 × 205	70	157	35	78,5	4,727	10399
220	65 × 65	44000	210 × 210	72,5	163	36,25	81,5	5,126	11277
230	65 × 65	46000	215 × 215	75	168	37,5	84	5,510	12122
240	70 × 70	48000	220 × 220	75	168	37,5	84	5,797	12753
250	70 × 70	50000	224 × 224	77	173	38,5	86,5	6,193	13624

Fatiga por tracción del hormigón se ha tomado 3 kg/cm²

Corresponde para fatiga del terreno tomada un ángulo $\alpha = 66^0$

H = 2,24 D.

ZAPATAS DE HORMIGON EN MASA DE BASE CUADRADA CARGA CENTRADA. FATIGA DEL TERRENO 6 kg/cm²

TABLA 53

Carga Tm	Pilar tomado cm	Sección cm² base	a × a cm base	Vuelo D cm	Altura H cm	Vuelo d cm	Altura h cm	Volumen m³ zapata	Peso kg zapata
20	20 × 20	3333	58 × 58	19	47	9,5	23,5	0,114	250
25	20 × 20	4166	65 × 65	22,5	56	11,25	28	0,167	367
30	20 × 20	5000	71 × 71	25,5	63	12,75	31,5	0,222	488
35	25 × 25	5833	77 × 77	26	64	13	32	0,273	600
40	25 × 25	6666	82 × 82	28,5	70	14,25	35	0,334	734
45	30 × 30	7500	87 × 87	28,5	70	14,25	35	0,383	842
50	30 × 30	8333	92 × 92	31	76	15,5	38	0,453	996
55	35 × 35	9166	96 × 96	30,5	75	15,25	37,5	0,503	1106
60	35 × 35	10000	100 × 100	32,5	80	16,25	40	0,583	1282
65	35 × 35	10833	105 × 105	35	84	17	42	0,722	1588
70	40 × 40	11666	108 × 108	34	86	17,5	43	0,669	1471
75	40 × 40	12500	112 × 112	36	89	18	44,5	0,812	1786
80	40 × 40	13333	116 × 116	38	94	19	47	0,908	1997
85	40 × 40	14166	120 × 120	40	98	20	49	0,996	2191
90	45 × 45	15000	123 × 123	39	96	19,5	48	1,055	2321
95	45 × 45	15833	126 × 126	40,5	100	20,25	50	1,156	2543
100	45 × 45	16666	130 × 130	42,5	105	21,25	52,5	1,267	2787
110	50 × 50	18333	136 × 136	43	106	21,5	53	1,426	3137
120	50 × 50	20000	142 × 142	46	113	23	56,5	1,642	3612
130	50 × 50	21666	148 × 148	49	120	24,5	60	1,873	4120
140	55 × 55	23333	153 × 153	49	120	24,5	60	2,044	4496
150	55 × 55	25000	159 × 159	52	128	26	64	2,317	5097
160	60 × 60	26666	164 × 164	52	128	26	64	2,496	5491
170	60 × 60	28333	169 × 169	54,5	134	27,25	67	2,765	6083
180	60 × 60	30000	174 × 174	57	140	28,5	70	3,036	6679
190	60 × 60	31666	178 × 178	59	145	29,5	72,5	3,326	7317
200	60 × 60	33333	183 × 183	61,5	151	30,75	75,5	3,621	7966
210	65 × 65	35000	188 × 188	61,5	151	30,75	75,5	3,826	8417
220	65 × 65	36666	192 × 192	63,5	156	31,75	78	4,135	9097
230	65 × 65	38333	196 × 196	65,5	161	32,75	80,5	4,454	9798
240	70 × 70	40000	200 × 200	65	160	32,5	80	4,661	10254
250	70 × 70	41666	205 × 205	67,5	166	33,75	83	4,998	10995

Fatiga por tracción del hormigón se ha tomado 3 kg/cm²

Corresponde para fatiga del terreno tomada un ángulo $\alpha = 67^0\ 50'$

H = 2,45 D.

ZAPATAS DE HORMIGON EN MASA DE BASE CUADRADA
CARGA CENTRADA. FATIGA DEL TERRENO 7 kg/cm² TABLA 54

Carga Tm	Pilar tomado cm	Sección cm² base	a × a cm base	Vuelo D cm	Altura H cm	Vuelo d cm	Altura h cm	Volumen m³ zapata	Peso kg zapata
20	20 × 20	2857	54 × 54	17	45	8,5	22,5	0,095	209
25	20 × 20	3571	60 × 60	20	53	10	26,5	0,137	301
30	20 × 20	4285	66 × 66	23	61	11,5	30,5	0,186	409
35	25 × 25	5000	71 × 71	23	61	11,5	30,5	0,222	488
40	25 × 25	5714	76 × 76	25'5	68	12,75	34	0,280	616
45	30 × 30	6428	81 × 81	25,5	68	12,75	34	0,322	708
50	30 × 30	7142	85 × 85	27,5	73	13,75	36,5	0,380	836
55	35 × 35	7857	89 × 89	27	72	13,5	36	0,421	926
60	35 × 35	8571	93 × 93	29	77	14,5	38,5	0,486	1069
65	35 × 35	9285	97 × 97	31	82	15,5	41	0,558	1227
70	40 × 40	10000	100 × 100	30	80	15	40	0,596	1311
75	40 × 40	10714	104 × 104	32	85	16	42,5	0,675	1487
80	40 × 40	11428	107 × 107	33,5	89	16,75	44,5	0,748	1645
85	40 × 40	12142	111 × 111	35,5	94	17,75	47	0,837	1841
90	45 × 45	12857	114 × 114	34,5	91	17,25	45,5	0,871	1916
95	45 × 45	13571	117 × 117	36	95	18	47,5	0,956	2103
100	45 × 45	14286	120 × 120	37,5	99	18,75	49,5	1,043	2294
110	50 × 50	15714	126 × 126	38	100	19	50	1,172	2578
120	50 × 50	17143	131 × 131	40,5	107	20,25	53,5	1,355	2981
130	50 × 50	18572	137 × 137	43,5	115	21,75	57,5	1,569	3451
140	55 × 55	20000	142 × 142	43,5	115	21,75	57,5	1,707	3755
150	55 × 55	21429	147 × 147	46	122	23	61	1,929	4243
160	60 × 60	22858	152 × 152	46	122	23	61	2,079	4573
170	60 × 60	24286	156 × 156	48	127	24	63,5	2,282	5020
180	60 × 60	25715	161 × 161	50,5	134	25,25	67	2,473	5440
190	60 × 60	27144	165 × 165	52,5	139	26,25	69,5	2,765	6083
200	60 × 60	28573	170 × 170	55	146	27,5	73	3,050	6710
210	65 × 65	30000	174 × 174	54,5	144	27,25	72	3,188	7013
220	65 × 65	31430	178 × 178	56,5	150	28,25	75	3,464	7620
230	65 × 65	32859	182 × 182	58,5	155	29,25	77,5	3,828	8421
240	70 × 70	34287	186 × 186	58	154	29	77	3,901	8582
250	70 × 70	35715	189 × 189	59,5	157	29,75	78,5	4,119	9061

Fatiga por tracción del hormigón se ha tomado 3 kg/cm²

Corresponde para fatiga del terreno tomada un ángulo $\alpha = 69^0\ 15'$

H = 2,64 D.

ZAPATAS DE HORMIGON EN MASA **TABLA 55**

Altura **H** en función del vuelo **D** para zapatas de base cuadrada o rectangular.

Vuelo D cm	Fatiga del terreno en kg-cm² 1 H cm	2 H cm	3 H cm	4 H cm	5 H cm	6 H cm	7 H cm	10 H cm
20	20	28,4	34,6	40	44,8	49	52,8	63,2
25	25	35,5	43,2	50	56	61,2	66	79
30	30	42,6	51,9	60	67,2	73,5	79,2	94,8
35	35	49,7	60,5	70	78,4	85,7	92,4	110,6
40	40	56,8	69,2	80	89,6	98	105,6	126,4
45	45	63,9	77,8	90	100,8	110,2	118,8	142,2
50	50	71	86,5	100	112	122,5	132	158
55	55	78,1	95,1	110	123,2	134,7	145,2	173,8
60	60	85,2	103,8	120	134,4	147	158,4	189,6
65	65	92,3	112,4	130	145,6	159,2	171,6	205,4
70	70	99,4	121,1	140	156,8	171,5	184,8	221,2
75	75	106,5	129,7	150	168	183,7	198	237
80	80	113,6	138,4	160	179,2	196	211,2	252,8
85	85	120,7	147	170	190,4	208,2	224,4	268,6
90	90	127,8	155,7	180	201,6	220,5	237,6	284,4
95	95	134,9	164,3	190	212,8	232,7	250,8	300,2
100	100	142	173	200	224	245	264	316
105	105	149,1	181,6	210	235,2	257,2	277,2	331,8
110	110	156,2	190,3	220	246,4	269,5	290,4	347,6
115	115	163,3	198,9	230	257,6	281,7	303,6	363,4
120	120	170,4	207,6	240	268,8	294	316,8	379,2
125	125	177,5	216,2	250	280	306,2	330	395
130	130	184,6	224,9	260	291,2	318,5	342,2	410,8
135	135	191,7	233,5	270	302,4	330,7	356,4	426,6
140	140	198,8	242,2	280	313,6	343	369,6	442,4
145	145	205,9	250,8	290	324,8	355,2	382,8	458,2
150	150	213	259,5	300	336	367,5	396	474
155	155	220,1	268,1	310	347,2	379,7	409,2	505,6
160	160	227,2	276,8	320	358,4	392	422,4	
165	165	234,3	285,4	330	369,6	404,2	435,6	
170	170	241,4	294,1	340	380,8	416,5	448,8	
175	175	248,5	302,7	350	392	428	462	
180	180	255,6	311,4	360	403,2	441	475,2	
185	185	262,7	320	370	414,4	453,2	488,4	
190	190	269,8	328,7	380	425,6	465,5	501,6	
195	195	276,9	337,3	390	436,8	477,7		
200	200	284	346	400	448			
210	210	298,2	363,3	420	470,4			
220	220	312,4	380,6	440	492,8			
230	230	326,6	397,9	460	515			
240	240	340,8	415,2	480	537,6			
250	250	355	432,5	500	560			

NOTA. — Es aconsejable no proyectar zapatas de hormigón en masa cuya altura **H** pase de 1,50 m, pues siempre será más económico proyectarlas de hormigón armado y con ello se disminuye la altura.

VIII. Tablas de zapatas de hormigón armado

MANEJO DE LA TABLA DE ZAPATAS DE HORMIGON ARMADO DE BASE CUADRADA

Columna 1, **Carga de cálculo** sin incluir peso propio.

Columna 2, **Dimensión del pilar** de hormigón armado (caso más desfavorable, por tomar pilares de mínima sección).

Columna 3, **Sección** en cm^2 que se necesita en la base.

Columna 4, **Lados,** para base cuadrada.

Columna 5, **Vuelo máximo,** contado de cara de pilar de zapata.

Columna 6, **Distancia del centro de gravedad** del trapecio **ABCD** a cara de pilar.

Columna 7, **Carga P** producida por la reacción del terreno sobre el trapecio **ABCD**.

Columna 8, **Momento** que produce la carga **P** del trapecio **ABCD.**

Columna 9, **Altura mínima** que produce el momento **h,** tomando como base la semisuma de bases del trapecio **ABCD.**

Columna 10, **Altura mínima** de comprobación al esfuerzo punzante o de penetración del pilar sobre la zapata, tomando en la práctica la mayor que resulte entre ésta y la columna 9.

Columna 11, **Altura efectiva,** o sea **h** más el recubrimiento = **d.**

Columna 12, **Volumen** en m^3 de la zapata para altura constante **d.**

Columna 13, **Peso** en kg de la zapata.

Columna 14, **Esfuerzo cortante,** valor que debe ser inferior a 4 kg/cm^2 para evitar doblar hierros.

Columna 15, **armadura** que se colocará por metro lineal, en cada dirección (o sea, perpendiculares) y a separación constante (es aconsejable queden los hierros más juntos donde cae el eje del pilar, quedando más separados en los extremos de la zapata).

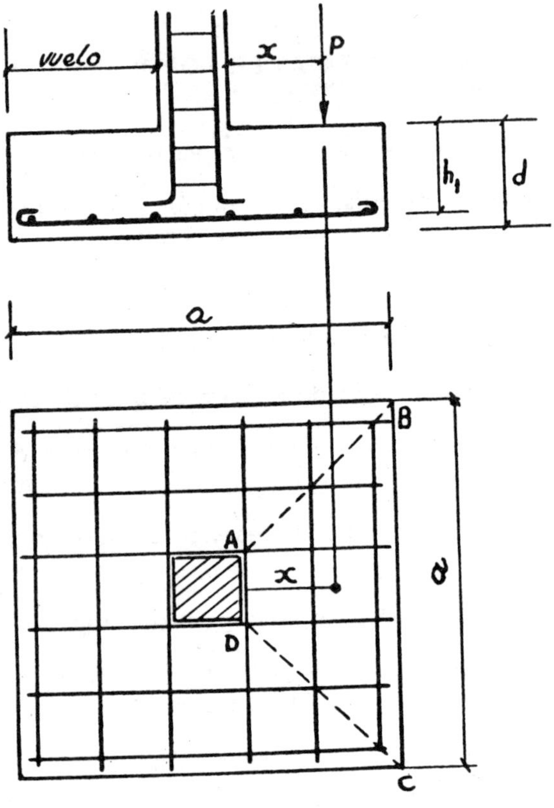

Figura 33

Ejemplos de aplicación:

Se desea saber las dimensiones de una zapata de sección cuadrada y la cantidad de hierro, para una carga de 60 t. para una resistencia del terreno de 2 kg por cm².

Se busca en la TABLA 56, columna 1, la carga de 60 t. y a su derecha en la columna 13 vemos que el peso propio es de 4 320 kg y que sumados a las 60 t. = 64,3 t.

Se busca de nuevo en la columna 1, el número que más se aproxime a las 64,3 t, cuya base **a** × **a** = 180 × 180 cm. Altura total **d** = 60 cm. (columna 11). La armadura se encuentra en la columna 15 y es de 6,46 cm^2 en cada dirección, o sea Ø 12 mm cada 16,5 y perpendicular a la misma se colocan otros tantos (ver figura 33).

Nota: Como la altura **d** y la cantidad de hierro en función del vuelo, se ha tomado el vuelo máximo, para ello se ha considerado el pilar de mínima sección o más desfavorable que es el de hormigón armado.

Otro ejemplo:

Se desea saber las dimensiones de una zapata de sección rectangular, armada para una carga de 65 t. y una resistencia del terreno de 4 kg/cm^2 para un pilar en medianería de 30 × 50 cm.

Pueden suceder dos casos: que el pilar medianero sea de esquina, o sea central (en ambos casos se calcula en función del momento y vuelo).

Sea como la figura 34.

Se busca la TABLA 58, colunmna 1, la carga de 65 t. siguiendo la derecha hasta la columna 3, encontraremos una sección de 16 250 cm^2.

Tomemos como lado mínimo de la zapata **b** = 100 cm (teniendo en cuenta que la carga, caiga dentro del tercio central).

El lado **a** = 16 250 : 100 = 162 centímetros.

$$\text{Area de } \mathbf{ABCD} = \frac{162 + 30}{2}$$

50 = 4 800 cm^2 (para un terreno de 4 kg/cm^2).

P = 4 800 × 4 = 19 200 kg (centro de gravedad = 30 cm de **P**).

El momento **m** = 19 200 × 30 = = 576 000 kg/cm.

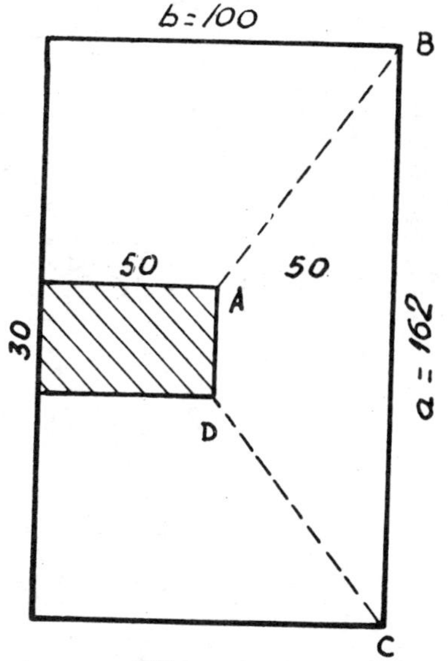

Figura 34

Se busca en la TABLA 58, columna 8, el momento que más se aproxime al 576 000 y da 621 448 a cuya derecha tenemos **d** = 70 cm, armadura Ø 12 cm cada 16,5 cm, tomando otro tanto en el sentido perpendicular.

TABLA 56

ZAPATAS DE HORMIGON ARMADO DE BASE CUADRADA

Fatiga del hormigón 30 kg/cm²

Fatiga del terreno 2 kg/cm²
Fatiga del hierro 1 200 kg/cm²

1	2	3	4	5	6	7	8	9	10	11	12	13	14	15
Carga Tm	Pilar tomado	Sección cm²	a × a cm	Vuelo cm	x cm	Vuelo P. kg	M = P. x kg cm	h cm	h_1 cm	d cm	Volumen zapata m³	Peso zapata kg	T	Armadura en cada dirección cm² por m 1
20	20 × 20	10000	100 × 100	40	24,44	4800	117312	23	30	35	0,350	840	1,5	3,62 = Ø 10 mm a 20 cm
25	20 × 20	12500	112 × 112	46	28,34	6072	172080	26	37	45	0,562	1348	4	3,83 = Ø 10 mm a 20 cm
30	20 × 20	15000	123 × 123	51,5	31,93	7364	235132	30	45	50	0,750	1800	4	3,92 = Ø 10 mm a 20 cm
35	25 × 25	17500	133 × 133	54	33,15	8532	282835	31	42	50	0,875	2100	4	4,68 = Ø 12 mm a 20 cm
40	25 × 25	20000	142 × 142	58,5	36,08	9769	352465	33	48	55	1,100	2640	4	4,78 = Ø 12 mm a 20 cm
45	30 × 30	22500	150 × 150	60	36,60	10800	395280	34	45	55	1,237	2968	4	5,42 = Ø 12 mm a 20 cm
50	30 × 30	25000	158 × 158	64	39,26	12032	472376	36	50	55	1,375	3300	4	5,53 = Ø 12 mm a 20 cm
55	35 × 35	27500	166 × 166	65,5	39,86	13165	524756	37	46	55	1,512	3628	4	6,36 = Ø 12 mm a 16,5 cm
60	35 × 35	30000	174 × 174	69,5	42,45	14525	616586	39	50	60	1,800	4320	4	6,55 = Ø 12 mm a 16,5 cm
65	35 × 35	32500	180 × 180	72,5	44,39	15587	691906	41	55	60	1,950	4680	4	6,46 = Ø 12 mm a 16,5 cm
70	40 × 40	35000	187 × 187	73,5	44,68	16684	745441	41	51	60	2,100	5040	4	7,23 = Ø 12 mm a 14 cm
75	40 × 40	37500	194 × 194	77	46,90	18018	845044	44	55	65	2,437	5848	4	7,32 = Ø 12 mm a 14 cm
80	40 × 40	40000	200 × 200	80	48,80	19200	936960	46	59	65	2,600	6240	4	7,35 = Ø 12 mm a 14 cm
85	40 × 40	42500	206 × 206	83	50,80	20418	1037234	47	55	65	2,762	6628	4	8,47 = Ø 14 mm a 16,5 cm
90	45 × 45	45000	212 × 212	83,5	50,79	21495	1091731	47	59	70	3,150	7560	menor que 4	8,08 = Ø 14 mm a 16,5 cm
95	45 × 45	47500	218 × 218	86,5	52,73	22749	1199554	49	62	70	3,325	7980	4	8,21 = Ø 14 mm a 16,5 cm
100	45 × 45	50000	224 × 224	89,5	54,67	24075	1316180	51	65	75	3,750	9000	4	8,36 = Ø 14 mm a 16,5 cm
110	50 × 50	55000	235 × 235	92,5	56,25	26362	1482862	52	65	75	4,125	9900	4	8,98 = Ø 14 mm a 16,5 cm
120	50 × 50	60000	245 × 245	97,5	59,49	28762	1711051	55	71	80	4,800	11520	4	9,10 = Ø 14 mm a 16,5 cm
130	50 × 50	65000	255 × 255	102,5	62,70	31262	1960127	59	78	85	5,525	13260	4	9,12 = Ø 14 mm a 16,5 cm
140	55 × 55	70000	265 × 265	105	63,98	33600	2149728	60	76	85	5,950	14280	4	9,88 = Ø 14 mm a 14 cm
150	55 × 55	75000	274 × 274	109,5	66,89	36025	2409712	62	81	90	6,750	16200	4	10,05 = Ø 14 mm a 14 cm
160	60 × 60	80000	283 × 283	111,5	67,83	38244	2594090	63	79	90	7,200	17280	4	10,74 = Ø 16 mm a 16,5 cm
170	60 × 60	85000	292 × 292	116	70,73	40832	2888047	64	84	95	8,075	19380	4	10,90 = Ø 16 mm a 16,5 cm
180	60 × 60	90000	300 × 300	120	73,33	43200	3167856	68	89	95	8,550	20520	4	10,98 = Ø 16 mm a 16,5 cm
190	60 × 60	95000	309 × 309	124,5	76,25	45940	3502925	71	94	100	9,500	22800	4	11,16 = Ø 16 mm a 16,5 cm
200	60 × 60	100000	317 × 317	128,5	78,84	48444	3819324	74	98	105	10,500	25200	4	11,38 = Ø 16 mm a 16,5 cm
210	65 × 65	105000	325 × 325	130	79,43	50700	4027101	74	95	105	11,025	26460	4	12,07 = Ø 16 mm a 16,5 cm
220	65 × 65	110000	332 × 332	133,5	81,71	52999	4330548	76	100	110	12,100	29040	4	12,07 = Ø 16 mm a 16,5 cm
230	65 × 65	115000	340 × 340	137,5	84,30	55687	4694414	79	105	115	13,225	31740	4	12,17 = Ø 16 mm a 16,5 cm
240	70 × 70	120000	347 × 347	138,5	84,57	57754	4884255	79	101	115	13,800	33120	4	12,90 = Ø 16 mm a 14 cm
250	70 × 70	125000	354 × 354	142	86,39	60208	6201369	80	106	115	14,375	34500	1,7	15,29 = Ø 18 mm a 15 cm

ZAPATAS DE HORMIGON ARMADO DE BASE CUADRADA

Fatiga del hormigón 30 kg/cm²

TABLA 57

Fatiga del terreno 3 kg/cm²
Fatiga del hierro 1 200 kg/cm²

Carga Tm	Pilar tomado	Sección cm²	a × a cm	Vuelc cm	x cm	Vuelo P. kg	M = P. x kg cm	h cm	h₁ cm	d cm	Volumen zapata m³	Peso zapata kg	T	Armadura en cada dirección cm² por m 1
20	20 × 20	6666	82 × 82	31	18,64	4743	88409	21	29	35	0,233	559	2,2	3,43 = Ø 10 mm a 20 cm
25	20 × 20	8333	92 × 92	36,5	21,40	6132	131224	25	36	40	0,333	799	4	3,66 = Ø 10 mm a 20 cm
30	20 × 20	10000	100 × 100	40	24,44	7200	175968	28	45	50	0,500	1200	4	3,62 = Ø 10 mm a 20 cm
35	25 × 25	11666	108 × 108	41,5	25,06	8279	207471	29	41	50	0,583	1399	4	4,33 = Ø 10 mm a 16,5 cm
40	25 × 25	13333	116 × 116	45,5	27,64	9623	265979	32	47	55	0,733	1759	4	4,50 = Ø 10 mm a 16,5 cm
45	30 × 30	15000	123 × 123	46,5	27,96	10671	298361	32	44	55	0,825	1980	4	5,09 = Ø 10 mm a 14 cm
50	30 × 30	16666	130 × 130	50	30,20	12000	362400	35	48	55	0,916	2198	4	5,37 = Ø 10 mm a 14 cm
55	35 × 35	18333	136 × 136	50,5	30,22	12953	391439	35	45	55	1,008	2419	4	5,91 = Ø 12 mm a 16,5 cm
60	35 × 35	20000	142 × 142	53,5	32,14	14204	456516	37	49	55	1,100	2640	4	6,07 = Ø 12 mm a 16,5 cm
65	35 × 35	21600	149 × 149	57	34,30	15732	539607	39	53	60	1,296	3110	4	6,32 = Ø 12 mm a 16,5 cm
70	40 × 40	23333	153 × 153	56,5	33,70	16356	551197	39	50	60	1,399	3357	4	6,66 = Ø 12 mm a 16,5 cm
75	40 × 40	25000	159 × 159	59,5	35,60	17760	632256	41	54	60	1.500	3600	4	6,81 = Ø 12 mm a 14 cm
80	40 × 40	26666	164 × 164	62	37,28	18972	707276	43	58	65	1,733	4159	4	6,88 = Ø 12 mm a 14 cm
85	40 × 40	28333	169 × 169	64,5	38,88	20220	786153	45	61	70	1,983	4759	4	7,05 = Ø 12 mm a 14 cm
90	45 × 45	30000	174 × 174	64,5	38,58	21188	817433	45	58	70	2,100	5040	4	7,49 = Ø 12 mm a 14 cm
95	45 × 45	31666	178 × 178	66,5	39,86	22244	886645	46	61	70	2,216	5318	4	7,55 = Ø 12 mm a 14 cm
100	45 × 45	33333	183 × 183	69	41,40	23598	976957	48	64	70	2,333	5599	4	7,72 = Ø 12 mm a 14 cm
110	50 × 50	36666	192 × 192	71	42,40	25773	1092775	49	63	70	2,566	6158	4	8,36 = Ø 14 mm a 16,5 cm
120	50 × 50	50000	200 × 200	75	45,00	28125	1265625	53	69	75	3,000	7200	4	8,49 = Ø 14 mm a 16,5 cm
130	50 × 50	43333	209 × 209	79,5	47,88	30885	1478773	55	75	80	3,466	8318	4	8,73 = Ø 14 mm a 16,5 cm
140	55 × 55	46666	217 × 217	81	48,54	33048	1604149	56	73	80	3,733	8959	4	9,37 = Ø 14 mm a 14 cm
150	55 × 55	50000	224 × 224	84,5	50,78	35363	1795733	59	79	85	4,250	10200	4	9,39 = Ø 14 mm a 14 cm
160	60 × 60	53333	231 × 231	85,5	51,12	37320	1907798	59	77	85	4,533	10879	4	9,93 = Ø 14 mm a 14 cm
170	60 × 60	56666	238 × 238	89	53,34	39783	2122025	62	82	90	5,099	12237	4	10,06 = Ø 14 mm a 14 cm
180	60 × 60	60000	245 × 245	92,5	55,59	42318	2352457	64	87	95	5,700	13680	4	10,21 = Ø 14 mm a 14 cm
190	60 × 60	63333	252 × 252	96	57,84	44928	2598635	67	92	100	6,333	15199	4	10,37 = Ø 14 mm a 14 cm
200	60 × 60	66666	259 × 259	99,5	60,08	47610	2860408	69	96	105	6,999	16797	4	10,64 = Ø 14 mm a 14 cm
210	65 × 65	70000	265 × 265	100	60,09	49500	2974455	69	93	105	7,350	17640	4	11,17 = Ø 16 mm a 16,5 cm
220	65 × 65	73333	271 × 271	103	62,01	51912	3219063	72	98	105	7,699	18477	4	11,22 = Ø 16 mm a 16,5 cm
230	65 × 65	76666	277 × 277	106	63,94	54378	3476929	74	102	110	8,433	20239	4	11,39 = Ø 16 mm a 16,5 cm
240	70 × 70	80000	283 × 283	106,5	63,96	56391	3606768	74	99	110	8,800	21120	4	11,91 = Ø 16 mm a 16,5 cm
250	70 × 70	83333	289 × 289	109,5	65,88	58965	3884614	76	103	110	9,166	21998	2,2	12,08 = Ø 16 mm a 16,5 cm

T (25 a 240): menor que 4

TABLA 58

ZAPATAS DE HORMIGON ARMADO DE BASE CUADRADA

Fatiga del hormigón 30 kg/cm²

Fatiga del terreno 4 kg/cm²
Fatiga del hierro 1 200 kg/cm²

Carga Tm	Pilar tomado	Sección cm²	a × a cm	Vuelo cm	x cm	Vuelo P. kg	M = P. x kg cm	h cm	h₁ cm	d cm	Volumen zapata m³	Peso zapata kg	T	Armadura en cada dirección cm² por m 1
20	20 × 20	5000	71 × 71	25,5	15,13	4641	70218	20	28	35	0,175	420	2,5	3,27 = Ø 10 mm a 20 cm
25	20 × 20	6250	80 × 80	30	18,00	6000	108000	24	36	45	0,281	674	4	3,47 = Ø 10 mm a 20 cm
30	20 × 20	7500	87 × 87	33,5	20,23	7169	145028	26	44	50	0,375	900	4	3,50 = Ø 10 mm a 20 cm
35	25 × 25	8750	94 × 94	34,5	20,58	8211	168982	27	40	50	0,437	1048	4	4,16 = Ø 10 mm a 16,5 cm
40	25 × 25	10000	100 × 100	37,5	22,50	9375	210937	30	46	55	0,550	1320	4	4,24 = Ø 10 mm a 16,5 cm
45	30 × 30	11250	107 × 107	38,5	22,85	10549	241044	31	43	55	0,618	1483	4	4,85 = Ø 10 mm a 14 cm
50	30 × 30	12500	112 × 112	41,0	24,43	11644	284462	33	47	55	0,687	1648	4	5,00 = Ø 10 mm a 14 cm
55	35 × 35	13750	118 × 118	41,5	24,49	12699	310998	33	48	55	0,756	1814	4	5,08 = Ø 10 mm a 14 cm
60	35 × 35	15000	123 × 123	44	26,07	13904	362477	35	48	55	0,825	1980	4	5,68 = Ø 12 mm a 20 cm
65	35 × 35	16250	128 × 128	46,5	27,67	15159	419449	37	53	60	0,975	2340	4	5,72 = Ø 12 mm a 16,5 cm
70	40 × 40	17500	133 × 133	46,5	27,41	16089	440999	37	50	60	1,050	2520	4	6,14 = Ø 12 mm a 16,5 cm
75	40 × 40	18750	137 × 137	48,5	28,65	17169	491891	38	53	60	1,125	2700	4	6,27 = Ø 12 mm a 16,5 cm
80	40 × 40	20000	142 × 142	51	30,26	18564	561746	40	57	65	1,300	3120	4	6,42 = Ø 12 mm a 16,5 cm
85	40 × 40	21250	146 × 146	53	31,52	19716	621448	42	61	70	1,487	3568	4	6,46 = Ø 12 mm a 16,5 cm
90	45 × 45	22500	150 × 150	52,5	30,96	20475	633900	42	56	70	1,575	3780	4	6,98 = Ø 12 mm a 14 cm
95	45 × 45	23750	155 × 155	55	32,53	22000	715660	44	60	70	1,662	3988	4	7,12 = Ø 12 mm a 14 cm
100	45 × 45	25000	159 × 159	57	33,80	23256	786052	45	63	70	1,750	4200	4	7,26 = Ø 12 mm a 14 cm
110	50 × 50	27500	166 × 166	58	34,18	25056	856414	46	62	70	1,925	4620	4	7,70 = Ø 12 mm a 14 cm
120	50 × 50	30000	174 × 174	62	36,70	27776	1019379	49	68	75	2,250	5400	4	7,97 = Ø 14 mm a 16,5 cm
130	50 × 50	32500	181 × 181	65,5	38,88	30261	1176547	52	74	80	2,600	6240	4	8,13 = Ø 14 mm a 16,5 cm
140	55 × 55	35000	188 × 188	66,5	40,08	32319	1295345	53	73	80	2,800	6720	4	8,73 = Ø 14 mm a 16,5 cm
150	55 × 55	37500	194 × 194	69,5	41,20	34611	1425973	55	78	85	3,187	7648	4	8,72 = Ø 14 mm a 16,5 cm
160	60 × 60	40000	200 × 200	70	41,27	36400	1502228	55	75	85	3,400	8160	4	9,27 = Ø 14 mm a 16,5 cm
170	60 × 60	42500	207 × 207	73,5	43,49	39249	1706939	59	80	90	3,825	9180	4	9,54 = Ø 14 mm a 14 cm
180	60 × 60	45000	212 × 212	76	45,07	41344	1863374	61	85	95	4,275	10260	4	9,57 = Ø 14 mm a 14,5 cm
190	60 × 60	47500	218 × 218	79	45,08	43924	1980093	62	90	100	4,750	11400	4	9,34 = Ø 14 mm a 14,5 cm
200	60 × 60	50000	224 × 224	82	48,88	46576	2276634	65	95	105	5,250	12600	4	9,90 = Ø 14 mm a 14,5 cm
210	65 × 65	52500	230 × 230	82,5	48,94	48675	2382154	66	92	105	5,512	13228	4	10,42 = Ø 14 mm a 14,5 cm
220	65 × 65	55000	235 × 235	85	50,52	51000	2576520	68	97	105	5,775	13860	4	10,46 = Ø 14 mm a 14,5 cm
230	65 × 65	57500	240 × 240	87,5	52,10	53375	2780837	70	101	110	6,325	15180	4	10,62 = Ø 14 mm a 14,5 cm
240	70 × 70	60000	245 × 245	87,5	51,84	55125	2857680	70	98	110	6,600	15840	4	11,02 = Ø 16 mm a 16,5 cm
250	70 × 70	62500	250 × 250	90	53,43	57600	3077568	72	102	115	7,187	17248	2,5	11,17 = Ø 16 mm a 16,5 cm

ZAPATAS DE HORMIGON ARMADO DE BASE CUADRADA

Fatiga del hormigón 30 kg/cm²

TABLA 59

Fatiga del terreno 5 kg/cm²
Fatiga del hierro 1 200 kg/cm²

Carga Tm	Pilar tomado	Sección cm²	a × a cm	Vuelo cm	x cm	Vuelo P. kg	M = P. x kg cm	h cm	h₁ cm	d cm	Volumen zapata m³	Peso zapata kg	T	Armadura en cada dirección cm² por m 1
20	20 × 20	4000	64 × 64	22	12,9	4620	59598	19	28	35	0,140	336	2,8	3,07 = Ø 10 mm a 25 cm
25	20 × 20	5000	71 × 71	25,5	15,13	5801	87769	22	35	40	0,200	480	4	3,27 = Ø 10 mm a 20 cm
30	20 × 20	6000	78 × 78	29	17,34	7105	123200	26	42	50	0,300	720	4	3,48 = Ø 10 mm a 20 cm
35	25 × 25	7000	84 × 84	29,5	17,41	8038	139941	26	39	50	0,350	840	4	3,95 = Ø 10 mm a 20 cm
40	25 × 25	8000	90 × 90	32,5	19,30	9343	180319	29	45	50	0,400	960	4	4,12 = Ø 10 mm a 16,5 cm
45	30 × 30	9000	95 × 95	32,5	19,06	10156	193573	29	42	50	0,450	1080	4	4,49 = Ø 10 mm a 16,5 cm
50	30 × 30	10000	100 × 100	35	20,62	11375	234552	31	47	55	0,550	1320	4	4,62 = Ø 10 mm a 16,5 cm
55	35 × 35	11000	105 × 105	35	20,40	12250	249900	31	44	55	0,605	1452	4	5,00 = Ø 10 mm a 14,5 cm
60	35 × 35	12000	110 × 110	37,5	21,98	13593	298774	33	48	55	0,660	1584	4	5,23 = Ø 10 mm a 14,5 cm
65	35 × 35	13000	115 × 115	40	23,54	15000	353100	35	52	60	0,780	1872	4	5,46 = Ø 10 mm a 14,5 cm
70	40 × 40	14000	119 × 119	39,5	22,18	15701	348248	35	49	60	0,840	2016	4	5,52 = Ø 10 mm a 14,5 cm
75	40 × 40	15000	123 × 123	41,5	24,20	16911	409246	36	52	60	0,900	2160	4	5,92 = Ø 12 mm a 16,5 cm
80	40 × 40	16000	127 × 127	43,5	25,52	18161	463468	38	56	65	1,040	2496	4	6,03 = Ø 12 mm a 16,5 cm
85	40 × 40	17000	131 × 131	45,5	26,77	19451	520703	40	59	65	1,105	2652	4	6,23 = Ø 12 mm a 16,5 cm
90	45 × 45	18000	135 × 135	45	26,25	20250	531562	40	56	65	1,170	2808	4	6,51 = Ø 12 mm a 16,5 cm
95	45 × 45	19000	138 × 138	46,5	27,18	21273	578200	41	59	65	1,235	2964	4	6,57 = Ø 12 mm a 16,5 cm
100	45 × 45	20000	142 × 142	48,5	28,43	22673	644593	43	62	70	1,400	3360	menor que 4	6,77 = Ø 12 mm a 16,5 cm
110	50 × 50	22000	149 × 149	49,5	28,85	24626	710460	44	61	70	1,540	3696	4	7,23 = Ø 12 mm a 14 cm
120	50 × 50	24000	155 × 155	52,5	30,73	26906	826821	46	67	75	1,800	4320	4	7,37 = Ø 12 mm a 14 cm
130	50 × 50	26000	162 × 162	56	32,91	29680	976768	49	73	80	2,080	4992	4	7,64 = Ø 12 mm a 14 cm
140	55 × 55	28000	168 × 168	56,5	33,01	31498	1039748	50	71	80	2,240	5376	4	8,07 = Ø 14 mm a 16,5 cm
150	55 × 55	30000	174 × 174	59,5	34,89	34063	1188458	52	76	85	2,550	6120	4	8,32 = Ø 14 mm a 16,5 cm
160	60 × 60	32000	179 × 179	59,5	34,68	35551	1232908	52	75	85	2,720	6528	4	8.50 = Ø 14 mm a 16,5 cm
170	60 × 60	34000	185 × 185	62,5	36,55	38281	1399170	55	79	90	3,060	7344	4	8,86 = Ø 14 mm a 16,5 cm
180	60 × 60	36000	190 × 190	65	38,12	41437	1579578	58	84	90	3,240	7776	4	9,16 = Ø 14 mm a 16,5 cm
190	60 × 60	38000	195 × 195	67,5	39,70	43031	1708330	60	89	100	3,800	9120	4	9,11 = Ø 14 mm a 16,5 cm
200	60 × 60	40000	200 × 200	70	41,27	45500	1877785	62	93	100	4,000	9600	4	9,34 = Ø 14 mm a 15 cm
210	65 × 65	42000	205 × 205	70	41,04	47250	1939140	62	90	100	4,200	10080	4	9,73 = Ø 14 mm a 15 cm
220	65 × 65	44000	210 × 210	72,5	42,60	49843	2123311	64	95	105	4,620	11088	4	9,85 = Ø 14 mm a 14 cm
230	65 × 65	46000	215 × 215	75	44,19	52500	2319975	66	99	110	5,060	12144	4	10,09 = Ø 14 mm a 14 cm
240	70 × 70	48000	220 × 220	75	43,96	54375	2390325	66	96	110	5,280	12672	4	10,47 = Ø 14 mm a 14 cm
250	70 × 70	50000	224 × 224	77	45,21	56595	2558659	68	100	110	5,500	13200	2,8	10,57 = Ø 14 mm a 14 cm

ZAPATAS DE HORMIGON ARMADO DE BASE CUADRADA

Fatiga del hormigón 30 kg/cm²

Fatiga del terreno 6 kg/cm²
Fatiga del hierro 1 200 kg/cm²

Carga Tm	Pilar tomado	Sección cm²	a × a cm	Vuelo cm	x cm	Vuelo P. kg	M = P. x kg cm	h cm	h₁ cm	d cm	Volumen zapata m³	Peso zapata kg	T	Armadura en cada dirección cm² por m l
20	20 × 20	3333	58 × 58	19	7,95	4446	35345	16	27	35	0,116	278	3,1	2,08 = Ø 10 mm a 33 cm
25	20 × 20	4166	65 × 65	22,5	9,26	5737	53124	18	35	40	0,166	398	4	2,16 = Ø 10 mm a 33 cm
30	20 × 20	5000	71 × 71	25,5	10,36	6961	72115	20	43	50	0,250	600	4	2,18 = Ø 10 mm a 33 cm
35	25 × 25	5833	77 × 77	26	10,79	7956	85845	21	38	50	0,291	698	4	2,71 = Ø 10 mm a 30 cm
40	25 × 25	6666	82 × 82	28,5	11,71	9148	107123	23	45	50	0,333	799	4	2,68 = Ø 10 mm a 25 cm
45	30 × 30	7500	87 × 87	28,5	11,93	10003	119657	23	41	50	0,375	900	4	3,10 = Ø 10 mm a 25 cm
50	30 × 30	8333	92 × 92	31	12,87	11346	146023	25	46	50	0,416	998	4	3,19 = Ø 10 mm a 20 cm
55	35 × 35	9166	96 × 96	30,5	12,88	11986	154379	25	42	50	0,458	1099	4	3,54 = Ø 10 mm a 20 cm
60	35 × 35	10000	100 × 100	32,5	13,64	13162	179529	27	46	55	0,550	1320	4	3,61 = Ø 10 mm a 20 cm
65	35 × 35	10833	105 × 105	35	14,58	14700	214326	29	51	55	0,595	1428	4	3,70 = Ø 10 mm a 20 cm
70	40 × 40	11666	108 × 108	34	14,39	15096	217231	28	47	55	0,641	1538	4	3,96 = Ø 12 mm a 25 cm
75	40 × 40	12500	112 × 112	36	15,15	16416	248702	30	50	55	0,687	1648	4	4,11 = Ø 12 mm a 25 cm
80	40 × 40	13333	116 × 116	38	15,91	17784	282943	31	54	60	0,799	1917	4	4,18 = Ø 12 mm a 25 cm
85	40 × 40	14166	120 × 120	40	16,66	19200	319872	33	58	65	0,920	2208	4	4,25 = Ø 12 mm a 25 cm
90	45 × 45	15000	123 × 123	39	15,48	19656	304274	31	54	65	0,975	2340	4	4,24 = Ø 12 mm a 25 cm
95	45 × 45	15833	126 × 126	40,5	17,05	20776	354230	33	57	65	1,029	2469	4	4,56 = Ø 12 mm a 20 cm
100	45 × 45	16666	130 × 130	42,5	17,47	22312	389790	34	60	65	1,083	2599	4	4,62 = Ø 12 mm a 20 cm
110	50 × 50	18333	136 × 136	43	18,18	23994	436210	35	59	65	1,191	2858	4	5,03 = Ø 12 mm a 20 cm
120	50 × 50	20000	142 × 142	46	19,32	26496	511902	38	65	70	1,400	3360	4	5,13 = Ø 12 mm a 20 cm
130	50 × 50	21666	148 × 148	49	20,45	29106	595217	40	71	80	1,733	4159	4	5,24 = Ø 12 mm a 20 cm
140	55 × 55	23333	153 × 153	49	20,65	30576	631394	40	69	80	1,866	4478	4	5,53 = Ø 12 mm a 20 cm
150	55 × 55	25000	159 × 159	52	21,70	38384	724432	43	74	80	2,000	4800	4	5,70 = Ø 12 mm a 16,5 cm
160	60 × 60	26666	164 × 164	52	21,91	34944	765623	43	71	80	2,133	5119	4	6,08 = Ø 12 mm a 16,5 cm
170	60 × 60	28333	169 × 169	54,5	22,92	37441	858147	45	77	85	2,408	5779	4	6,10 = Ø 12 mm a 16,5 cm
180	60 × 60	30000	174 × 174	57	23,87	40014	955134	47	82	90	2,700	6480	4	6,19 = Ø 12 mm a 16,5 cm
190	60 × 60	31666	178 × 178	59	24,62	42126	1037142	48	87	95	3,000	7200	4	6,20 = Ø 12 mm a 16,5 cm
200	60 × 60	33333	183 × 183	61,5	25,56	44833	1145931	50	92	100	3,333	7999	4	6,30 = Ø 12 mm a 16,5 cm
210	65 × 65	35000	188 × 188	61,5	25,76	46678	1202425	50	87	100	3,500	8400	4	6,80 = Ø 12 mm a 16,5 cm
220	65 × 65	36666	192 × 192	63,5	26,52	48958	1298366	52	93	105	3,849	9237	4	6,73 = Ø 12 mm a 14 cm
230	65 × 65	38333	196 × 196	65,5	27,27	51286	1398569	54	97	105	4,024	9657	4	6,81 = Ø 12 mm a 14 cm
240	70 × 70	40000	200 × 200	65	27,28	52650	1436292	54	93	105	4,200	10080	4	7,15 = Ø 12 mm a 14 cm
250	70 × 70	41666	205 × 205	67,5	28,22	55687	1571487	55	97	105	4,374	10497	3,1	7,31 = Ø 12 mm a 14 cm

menor que

ZAPATAS DE HORMIGON ARMADO DE BASE CUADRADA

TABLA 61

Fatiga del hormigón 30 kg/cm²

Fatiga del terreno 7 kg/cm²
Fatiga del hierro 1 200 kg/cm²

Carga Tm	Pilar tomado	Sección cm²	a × a cm.	Vuelo cm	x cm	Vuelo P. kg	M = P. x kg cm	h cm	h₁ cm	d cm	Volumen zapata m³	Peso zapata kg	T	Armadura en cada dirección cm² por m 1
20	20 × 20	2857	54 × 54	17	7,19	4403	31657	15	26	35	0,099	237	3,4	2,08 = Ø 10 mm a 33 cm
25	20 × 20	3571	60 × 60	20	8,33	5600	46648	18	34	40	0,142	340	4	2,11 = Ø 10 mm a 33 cm
30	20 × 20	4285	66 × 66	23	9,44	6923	65353	20	42	45	0,192	460	4	2,18 = Ø 10 mm a 33 cm
35	25 × 25	5000	71 × 71	23	9,66	7980	77086	21	38	45	0,225	540	4	2,64 = Ø 10 mm a 25 cm
40	25 × 25	5714	76 × 76	25,5	10,60	9014	95548	22	44	50	0,285	684	4	2,64 = Ø 10 mm a 25 cm
45	30 × 30	6428	81 × 81	25,5	10,79	9906	106885	22	39	50	0,321	770	4	3,13 = Ø 10 mm a 25 cm
50	30 × 30	7142	85 × 85	27,5	11,55	11068	127835	24	45	50	0,357	856	4	3,09 = Ø 10 mm a 25 cm
55	35 × 35	7857	89 × 89	27	11,54	11718	135225	24	41	50	0,392	940	4	3,43 = Ø 10 mm a 20 cm
60	35 × 35	8571	93 × 93	29	12,63	12992	164088	26	45	55	0,471	1130	4	3,63 = Ø 10 mm a 20 cm
65	35 × 35	9285	97 × 97	31	13,07	14322	187188	27	49	55	0,510	1224	4	3,64 = Ø 10 mm a 20 cm
70	40 × 40	10000	100 × 100	30	12,85	14700	188895	27	45	55	0,550	1320	4	3,88 Ø 10 mm a 20 cm
75	40 × 40	10714	104 × 104	32	13,80	16128	222566	29	49	55	0,589	1413	4	4,04 = Ø 10 mm a 16,5 cm
80	40 × 40	11428	107 × 107	33,5	14,53	17235	250424	30	53	60	0,685	1644	4	4,08 = Ø 10 mm a 16,5 cm
85	40 × 40	12142	111 × 111	35,5	14,96	18761	280664	31	57	65	0,789	1893	4	4,10 = Ø 10 mm a 16,5 cm
90	45 × 45	12857	114 × 114	34,5	14,75	19199	283185	31	52	65	0,835	2004	4	4,42 = Ø 10 mm a 16,5 cm
95	45 × 45	13571	117 × 117	36	15,33	20412	312915	32	56	65	0,882	2116	4	4,42 = Ø 10 mm a 16,5 cm
100	45 × 45	14286	120 × 120	37,5	15,90	21656	344330	33	59	65	0,928	2227	4	4,50 = Ø 10 mm a 16,5 cm
110	50 × 50	15714	126 × 126	38	16,26	23408	380614	34	57	65	1,021	2450	4	4,90 = Ø 12 mm a 20 cm
120	50 × 50	17143	131 × 131	40,5	17,22	25656	441796	34	63	70	1,200	2880	4	4,95 = Ø 12 mm a 20 cm
130	50 × 50	18572	137 × 137	43,5	18,37	28470	522993	38	69	75	1,392	3340	4	5,12 = Ø 12 mm a 20 cm
140	55 × 55	20000	142 × 142	43,5	18,54	29993	556070	39	66	75	1,500	3600	4	5,49 = Ø 12 mm a 20 cm
150	55 × 55	21429	147 × 147	46	19,50	32522	634179	41	72	80	1,714	4113	4	5,54 = Ø 12 mm a 20 cm
160	60 × 60	22858	152 × 152	46	19,67	34132	671376	41	70	80	1,828	4387	4	5,84 = Ø 12 mm a 16,5 cm
170	60 × 60	24286	156 × 156	48	20,44	36288	741726	43	75	85	2,064	4953	4	5,86 = Ø 12 mm a 16,5 cm
180	60 × 60	25715	161 × 161	50,5	21,40	39061	835905	45	80	90	2,314	5553	4	6,00 = Ø 12 mm a 16,5 cm
190	60 × 60	27144	165 × 165	52,5	22,16	41343	916160	47	85	100	2,714	6513	4	6,04 = Ø 12 mm a 16,5 cm
200	60 × 60	28573	170 × 170	55	23,11	44275	1023195	49	90	100	2,855	6852	4	6,19 = Ø 12 mm a 16,5 cm
210	65 × 65	30000	174 × 174	54,5	23,10	45589	1053105	49	85	100	3,000	7200	4	6,59 = Ø 12 mm a 16,5 cm
220	65 × 65	31430	178 × 178	56,5	23,87	48053	1147025	50	90	100	3,143	7543	4	6,62 = Ø 12 mm a 16,5 cm
230	65 × 65	32859	182 × 182	58,5	24,63	50573	1245612	52	96	105	3,450	8280	4	6,60 = Ø 12 mm a 16,5 cm
240	70 × 70	34287	186 × 186	58	24,61	51968	1278932	52	91	105	3,600	8640	4	6,99 = Ø 14 mm a 20 cm
250	70 × 70	35715	189 × 189	59,5	25,19	53936	1358647	53	95	105	3,750	9000	3,3	7,00 = Ø 14 mm a 20 cm

(T: valores 4 de 25 a 240 Tm agrupados con llave: "menor que")

TABLA 62

ZAPATAS DE HORMIGON ARMADO DE BASE CUADRADA

Fatiga del hormigón 30 kg/cm²

Fatiga del terreno 10 kg/cm²
Fatiga del hierro 1 200 kg/cm²

Carga Tm	Pila- tomado	Sección cm²	a × a cm	Vuelo cm	x cm	Vuelo P. kg	M = P. x kg cm	cm h	cm h₁	cm d	m³ zapata Volumen	kg zapata Peso	T	Armadura en cada dirección cm² por m 1
20	20 × 20	2000	45 × 45	12,5	5,44	4062	22097	14	25	30	0,060	144	4,0	1,81 = Ø 10 mm a 33 cm
25	20 × 20	2500	50 × 50	15	6,42	5250	33705	16	32	40	0,100	240	4	1,95 = Ø 10 mm a 33 cm
30	20 × 20	3000	55 × 55	17,5	7,38	6562	48427	18	40	45	0,135	324	4	2,03 = Ø 10 mm a 33 cm
35	25 × 25	3500	60 × 60	17,5	7,54	7437	56074	19	35	45	0,157	376	4	2,47 = Ø 10 mm a 25 cm
40	25 × 25	4000	64 × 64	19,5	8,32	8677	72192	21	42	50	0,200	480	4	2,48 = Ø 10 mm a 25 cm
45	30 × 30	4500	67 × 67	18,5	8,07	8972	72404	20	37	50	0,225	540	4	2,70 = Ø 10 mm a 25 cm
50	30 × 30	5000	71 × 71	20,5	8,86	10352	91718	22	42	50	0,250	600	4	2,84 = Ø 10 mm a 25 cm
55	35 × 35	5500	75 × 75	20	8,78	11000	96580	22	37	50	0,275	660	4	3,22 = Ø 10 mm a 25 cm
60	35 × 35	6000	78 × 78	21,5	9,38	11072	103855	22	42	50	0,300	720	4	2,93 = Ø 10 mm a 25 cm
65	35 × 35	6500	81 × 81	23	9,97	13340	132999	24	47	55	0,357	856	4	3,23 = Ø 10 mm a 20 cm
70	40 × 40	7000	84 × 84	22	9,69	13640	132171	24	42	55	0,385	924	4	3,46 = Ø 10 mm a 20 cm
75	40 × 40	7500	87 × 87	23,5	10,30	14922	153696	26	45	55	0,412	988	4	3,63 = Ø 10 mm a 20 cm
80	40 × 40	8000	90 × 90	25	10,89	16250	176962	27	50	60	0,480	1152	4	3,64 = Ø 10 mm a 20 cm
85	40 × 40	8500	93 × 93	26,5	11,48	17622	202300	29	53	60	0,510	1224	4	3,80 = Ø 10 mm a 20 cm
90	45 × 45	9000	95 × 95	25	11,01	17500	192675	27	48	60	0,540	1296	4	3,91 = Ø 10 mm a 20 cm
95	45 × 45	9500	98 × 98	26,5	11,61	18947	219974	29	51	60	0,570	1368	4	4,07 = Ø 10 mm a 16,5 cm
100	45 × 45	10000	100 × 100	27,5	12,01	19937	239443	30	55	65	0,650	1560	menor que 4	4,03 = Ø 10 mm a 16,5 cm
110	50 × 50	11000	105 × 105	27,5	12,12	21312	258301	30	56	65	0,715	1716	4	4,06 = Ø 10 mm a 16,5 cm
120	50 × 50	12000	110 × 110	30	13,12	24000	314880	32	63	70	0,840	2016	4	4,20 = Ø 10 mm a 16,5 cm
130	50 × 50	13000	114 × 114	32	13,91	26240	364998	34	69	75	0,975	2340	4	4,29 = Ø 10 mm a 16,5 cm
140	55 × 55	14000	119 × 119	32	14,03	27840	390595	34	62	75	1,050	2520	4	4,90 = Ø 12 mm a 20 cm
150	55 × 55	15000	123 × 123	34	14,83	30260	448755	36	67	75	1,125	2700	4	5,04 = Ø 12 mm a 20 cm
160	60 × 60	16000	127 × 127	33,5	14,74	31322	461686	36	64	75	1,200	2880	4	5,25 = Ø 12 mm a 20 cm
170	60 × 60	17000	130 × 130	35	15,35	33250	510387	38	69	75	1,275	3060	4	5,26 = Ø 12 mm a 20 cm
180	60 × 60	18000	135 × 135	37,5	16,34	36562	597423	41	75	80	1,440	3456	4	5,46 = Ø 12 mm a 20 cm
190	60 × 60	19000	138 × 138	39	16,93	38610	653667	42	80	85	1,615	3876	4	5,48 = Ø 12 mm a 20 cm
200	60 × 60	20000	142 × 142	41	17,72	41410	733785	44	85	90	1,800	4320	4	5,62 = Ø 12 mm a 20 cm
210	65 × 65	21000	145 × 145	40	17,46	42000	733320	43	79	90	1,890	4536	4	5,92 = Ø 12 mm a 16,5 cm
220	65 × 65	22000	149 × 149	42	18,25	44940	820155	45	84	90	1,980	4752	4	6,06 = Ø 12 mm a 16,5 cm
230	65 × 65	23000	152 × 152	43,5	18,84	47197	889191	47	89	95	2,185	5244	4	6,08 = Ø 12 mm a 16,5 cm
240	70 × 70	24000	155 × 155	42,5	18,57	47812	887868	46	84	95	2,280	5472	4	6,31 = Ø 12 mm a 16,5 cm
250	70 × 70	25000	158 × 158	44	19,16	50160	961065	47	89	100	2,500	6000	3,9	6,32 = Ø 12 mm a 16,5 cm

IX. Diagramas vigas apoyadas empotradas y continuas

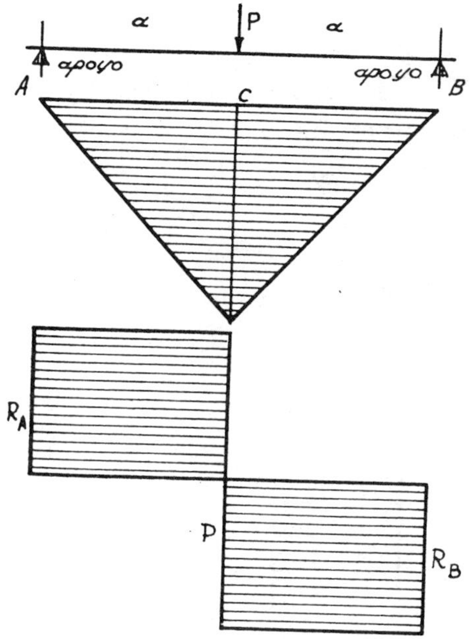

$M_{maximo} = \frac{Pl}{4}$

$R_A = R_B = \frac{P}{2}$

$a = \frac{l}{2}$

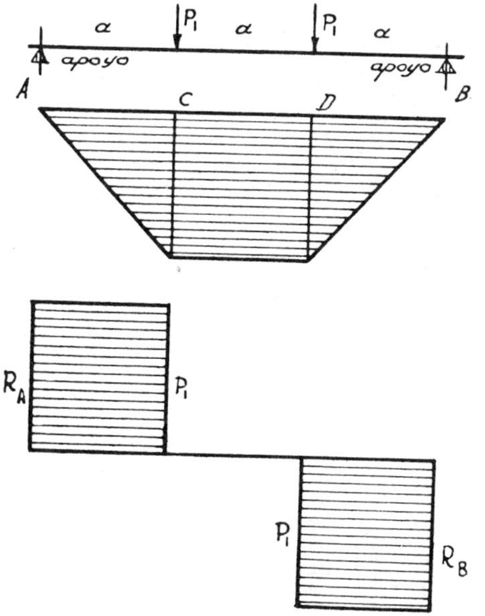

$M_C = M_D = P_1 \cdot a$

$R_A = R_B = P_1$

$P_1 = P_1$

$a = \frac{l}{3}$

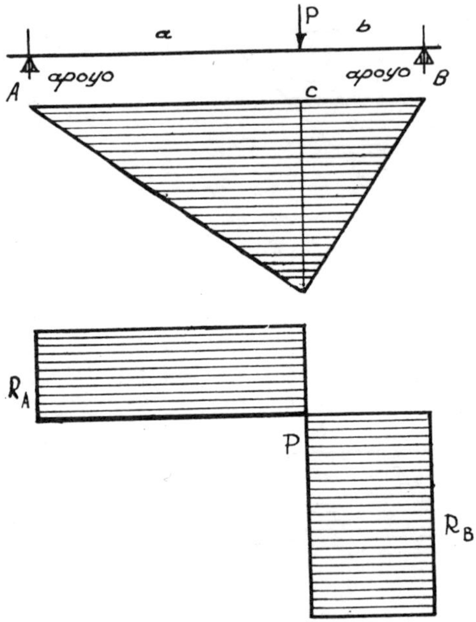

$$M_{maximo} = \frac{P.b.a}{l}$$

$$R_A = \frac{Pb}{l}$$

$$R_B = \frac{Pa}{l}$$

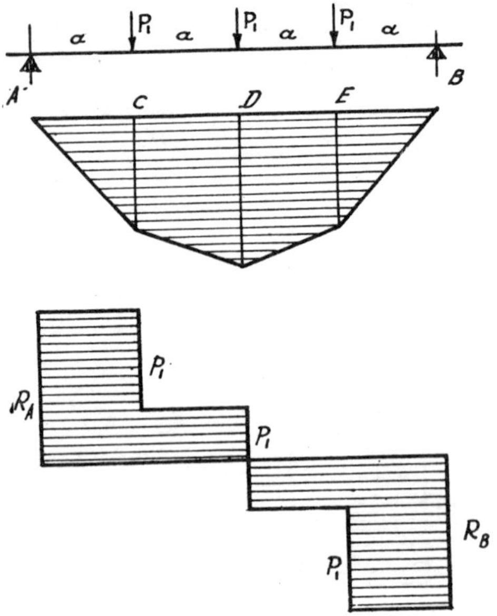

$$M_{maximo} = \frac{P_1 l}{2}$$

$$M_C = M_E = \frac{3 P_1 l}{8}$$

$$R_A = R_B = \frac{3 P_1}{2}$$

$$a = \frac{l}{4}$$

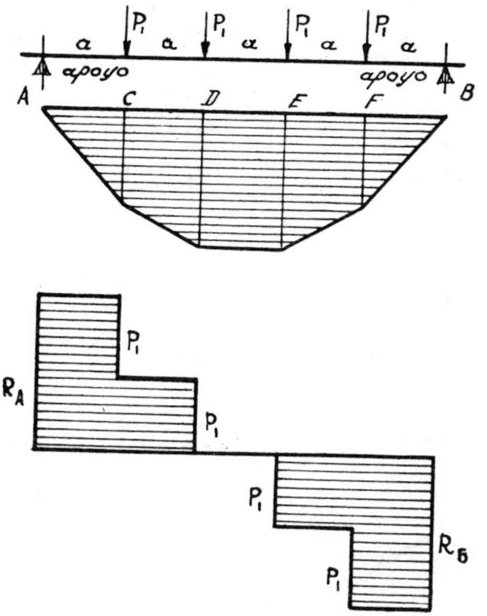

$M_{máximo} = 3 P_1 a$

$R_A = R_B = 2 P_1$

$a = \dfrac{\ell}{5}$

$P_1 = P_1$

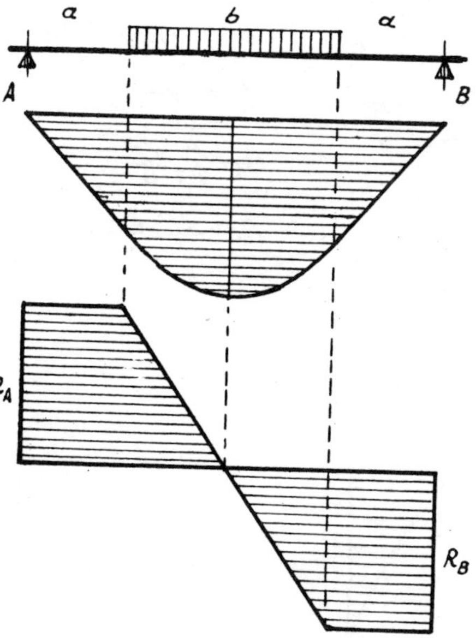

$M_{máximo} = \dfrac{P(2\ell - b)}{8}$

$R_A = R_B = \dfrac{P}{2}$

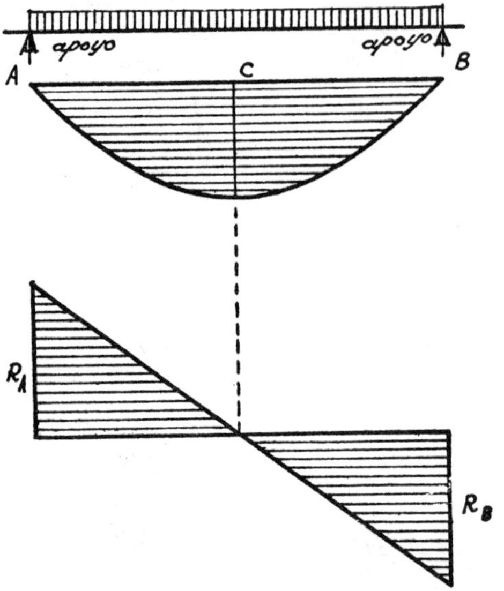

$$M_{máximo} = \frac{p\ell^2}{8} = \frac{P\ell}{8}$$

P = carga total

$$M_x = \frac{p}{2}(\ell x - x^2)$$

$$R_A = R_B = \frac{P}{2}$$

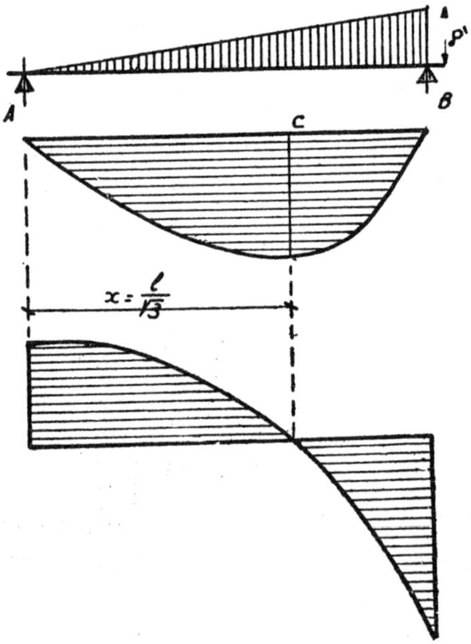

$$M_{máximo} \frac{2P\ell}{9\sqrt{3}} = 01283 P\ell$$

P = carga total

$$R_A = \frac{P}{3} = \frac{\ell p'}{6}$$

$$R_B = \frac{2P}{3} = \frac{\ell p'}{3}$$

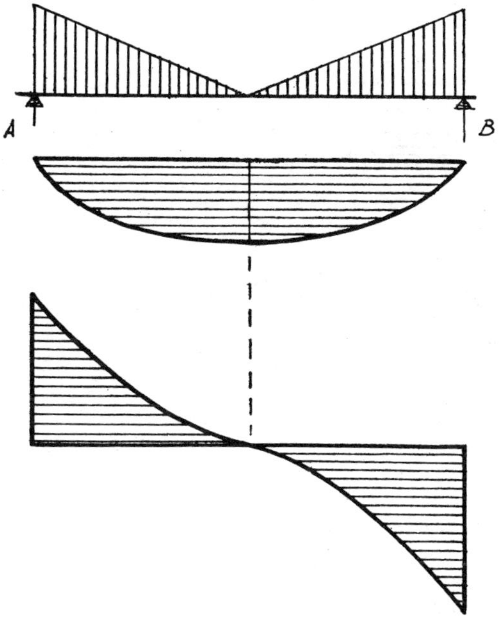

P = carga total

$M_{máximo} = \frac{Pl}{12}$

$R_A = R_B = \frac{P}{2}$

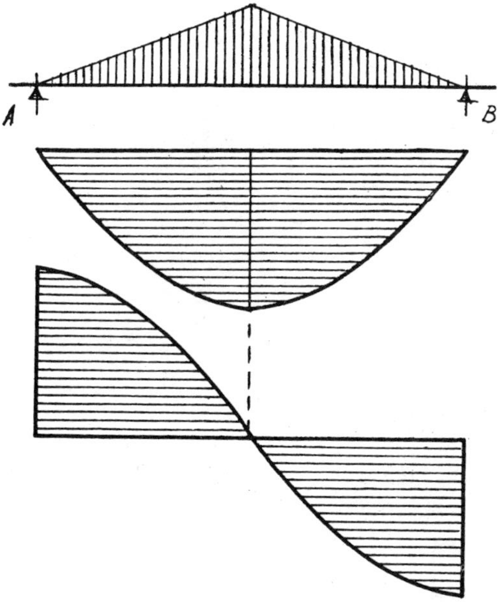

P = carga total

$M_{máximo} = \frac{Pl}{6}$

$R_A = R_B = \frac{P}{2}$

VIGAS EMPOTRADAS POR UN EXTREMO Y EN VOLADIZO POR EL OTRO

DIAGRAMAS 11 y 12

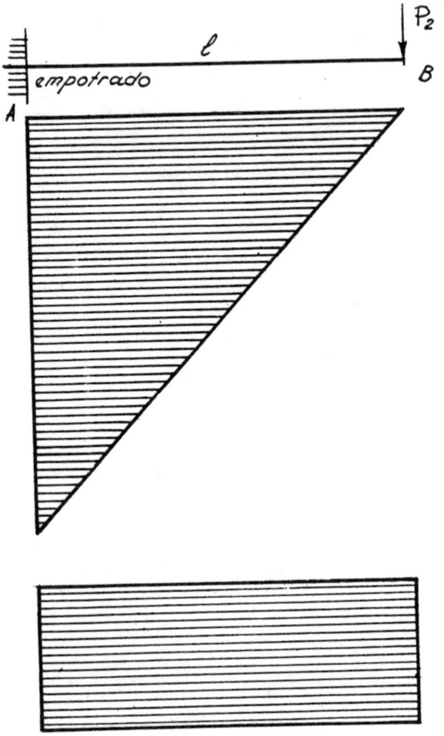

$M_{máximo} = P_2\, \ell$

$R_A = P_2$

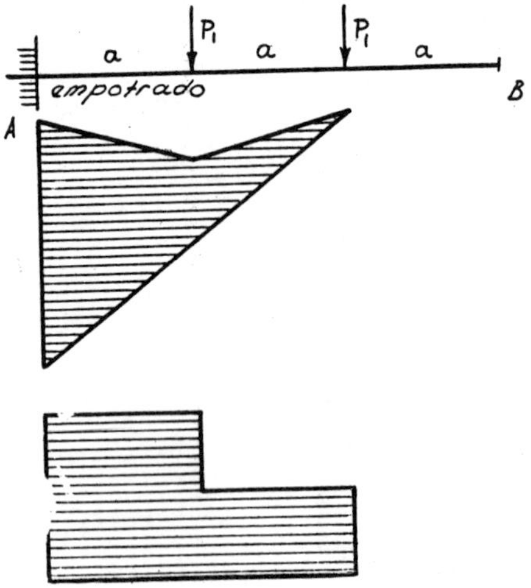

$M_{maximo} = 3 P_1\, a$

$P_1 = P_1$

$P_1 + P_1 = P$

$R_A = P$

VIGAS EMPOTRADAS POR UN EXTREMO Y EN VOLADIZO POR EL OTRO

DIAGRAMAS 13 y 14

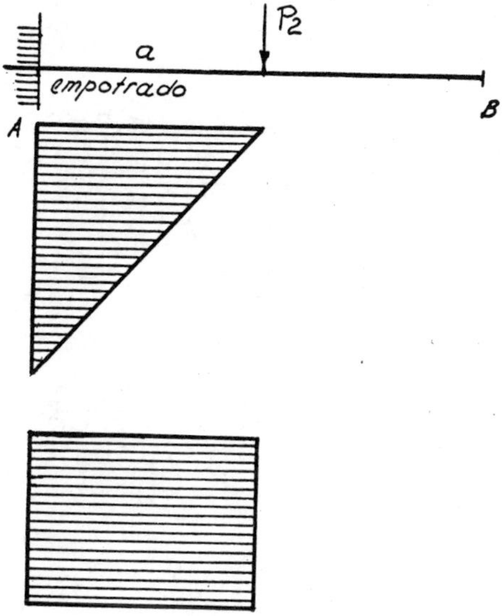

$M_{máximo} = P_2 \cdot a$

$R_A = P_2$

$a = \frac{l}{2}$

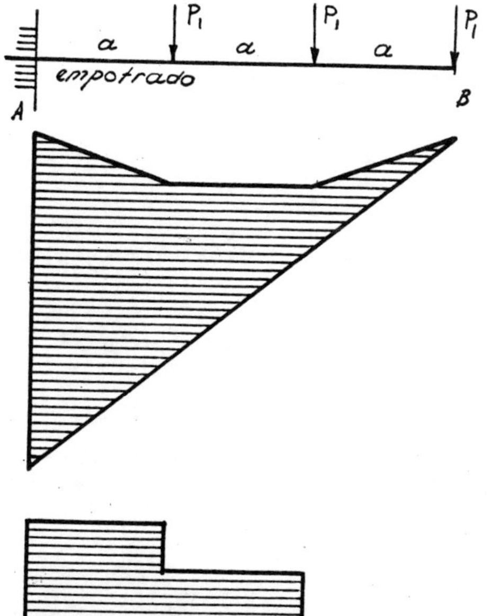

$M_{máximo} = 6 P_1 a$

$a = \frac{l}{3}$

$R_A = P$

$P_1 + P_1 + P_1 = P$

$P_1 = P_1 = P_1$

VIGAS EMPOTRADAS POR UN EXTREMO Y EN VOLADIZO POR EL OTRO **DIAGRAMAS 15 y 16**

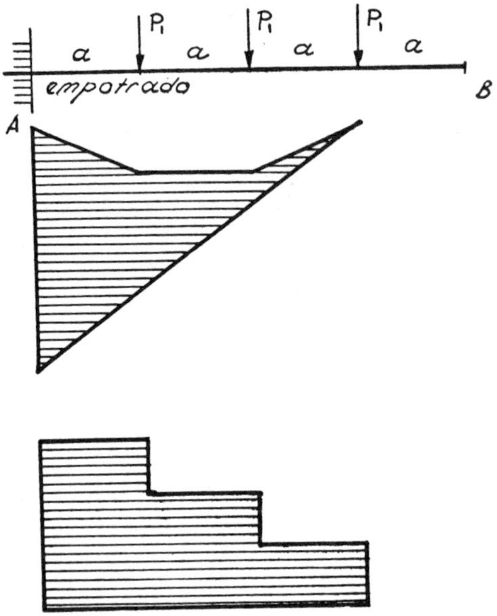

$M_{máximo} = 6\,P_1 a$

$a = \frac{l}{4}$

$R_A = P$

$P_1 + P_1 + P_1 = P$

$P_1 = P_1$

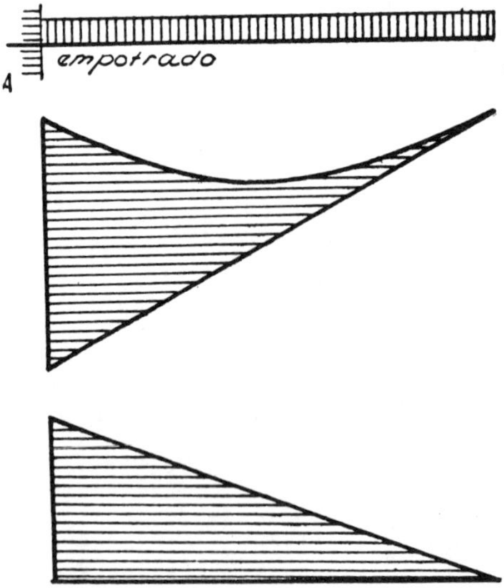

$P = p \cdot l$

$M_{máximo} = \frac{Pl}{2} = \frac{pl^2}{2}$

$R_A = pl = P$

VIGAS EMPOTRADAS POR UN EXTREMO Y EN VOLADIZO POR EL OTRO

DIAGRAMA 17

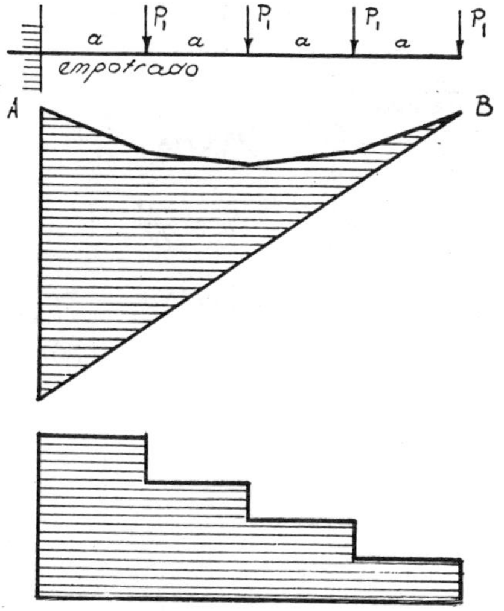

$M_{maximo} = 10\, P_1\, a$

$a = \frac{\ell}{4}$

$R_A = P = 4P_1$

$P_1 + P_1 + P_1 + P_1 = P$

$P_1 = P_1$

VIGA APOYADA POR DOS PUNTOS CON EXTREMO EN VOLADIZO

DIAGRAMA 18

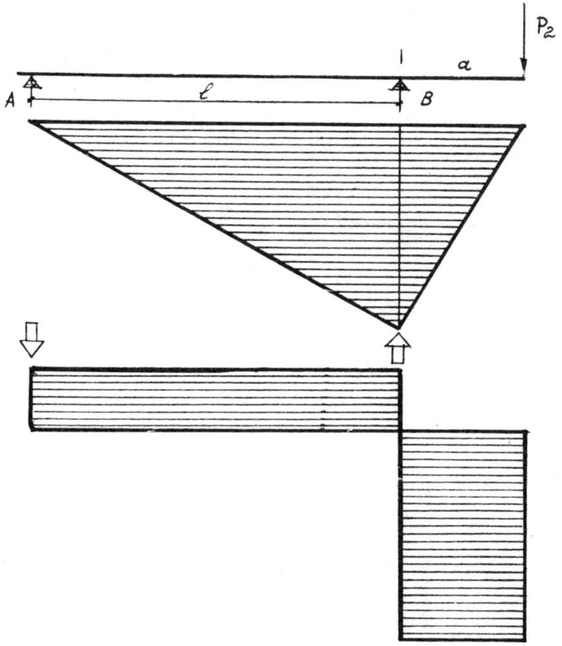

$M_{maximo} = -P_2 \cdot a.$

$R_A = -\frac{P_2 \cdot a}{\ell}$

$R_B = \frac{P_2(\ell + a)}{\ell}$

$R_B = P_2 + R_A$

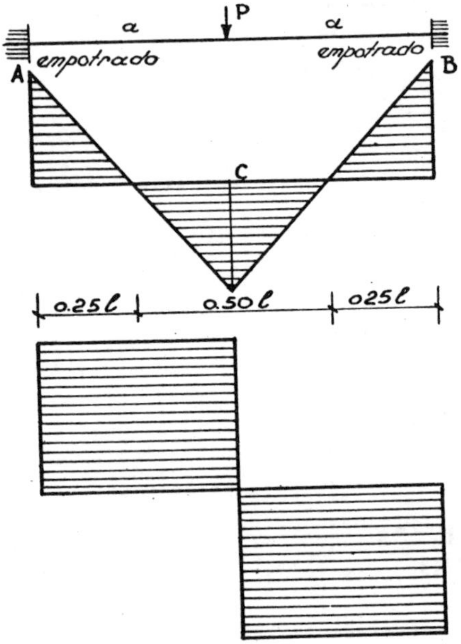

$M_A = M_B = \frac{P\ell}{8}$

$M_C = \frac{P\ell}{8}$

$R_A = R_B = 0{,}5\,P$

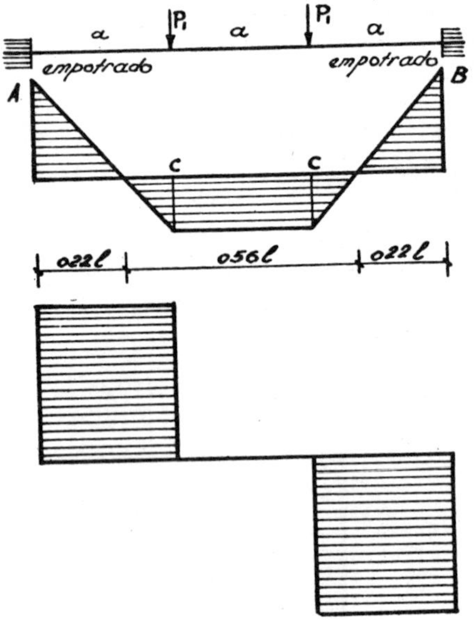

$P_1 + P_1 = P$

$M_A = M_B = \frac{P\ell}{9}$

$M_C = \frac{P\ell}{18}$

$R_A = R_B = 0{,}5\,P$

VIGAS DE UN TRAMO EMPOTRADAS EN LOS DOS EXTREMOS

DIAGRAMAS 21 y 22

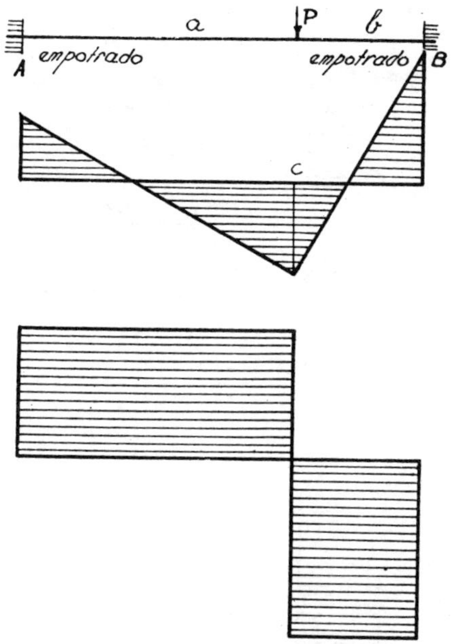

$$M_A = \frac{P\,a\,b^2}{\ell^2}$$

$$M_B = \frac{P\,a^2 b}{\ell^2}$$

$$R_A = \frac{P b^2}{\ell^3}(2a+\ell)$$

$$R_B = \frac{P a^2}{\ell^3}(\ell+2b)$$

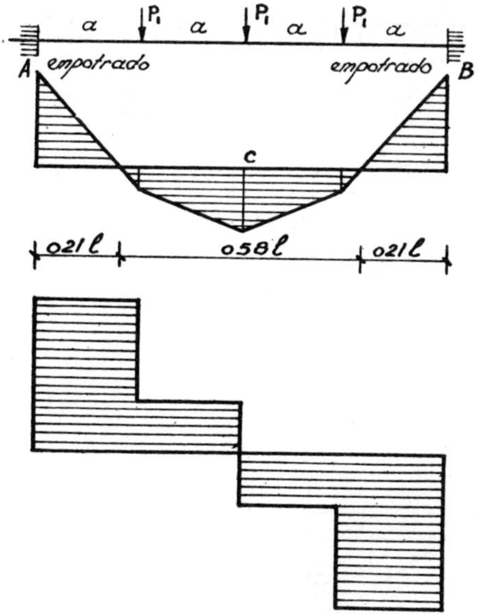

$$P_1 + P_1 + P_1 = P$$

$$P_1 = P_1 = P_1$$

$$M_A = M_B = \frac{P\ell}{10}$$

$$M_C = \frac{P\ell}{15}$$

$$R_A = R_B = 0{,}5\,P.$$

VIGAS DE UN TRAMO EMPOTRADAS EN LOS DOS EXTREMOS

DIAGRAMAS 23 y 24

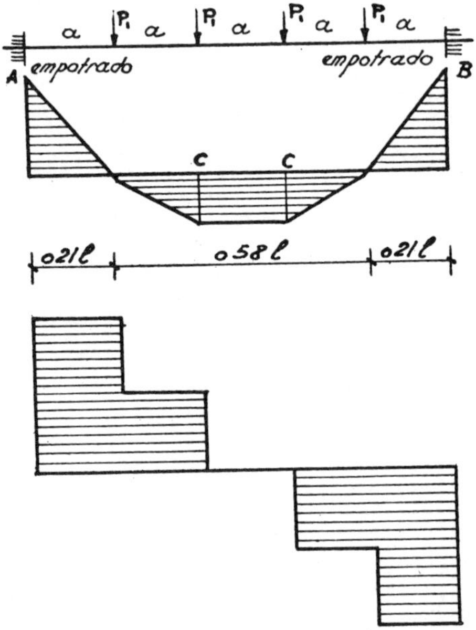

$P_1 = P_1 = P_1$

$P_1 + P_1 + P_1 + P_1 = P$

$M_A = M_B = \frac{Pl}{11}$

$M_C = \frac{Pl}{19}$

$R_A = R_B = 0'5 P$

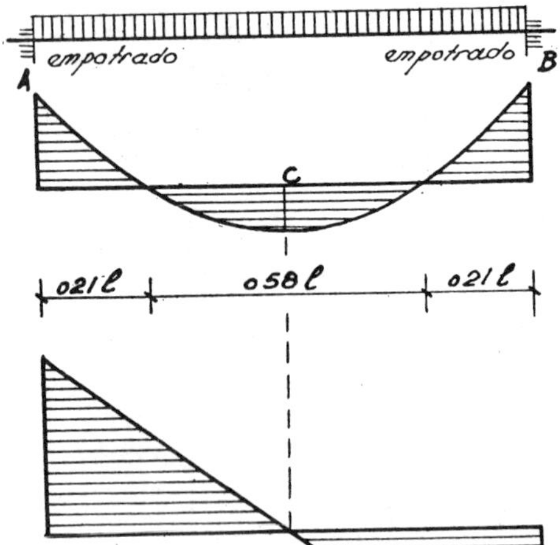

$M_A = M_B = \frac{Pl}{12}$

$M_C = \frac{Pl}{24}$

$R_A = R_B = 0{,}5 P$

VIGA DE DOS TRAMOS EMPOTRADA EN LOS EXTREMOS Y CENTRO

DIAGRAMA 25

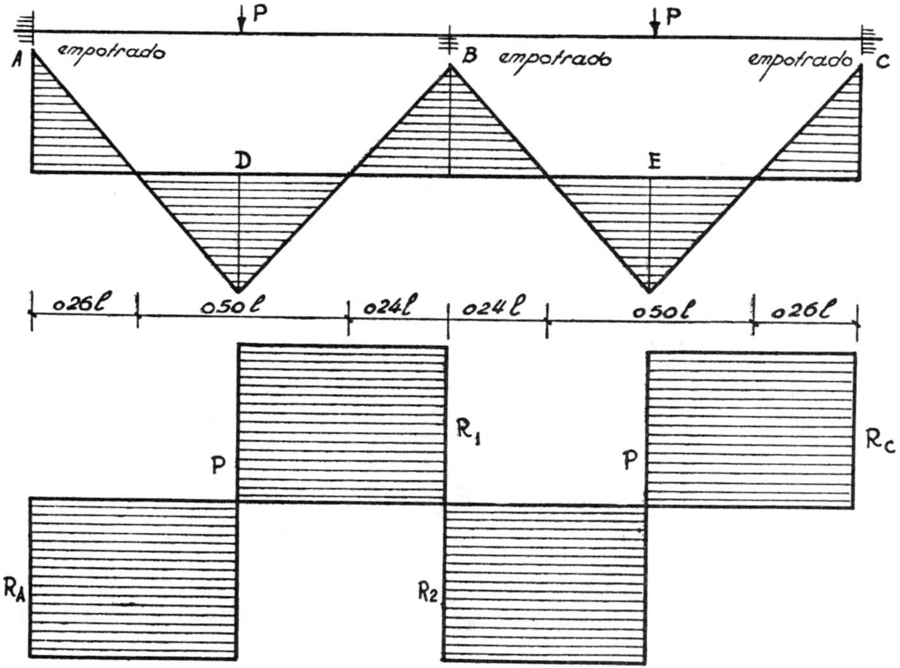

$M_A = M_C = \frac{P\ell}{8}$

$M_B = \frac{P\ell}{8{,}4}$

$M_D = M_E = \frac{P\ell}{8}$

$R_A = R_C = 0{,}534\,P$

$R_B = 0{,}932\,P = R_1 + R_2$

$R_1 = R_2 = 0{,}466\,P$

VIGA DE DOS TRAMOS EMPOTRADA EN LOS EXTREMOS Y CENTRO

DIAGRAMA 26

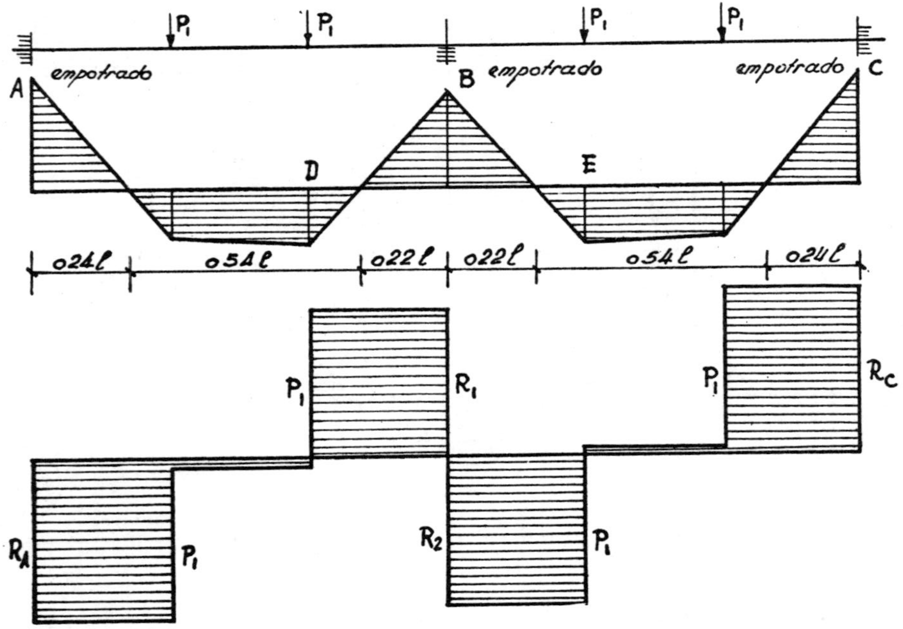

$P_1 = P_1$

$P_1 + P_1 = P$ (en cada tramo).

$M_A = M_C = \frac{Pl}{8,4}$

$M_B = \frac{Pl}{10}$

$M_D = M_E = \frac{Pl}{18}$

$R_A = R_C = 0,54\,P$

$R_B = R_1 + R_2 = 0,92\,P$

$R_1 = R_2 = 0{,}46\,P$

VIGA DE DOS TRAMOS EMPOTRADA EN LOS EXTREMOS Y CENTRO

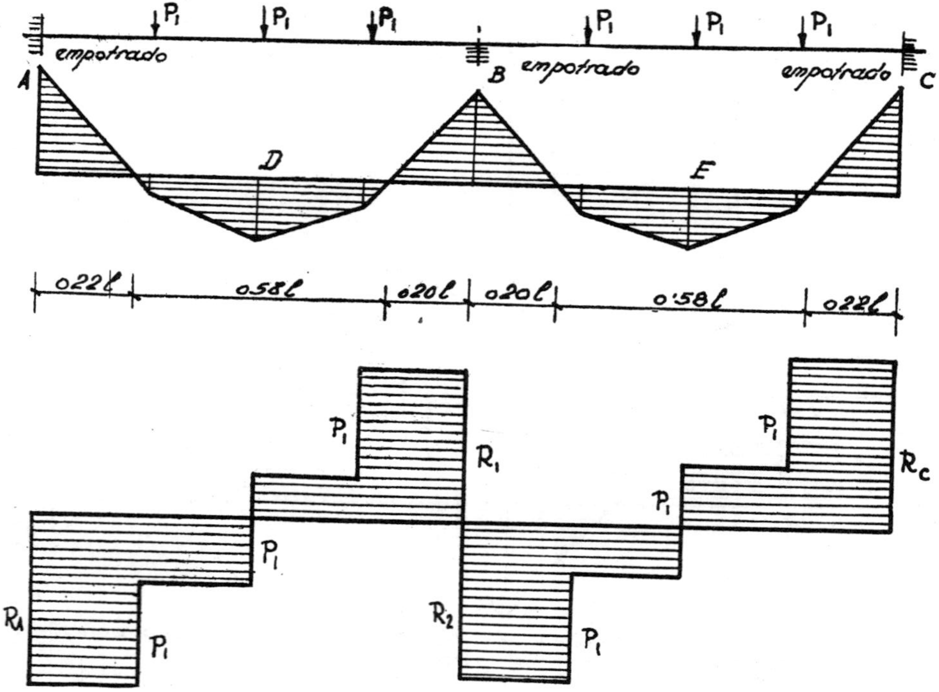

$P_1 + P_1 + P_1 = P$ (en cada tramo)

$P_1 = P_1$

$M_A = M_E = \frac{Pl}{9}$

$M_B = \frac{Pl}{10.8}$

$M_D = M_E = \frac{Pl}{18}$

$R_A = R_C = 0'54\,P$

$R_B = R_1 + R_2 = 0{,}92\,P$

$R_1 = R_2 = 0{,}46\,P$

VIGA DE DOS TRAMOS EMPOTRADA EN LOS EXTREMOS Y CENTRO

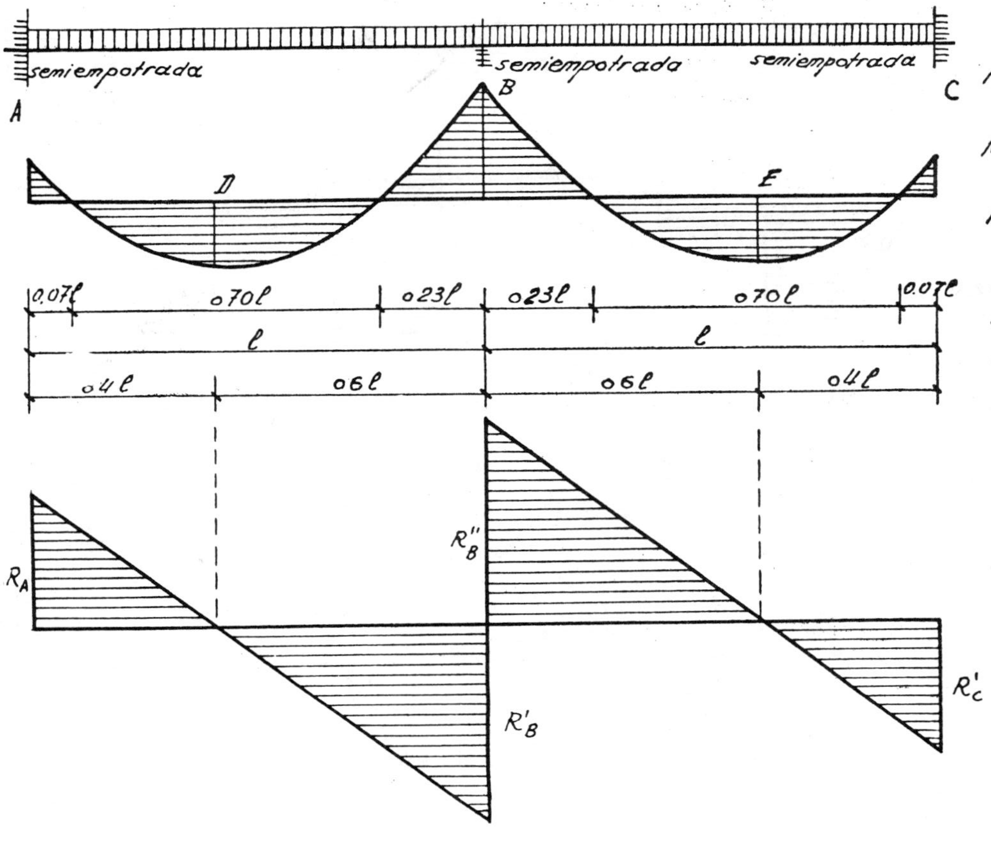

$M_A = M_C = \frac{Pl}{33}$

$M_B = \frac{Pl}{9}$

$M_D = M_E = \frac{Pl}{17}$

$R_A = R_C = 0{,}42P$

$R_B = R'_B + R''_B = 1{,}16P$

$R'_B = R''_B = 0{,}58P$

VIGA DE TRES TRAMOS EMPOTRADA EN LOS EXTREMOS Y CENTRO

DIAGRAMA 29

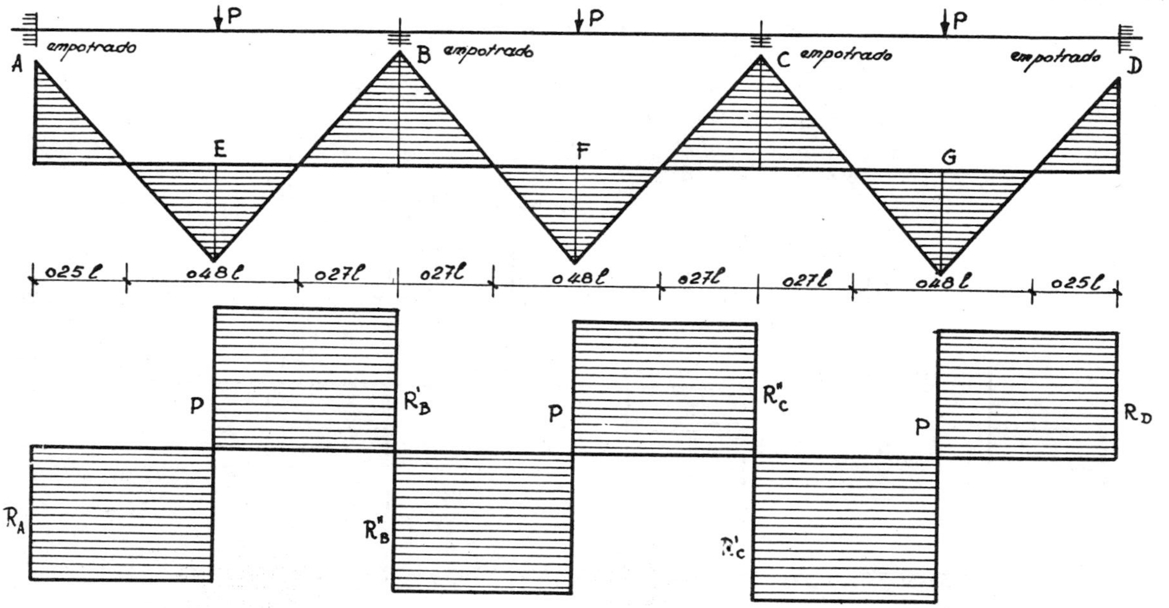

$$M_A = M_D = \frac{P\ell}{8,4}$$

$$M_B = M_C = \frac{P\ell}{7}$$

$$M_E = M_G = \frac{P\ell}{8,5}$$

$$M_F = \frac{P\ell}{9}$$

$R_A = R_D = 0{,}47\,P$

$R_B = R'_B + R''_B = 1{,}03\,P$

$R_C = R'_C + R''_C = 1{,}03\,P$

$R'_C = R'_B = 0{,}53\,P$

$R''_C = R''_B = 0{,}50\,P$

VIGA DE TRES TRAMOS EMPOTRADA EN LOS EXTREMOS Y CENTRO

DIAGRAMA 30

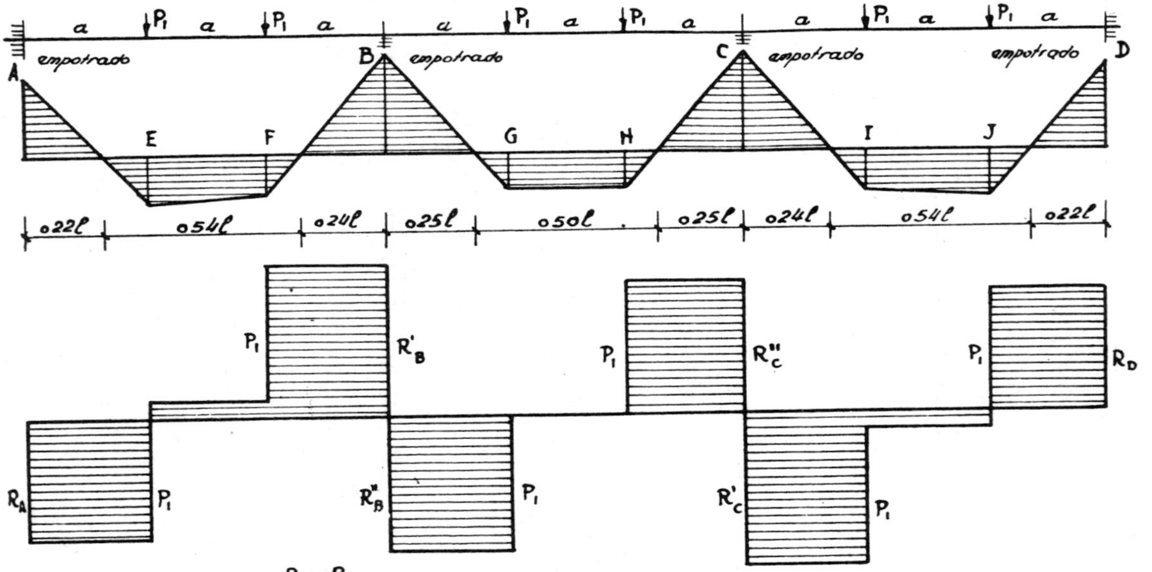

$P_1 = P_1$

$P_1 + P_1 = P$ en cada tramo

$M_A = M_D = \frac{Pl}{10}$

$M_B = M_C = \frac{Pl}{8}$

$M_E = M_J = \frac{Pl}{19}$

$M_G = M_H = \frac{Pl}{25}$

$R_A = R_D = 0{,}47P$

$R_B = R'_B + R''_B = 1{,}03\,P$

$R_C = R'_C + R''_C = 1{,}03P$

$R'_C = R'_B = 0{,}53\,P$

$R''_C = R''_B = 0{,}50\,P$

VIGA DE TRES TRAMOS EMPOTRADA EN LOS EXTREMOS Y CENTRO — DIAGRAMA 31

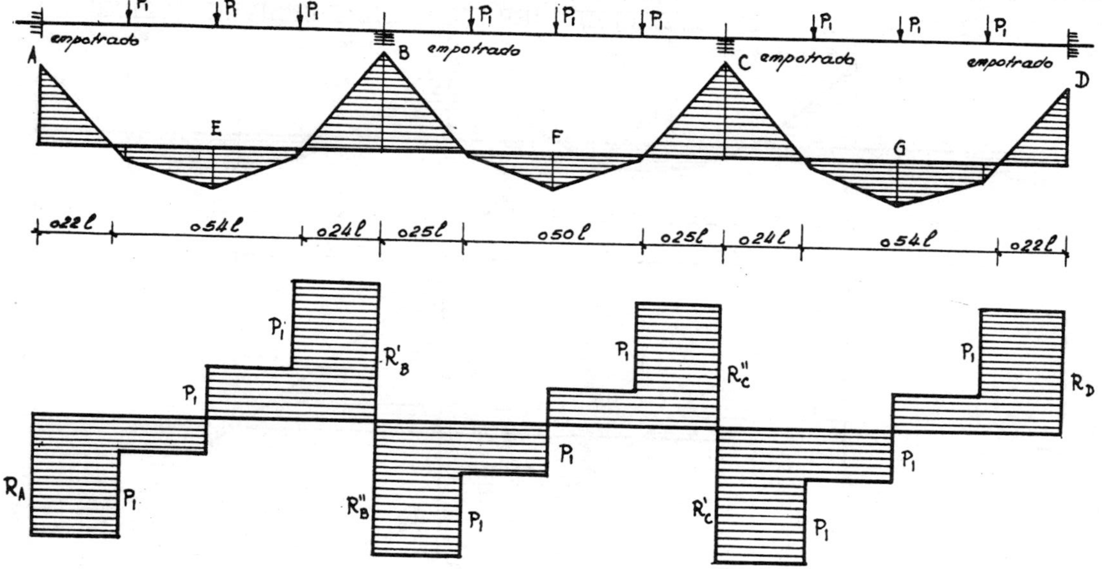

$P_1 = P_1$

$P_1 + P_1 + P_1 = P$ en cada tramo

$M_A = M_D = \dfrac{Pl}{10{,}4}$

$M_B = M_C = \dfrac{Pl}{8}$

$M_E = M_G = \dfrac{Pl}{19}$

$M_F = \dfrac{Pl}{27}$

$R_A = R_D = 0{,}47\,P$

$R_B = R'_B + R''_B = 1{,}03\,P$

$R_C = R'_C + R''_C = 1{,}03\,P$

$R'_C = R'_B = 0{,}53\,P$

$R''_B = R''_C = 0{,}50\,P$

VIGA DE TRES TRAMOS EMPOTRADA EN LOS EXTREMOS Y CENTRO

DIAGRAMA 32

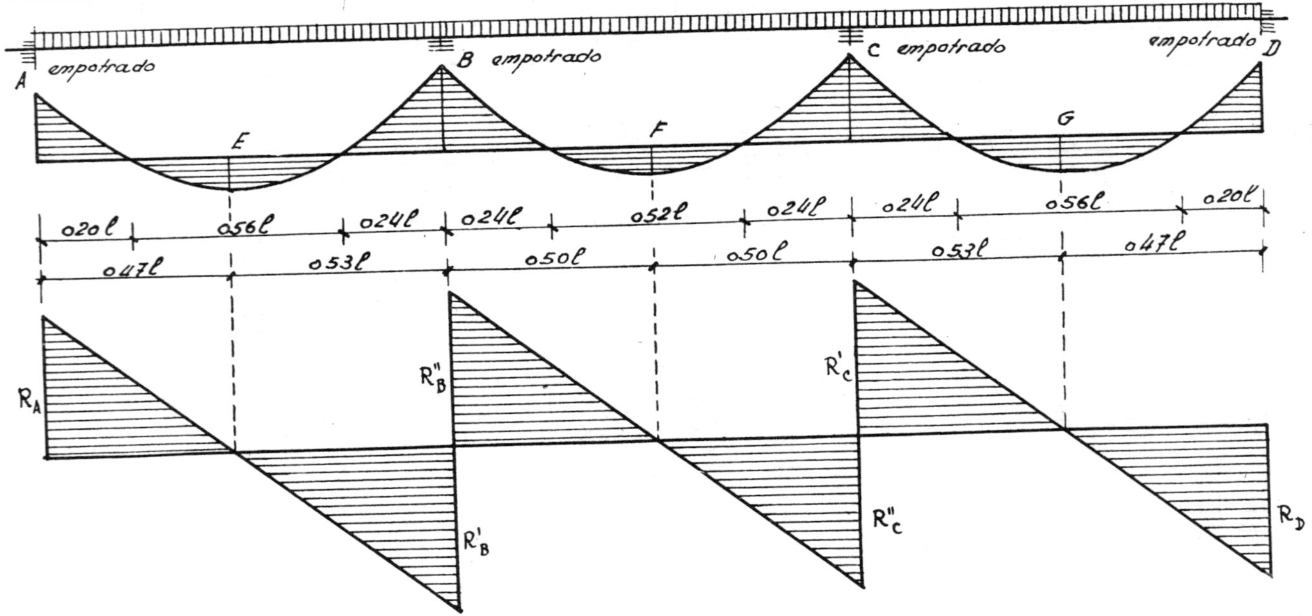

$$M_A = M_D = \frac{P\ell}{13,5}$$

$$M_B = M_C = \frac{P\ell}{10,8}$$

$$M_E = M_G = \frac{P\ell}{27}$$

$$M_F = \frac{P\ell}{33,5}$$

$R_A = R_D = 047\,P$

$R_B = R'_B + R''_B = 1{,}03\,P$

$R_C = R'_C + R''_C = 1{,}03\,P$

$R'_C = R'_B = 053\,P$

$R''_B = R''_C = 050\,P$

VIGA DE TRES TRAMOS EMPOTRADA EN LOS EXTREMOS Y CENTRO

DIAGRAMA 33

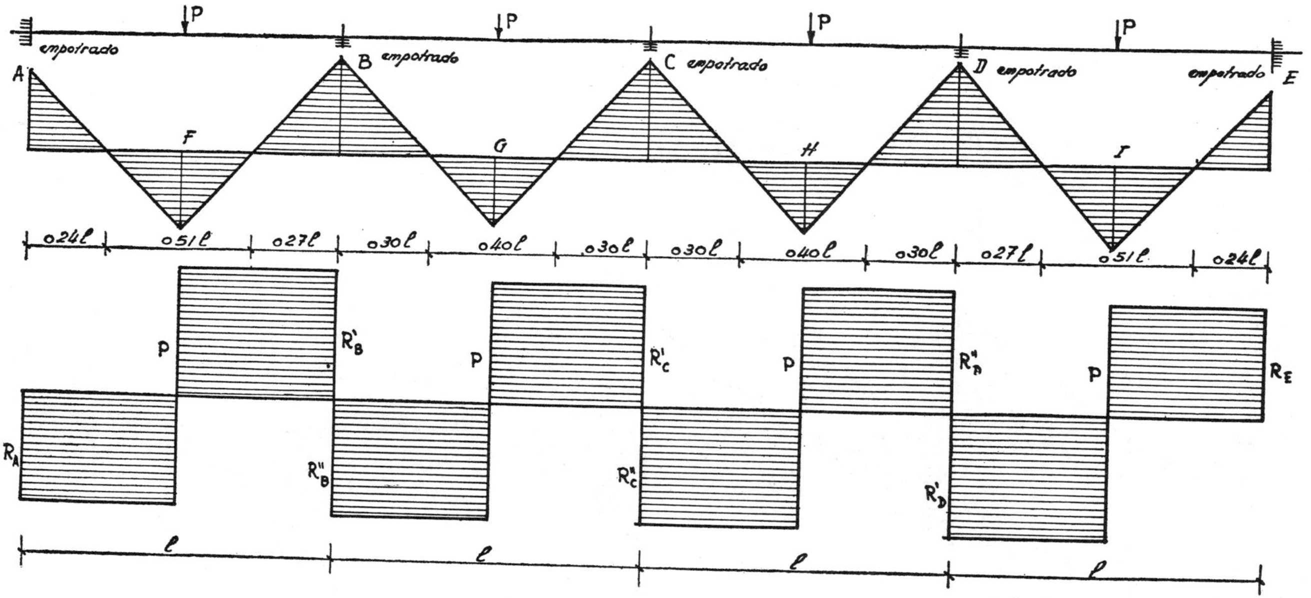

$R_A = R_E = 0.455\,P$

$R_D = R_B = R'_B + R''_B = 1{,}045\,P$

$R_c = R'_c \neq R''_c = 1\,P$

$R'_B = R'_D = 0\,545\,P$

$R''_c = R'_c = R''_B = R''_D = 0\,50\,P$

$M_A = M_E = \frac{P\ell}{9}$

$M_B = M_D = \frac{P\ell}{7}$

$M_C = \frac{P\ell}{7}$

$M_F = M_I = \frac{P.\ell}{8.4}$

$M_G = M_H = \frac{P\ell}{10}$

VIGA DE TRES TRAMOS EMPOTRADA EN LOS EXTREMOS Y CENTRO

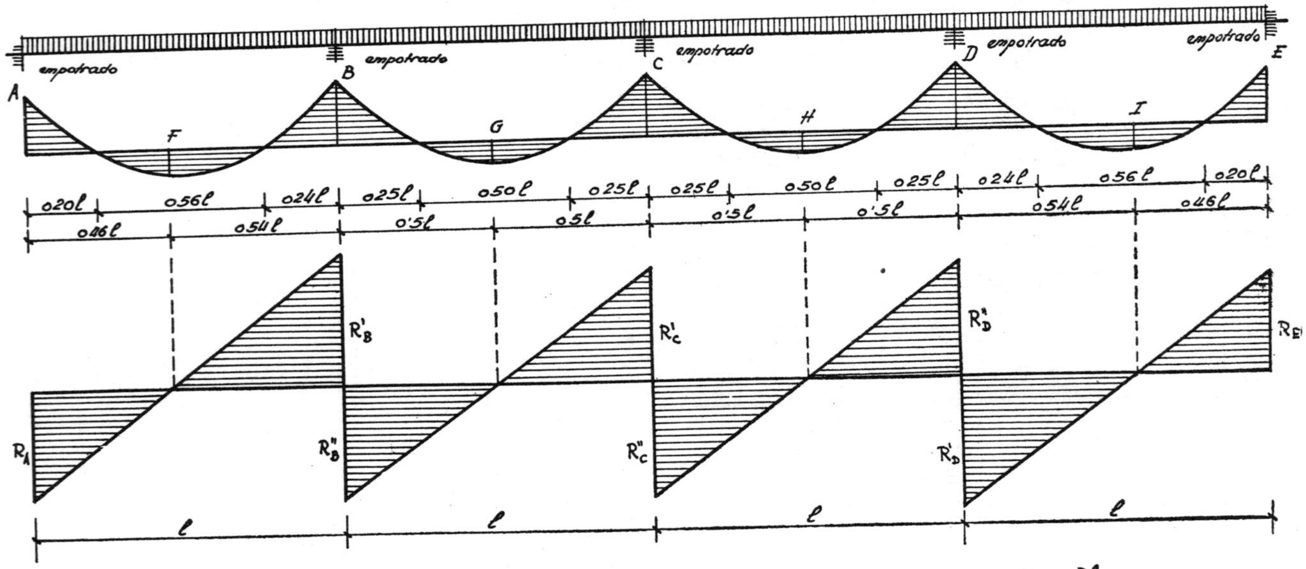

$R_A = R_E = 0455\,P$

$R_D = R_B = R'_B + R''_B = 1{,}045\,P$

$R_C = R'_C + R''_C = 1P$

$R'_B = R'_D = 0545\,P$

$R''_B = R''_C = R''_D = R'_C = 050\,P$

$M_A = M_E = \frac{P\ell}{13{,}5}$

$M_B = M_D = \frac{P\ell}{10'8}$

$M_C = \frac{P\ell}{10.8}$

$M_F = M_I = \frac{P\ell}{27}$

$M_G = M_H = \frac{P\ell}{33{,}7}$

VIGAS DE UN TRAMO, SEMIEMPOTRADAS EN UN EXTREMO Y APOYADAS EN EL OTRO

DIAGRAMAS 35 y 36

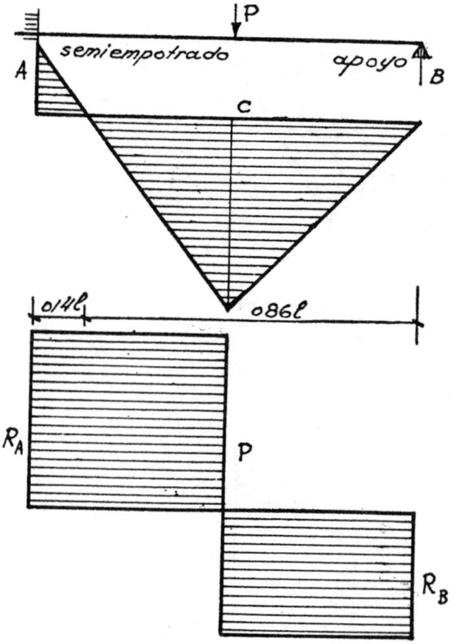

$M_A = \frac{P\ell}{12}$

$M_C = \frac{P\ell}{4.8}$

$R_A = 058P$

$R_B = 042P$

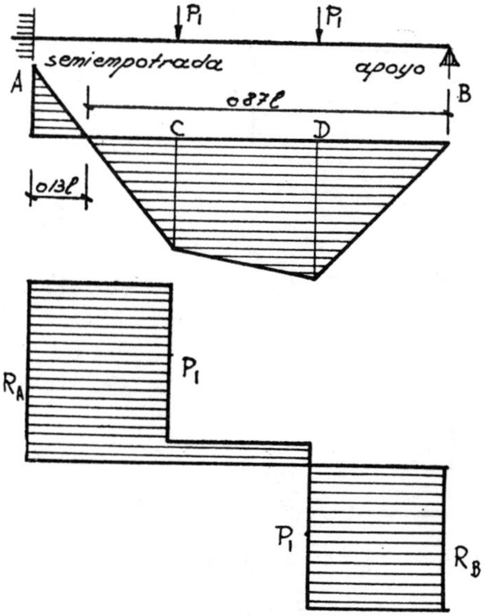

$P_1 + P_1 = P$

$P_1 = P_1$

$M_A = \frac{P\ell}{13,5}$

$M_D = \frac{P\ell}{7}$

$M_C = \frac{P\ell}{10}$

$R_A = 0555\,P$

$R_B = 0445\,P$

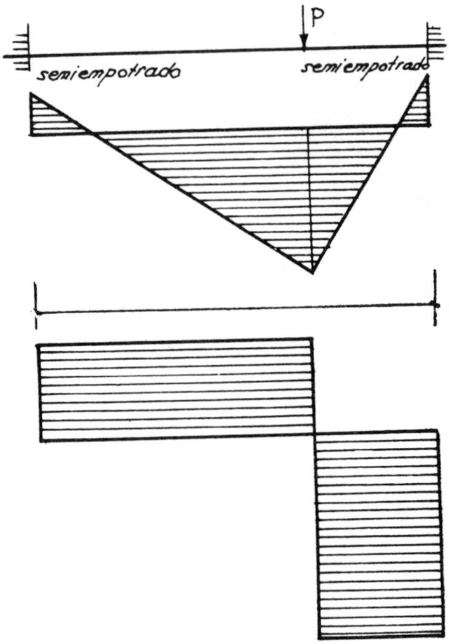

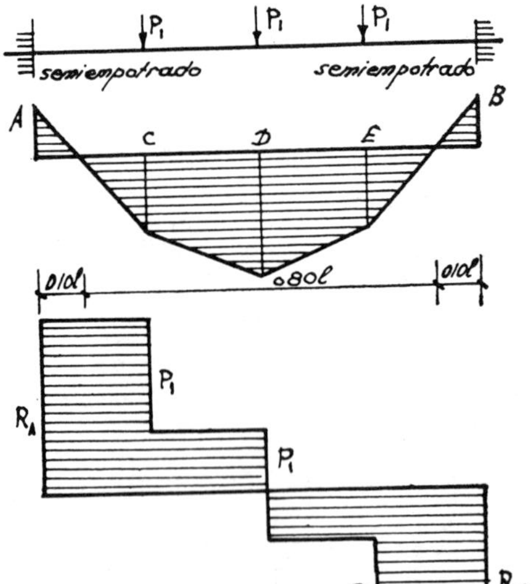

$P_1 + P_1 + P_1 = P$

$P_1 = P_1$

$M_A = M_B = \frac{Pl}{19}$

$M_D = \frac{Pl}{8,4}$

$M_C = M_E = \frac{Pl}{13,5}$

$R_A = 05P$

$R_B = 05P$

VIGAS DE UN TRAMO, SEMIEMPOTRADAS EN UN EXTREMO Y APOYADAS EN EL OTRO

DIAGRAMA 39

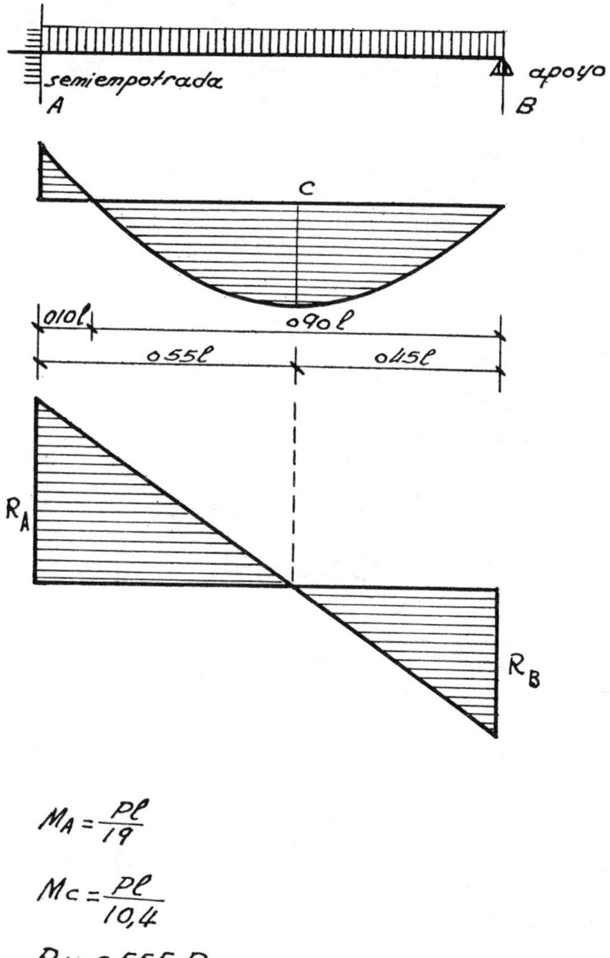

$$M_A = \frac{Pl}{19}$$

$$M_C = \frac{Pl}{10,4}$$

$R_A = 0{,}555\,P$
$R_B = 0{,}445\,P$

VIGAS DE UN TRAMO, SEMIEMPOTRADAS EN LOS DOS EXTREMOS

DIAGRAMAS 40 y 41

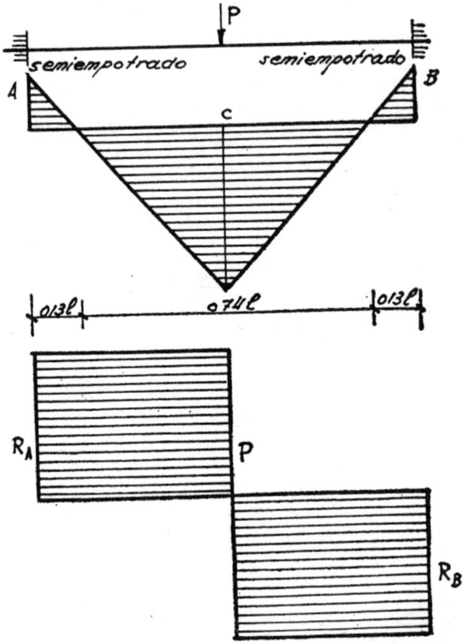

$M_A = M_B = \frac{Pl}{16}$

$M_C = \frac{Pl}{5,5}$

$R_A = 05\,P$

$R_B = 05\,P$

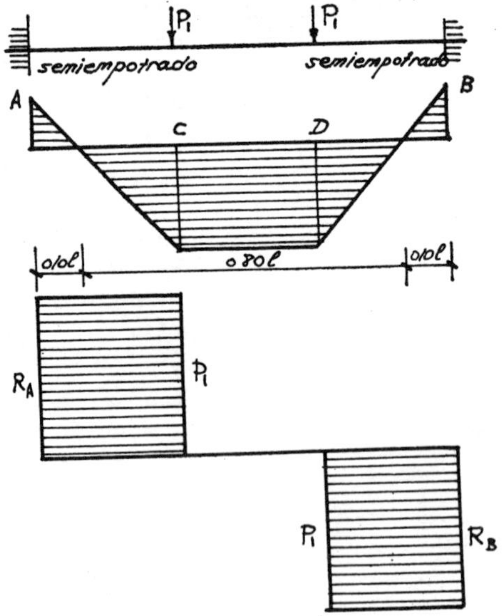

$M_A = M_B = \frac{Pl}{19}$

$M_C = M_D = \frac{Pl}{9,6}$

$P_1 + P_1 = P$

$P_1 = P_1$

$R_A = 05\,P$

$R_B = 05\,P$

VIGAS DE UN TRAMO, SEMIEMPOTRADAS EN LOS DOS EXTREMOS

DIAGRAMAS 42 y 43

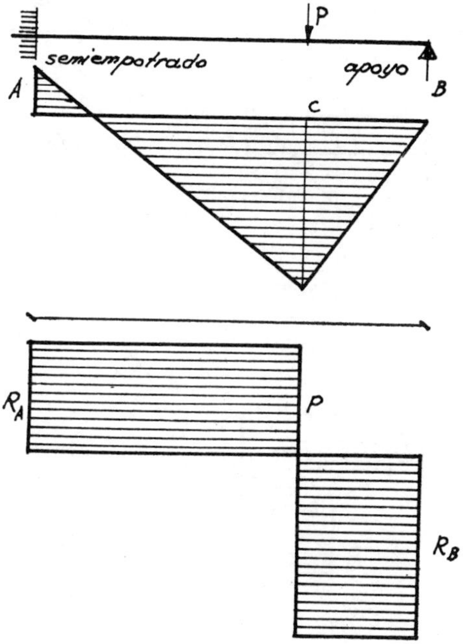

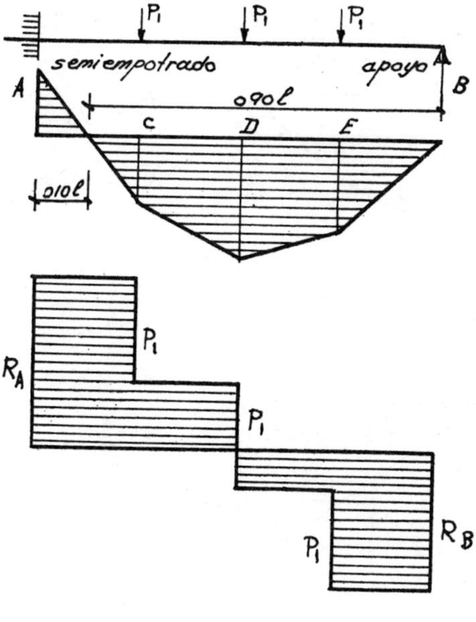

$P_1 + P_1 + P_1 = P$

$P_1 = P_1$

$M_A = \frac{Pl}{14}$

$M_D = \frac{Pl}{8}$

$M_C = \frac{Pl}{14}$

$M_E = \frac{Pl}{11}$

$R_A = 0555 P$

$R_B = 0445 P$

VIGAS DE UN TRAMO, SEMIEMPOTRADAS EN LOS DOS EXTREMOS

DIAGRAMAS 44 y 45

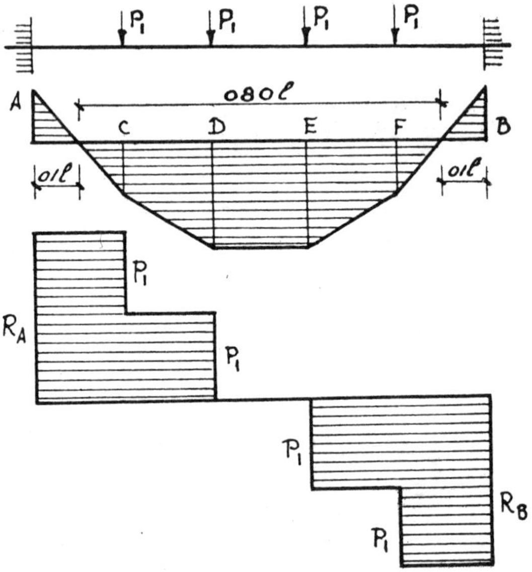

$P_1 + P_1 + P_1 + P_1 = P$

$P_1 = P_1$

$M_A = M_B = \frac{Pl}{19}$

$M_E = M_D = \frac{Pl}{9,6}$

$M_C = M_F = \frac{Pl}{19}$

$R_A = R_B = 05P$

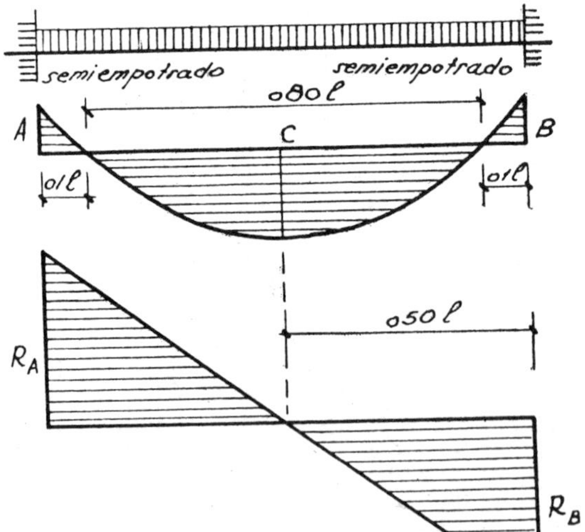

$M_A = M_B = \frac{Pl}{24}$

$M_C = \frac{Pl}{12}$

$R_A = R_B = 0,5P$

VIGA DE DOS TRAMOS, EMPOTRADA EN LOS EXTREMOS

DIAGRAMA 46

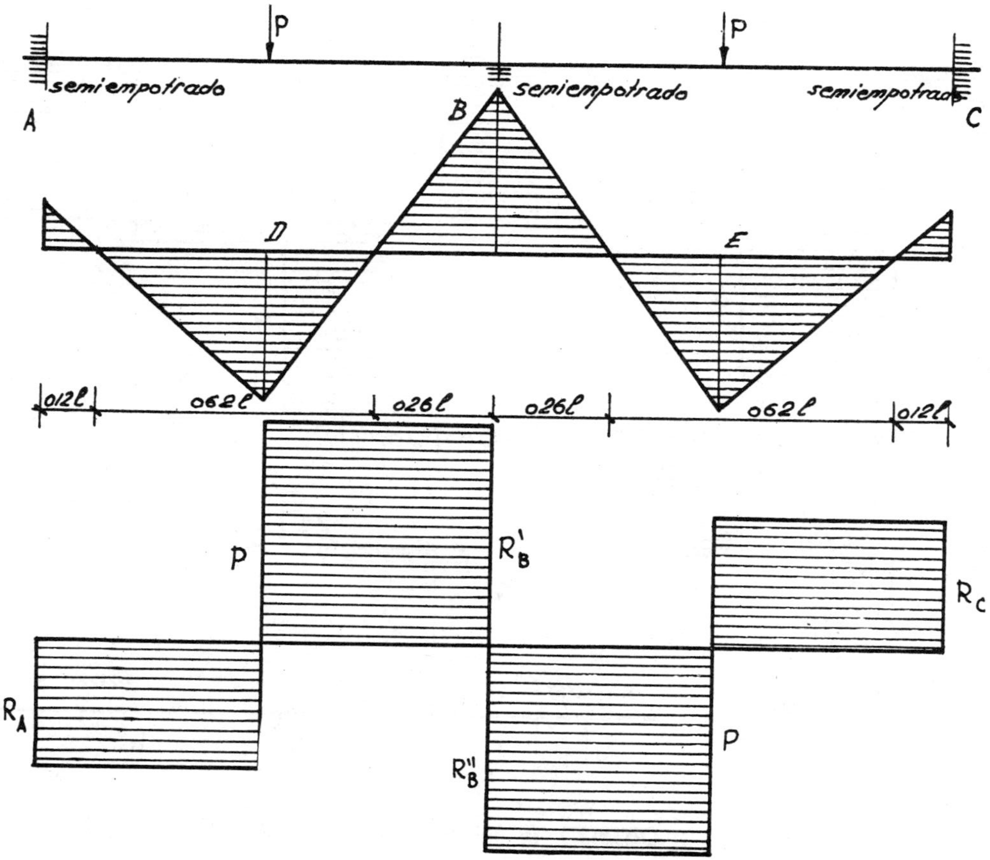

$M_A = M_C = \frac{Pl}{22,5}$

$M_B = \frac{Pl}{6,4}$

$M_D = M_E = \frac{Pl}{7}$

$R_A = R_C = 04\,P$

$R_B = R'_B + R''_B = 1,2\,P$

$R'_B = R''_B = 06\,P$

DIAGRAMA 47

VIGA DE DOS TRAMOS, SEMIEMPOTRADA EN EL CENTRO

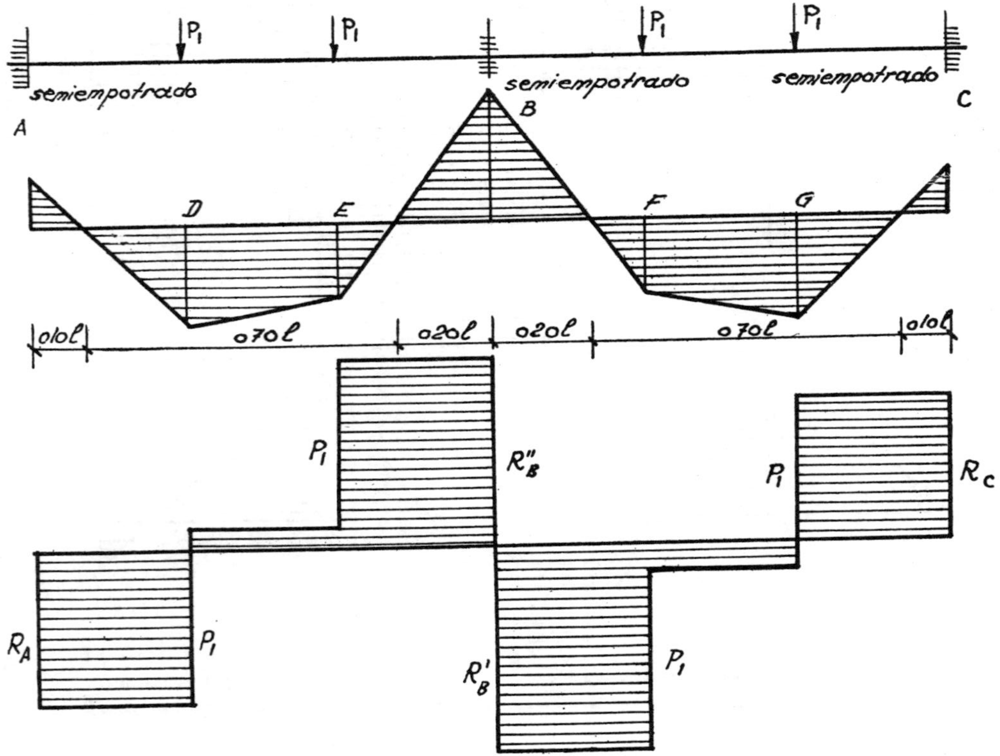

$P_1 + P_1 = P$ en cada tramo

$P_1 = P_1$

$M_A = M_C = \frac{Pl}{22.5}$

$M_B = \frac{Pl}{7}$

$M_D = M_G = \frac{Pl}{10}$

$M_E = M_F = \frac{Pl}{13,5}$

$R_A = R_C = 0{,}42\,P$

$R_B = R'_B + R''_B = 1{,}16\,P$

$R'_B = R''_B = 0{,}58\,P$

VIGA DE DOS TRAMOS, SEMIEMPOTRADA EN LOS EXTREMOS Y EN EL CENTRO

DIAGRAMA 48

$P_1 + P_1 + P_1 = P$

$P_1 = P_1$

$M_A = M_C = \frac{Pl}{27}$

$M_B = \frac{Pl}{7,5}$

$M_E = M_H = \frac{Pl}{12}$

$M_D = M_I = \frac{Pl}{14}$

$M_F = M_G = \frac{Pl}{45}$

$R_A = R_C = 0{,}4P$

$R_B = R'_B + R''_B = 1{,}2P$

$R'_B = R''_B = 0{,}6P$

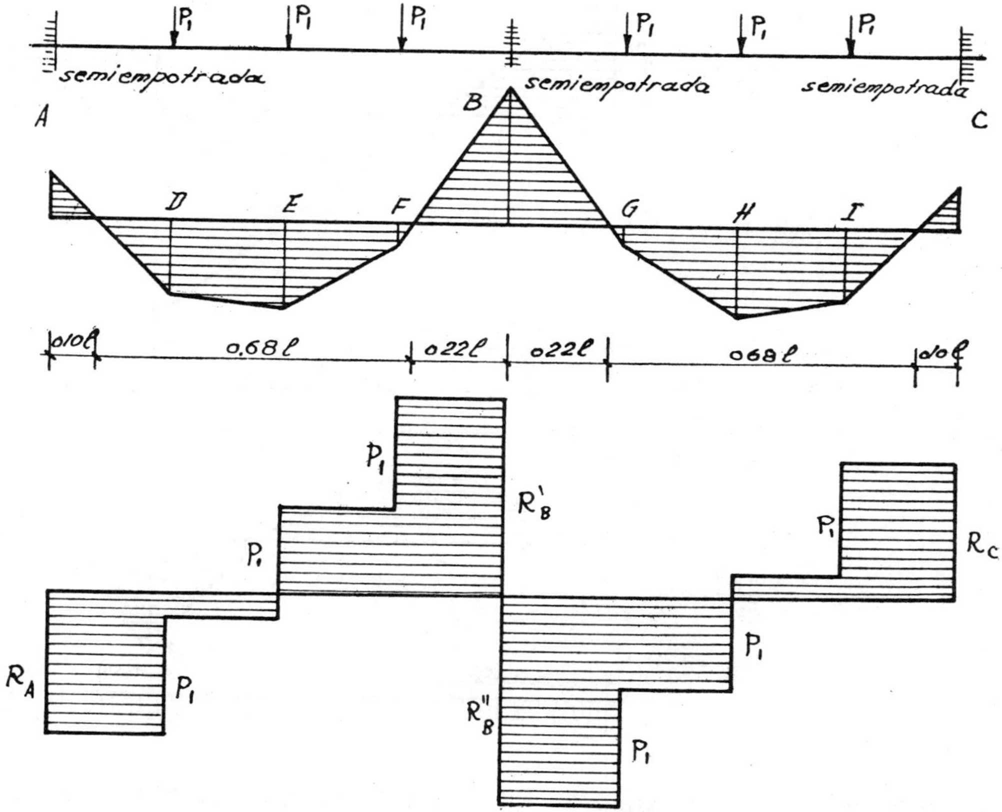

VIGA DE DOS TRAMOS, SEMIEMPOTRADA EN LOS EXTREMOS Y EN EL CENTRO

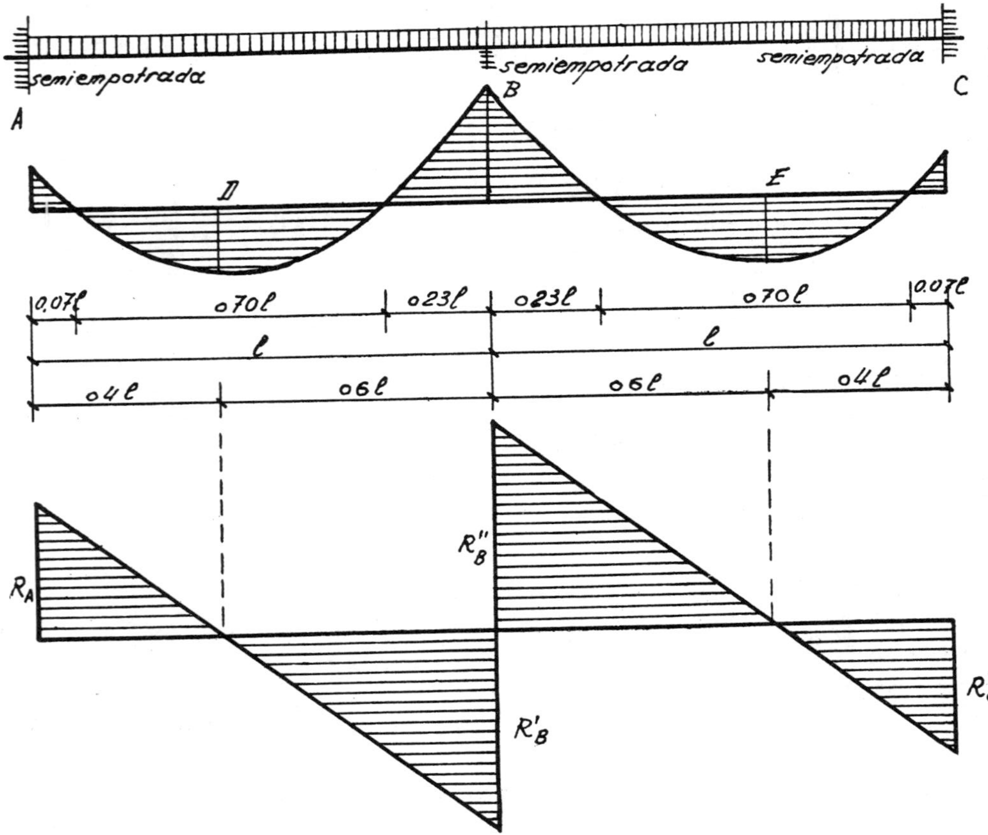

$M_A = M_C = \frac{P\ell}{33}$

$M_B = \frac{P\ell}{9}$

$M_D = M_E = \frac{P\ell}{17}$

$R_A = R_C = 0{,}42\,P$

$R_B = R'_B + R''_B = 1{,}16\,P$

$R'_B = R''_B = 0{,}58\,P$

VIGA DE TRES TRAMOS, SEMIEMPOTRADA EN LOS EXTREMOS Y EN LOS CENTROS DIAGRAMA 50

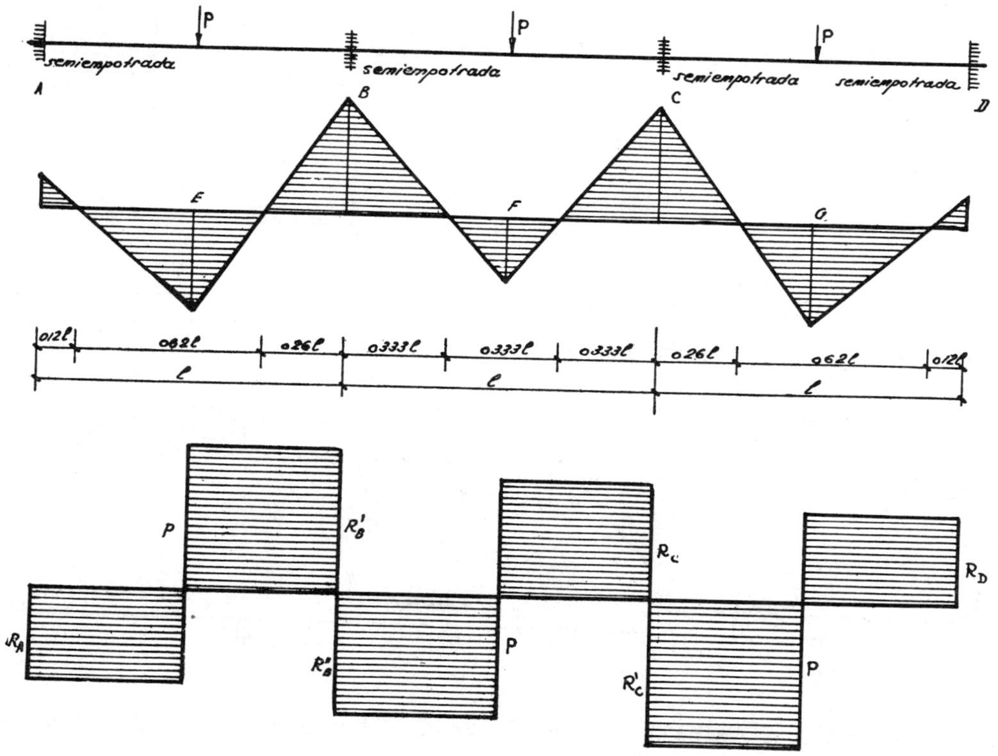

$M_A = M_D = \frac{Pl}{25}$

$M_B = M_C = \frac{Pl}{6}$

$M_E = M_G = \frac{Pl}{7}$

$M_F = \frac{Pl}{11,2}$

$R_A = R_D = 037\,P$

$R_B = R'_B + R''_B = 1,13\,P$

$R_C = R'_C + R''_C = 1,13\,P$

$R'_C = R'_B = 050\,P$

$R''_C = R''_B = 063\,P$

VIGA DE TRES TRAMOS, SEMIEMPOTRADA EN LOS EXTREMOS Y EN LOS CENTROS DIAGRAMA 51

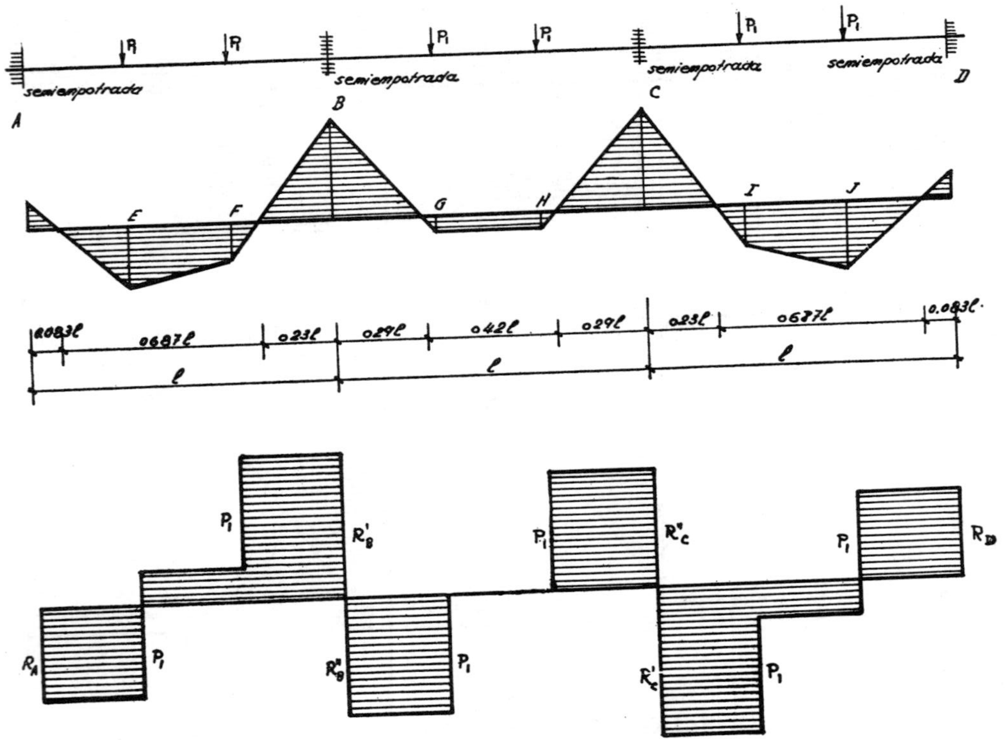

$M_A = M_D = \frac{P\ell}{27}$

$M_B = M_C = \frac{P\ell}{7}$

$M_E = M_J = \frac{P\ell}{10{,}6}$

$M_F = M_I = \frac{P\ell}{18}$

$M_G = M_H = \frac{P\ell}{42}$

$P_1 + P_1 = P$ en cada tramo

$P_1 = P_1$

$R_A = R_D = 040\,P$

$R_B = R'_B + R''_B = 1{,}10\,P$

$R_C = R'_C + R''_C = 1.10\,P$

$R''_C = R''_B = 050\,P$

$R'_C = R'_B = 060\,P$

VIGA DE TRES TRAMOS, SEMIEMPOTRADA EN LOS EXTREMOS Y EN LOS CENTROS DIAGRAMA 52

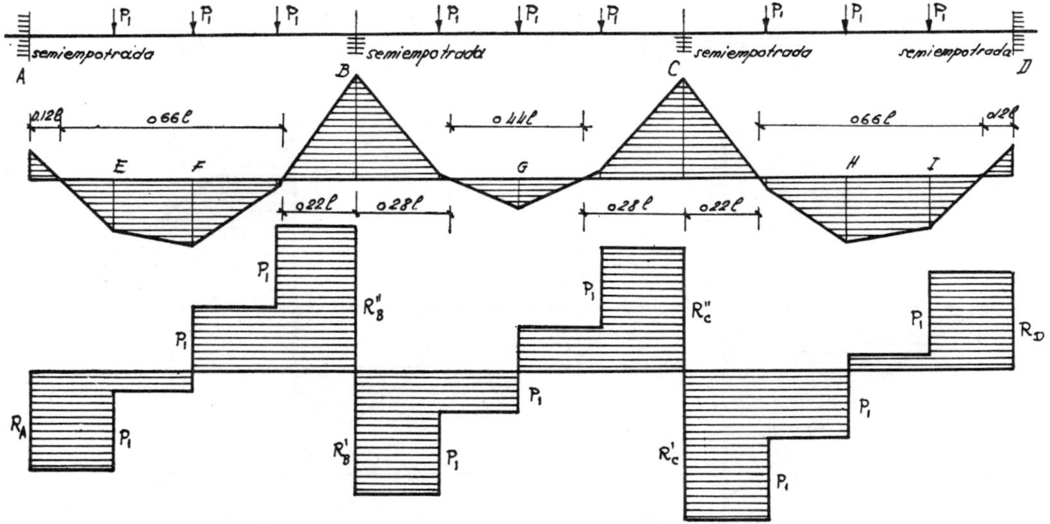

$P_1 + P_1 + P_1 = P$ en cada tramo

$P_1 = P_1$

$M_A = M_D = \frac{Pl}{30}$

$M_B = M_C = \frac{Pl}{7{,}6}$

$M_F = M_H = \frac{Pl}{12{,}3}$

$M_G = \frac{Pl}{27}$

$M_E = M_I = \frac{Pl}{}$

$R_A = R_D = 040\,P$

$R_B = R'_B + R''_B = 1{,}10\,P$

$R_C = R'_C + R''_C = 1{,}10\,P$

$R''_B = R''_C = 050\,P$

$R'_B = R'_C = 060\,P$

VIGA DE TRES TRAMOS, SEMIEMPOTRADA EN LOS EXTREMOS Y EN LOS CENTROS

DIAGRAMA 53

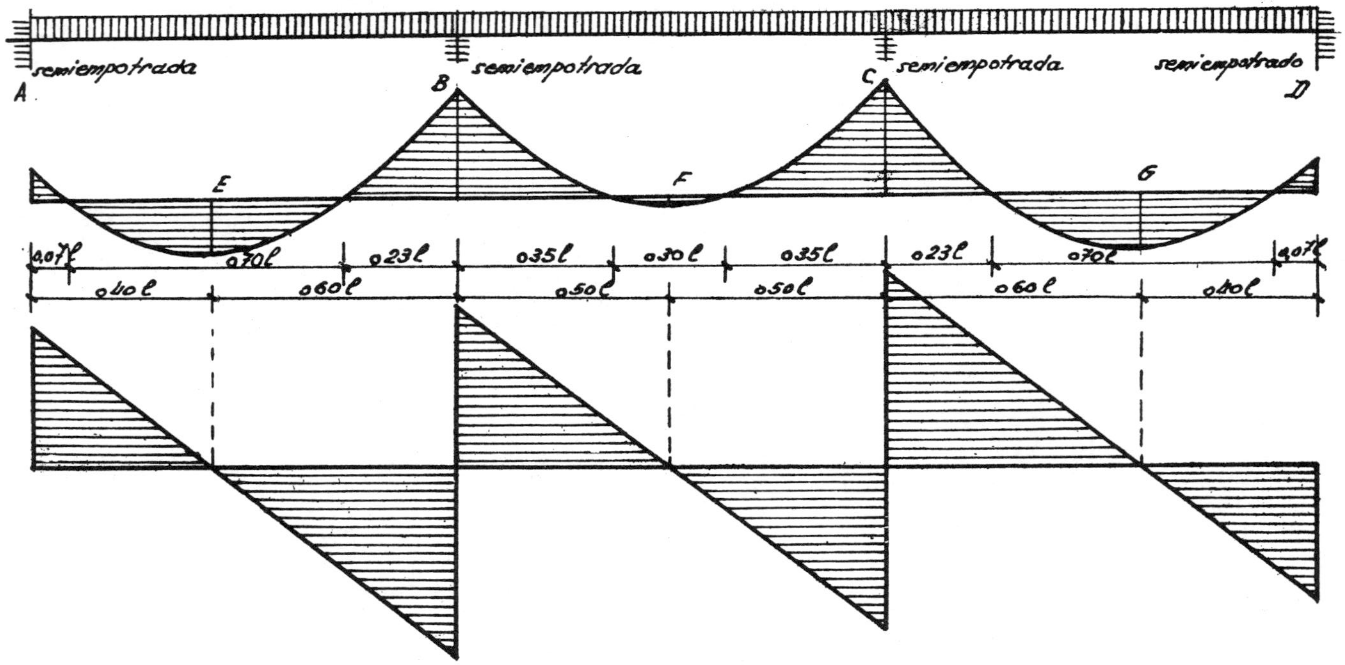

$R_A = R_D = 0.40\,P$

$R_B = R'_B + R''_B = 1.10\,P$

$R_C = R'_C + R''_C = 1.10\,P$

$R'_C = R'_B = 0.60\,P$

$R''_C = R''_B = 0.50\,P.$

$M_A = M_D = \frac{Pl}{33}$

$M_B = M_C = \frac{Pl}{9}$

$M_G = M_E = \frac{Pl}{18}$

VIGA DE TRES TRAMOS, SEMIEMPOTRADA EN LOS EXTREMOS Y EN LOS CENTROS — DIAGRAMA 54

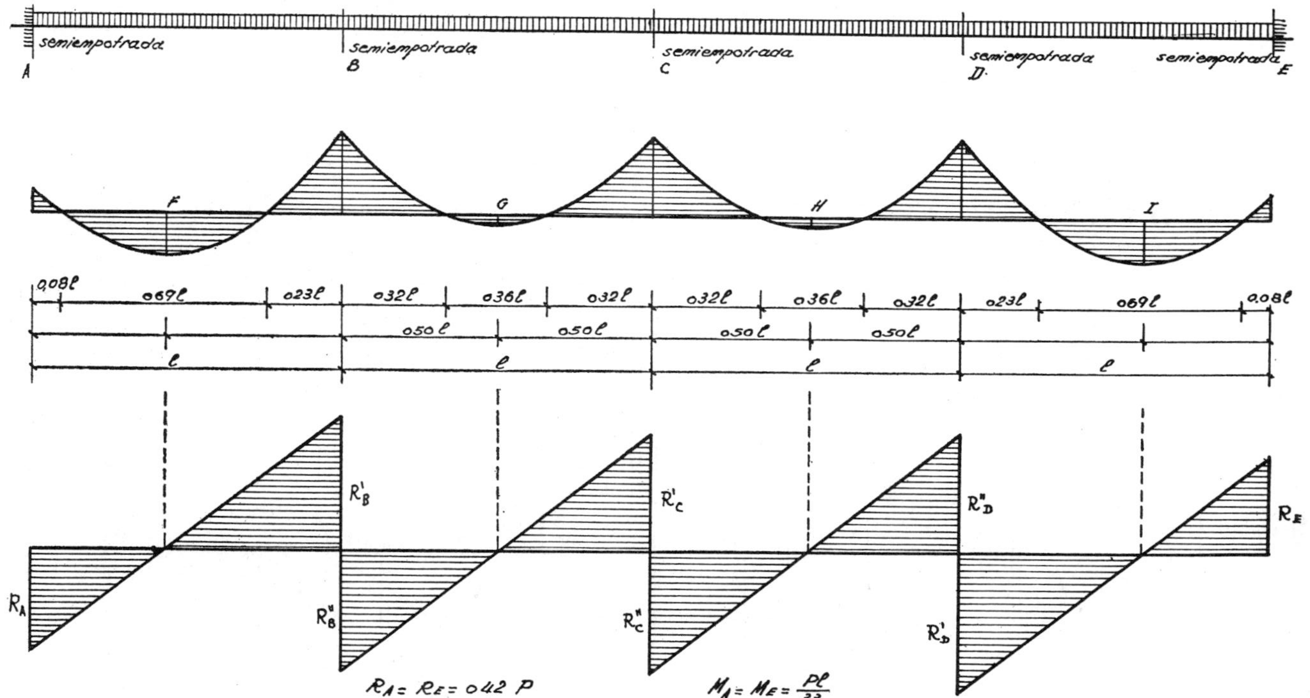

$R_A = R_E = 0{,}42\ P$

$R_B = R_D = R'_B + R''_B = 1{,}08\ P$

$R_C = R'_C + R''_C$

$R'_B = R'_D = 0{,}58\ P$

$R''_B = R'_C = R''_D = 0{,}50\ P$

$M_A = M_E = \frac{Pl}{33}$

$M_B = M_D = M_C = \frac{Pl}{9}$

$M_F = M_I = \frac{Pl}{18}$

$M_G = M_H = \frac{Pl}{54}$

VIGAS DE UN TRAMO, EMPOTRADAS EN UN EXTREMO Y APOYADAS EN EL OTRO

DIAGRAMAS 55 y 56

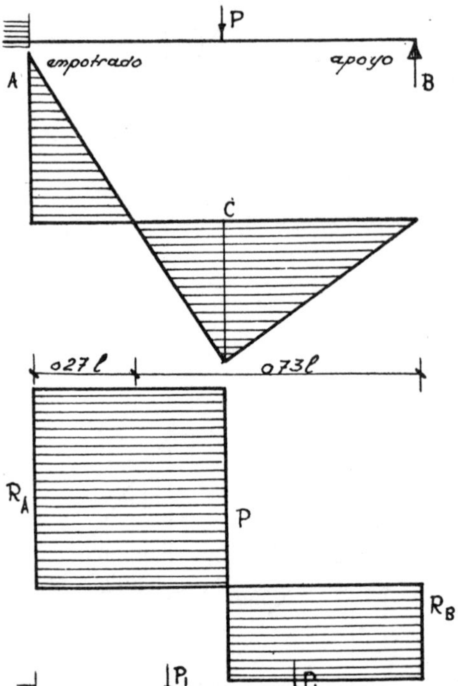

$M_A = \frac{Pl}{5}$

$M_C = \frac{Pl}{6}$

$R_A = 0{,}69\ P$

$R_B = 0{,}31\ P$

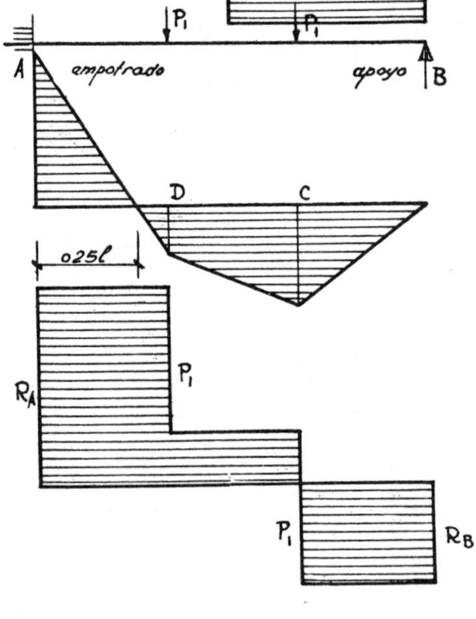

$M_A = \frac{Pl}{5{,}5}$

$M_C = \frac{Pl}{9}$

$M_D = \frac{Pl}{}$

$P_1 = P_1$

$P_1 + P_1 = P$

$R_A = 0{,}666\ P$

$R_B = 0{,}334\ P$

VIGAS DE UN TRAMO, EMPOTRADAS EN UN EXTREMO Y APOYADAS EN EL OTRO

DIAGRAMAS 57 y 58

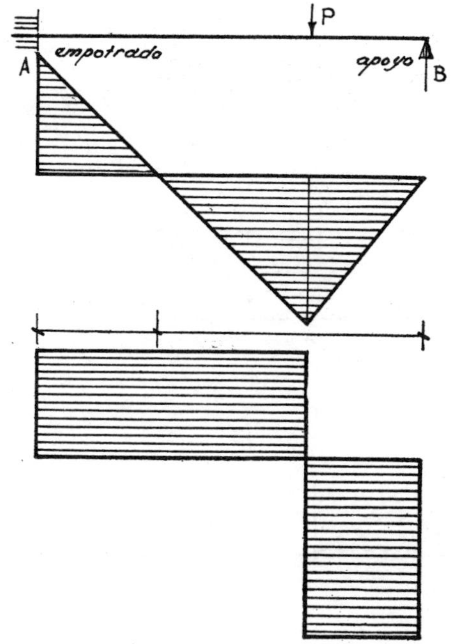

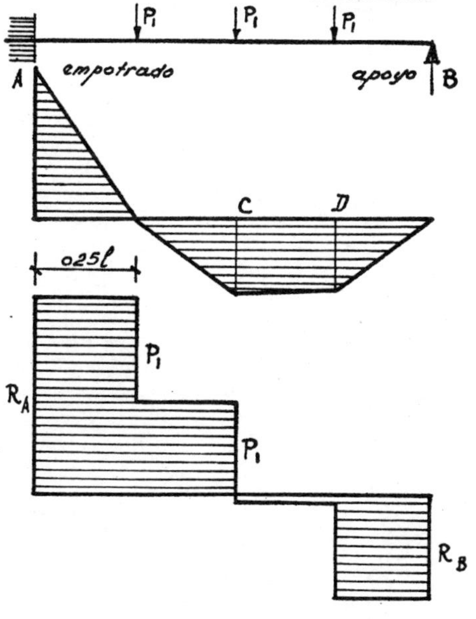

$M_A = \frac{Pl}{6}$

$M_C = \frac{Pl}{13,5}$

$M_D = \frac{Pl}{\ }$

$P_1 = P_1$

$P_1 + P_1 + P_1 = P$

$R_A = 0666\,P$

$R_B = 0334\,P$

VIGA DE UN TRAMO, EMPOTRADA EN UN EXTREMO Y APOYADA EN EL OTRO **DIAGRAMA 59**

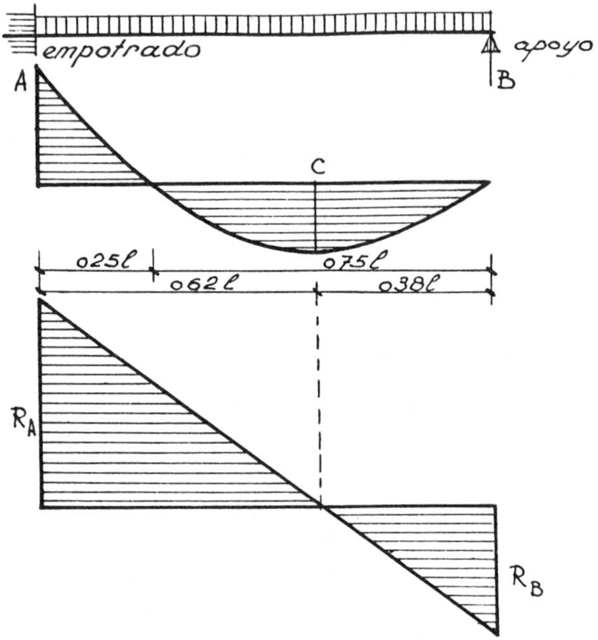

$$M_A = \frac{Pl}{8}$$

$$M_C = \frac{Pl}{15}$$

$$R_A = 0{,}61\,P$$
$$R_B = 0{,}39\,P$$

VIGA DE DOS TRAMOS, APOYADA EN LOS EXTREMOS Y EMPOTRADA EN EL CENTRO **DIAGRAMA 60**

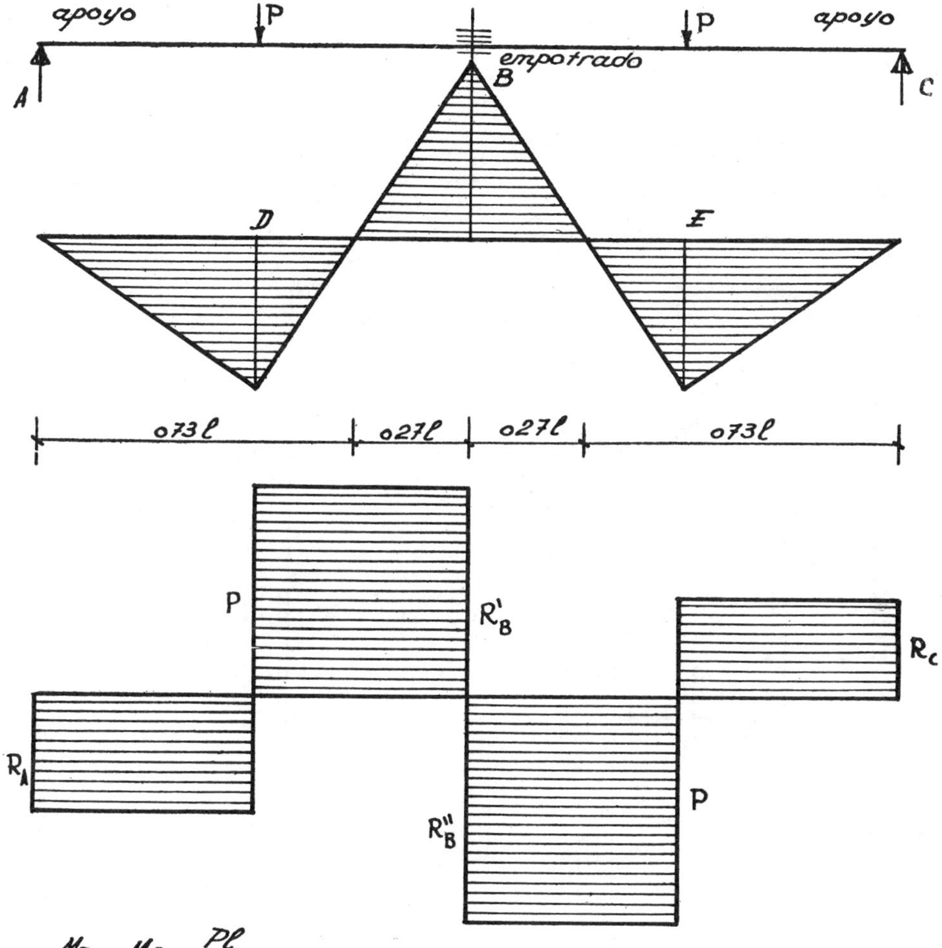

$$M_D = M_E = \frac{Pl}{6{,}7}$$

$$M_B = \frac{Pl}{5{,}3}$$

$$R_A = R_C = 031\,P$$

$$R_B = R'_B + R''_B = 1{,}38\,P$$

$$R'_B = R''_B = 069\,P$$

VIGA DE DOS TRAMOS, APOYADA EN LOS EXTREMOS Y EMPOTRADA EN LOS CENTROS DIAGRAMA 61

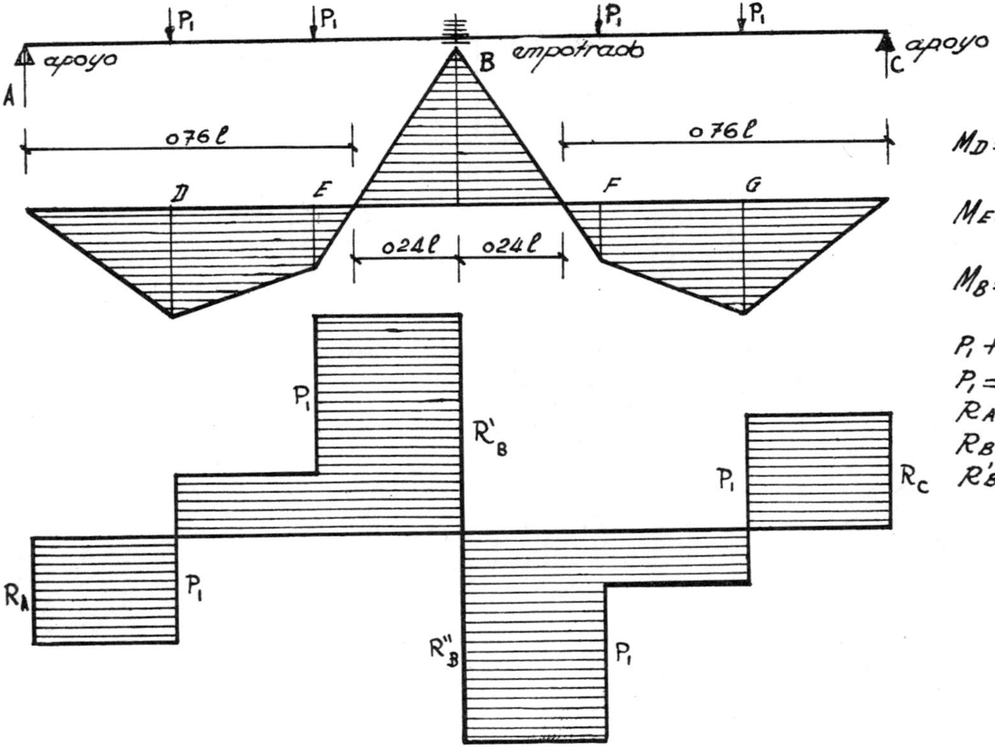

$M_D = M_G = \frac{Pl}{9}$

$M_E = M_F = \frac{Pl}{18}$

$M_B = \frac{Pl}{6}$

$P_1 + P_1 = P$ en cada tramo

$P_1 = P_1$

$R_A = R_C = 0334\ P$

$R_B = R'_B + R''_B = 1{,}332\ P$

$R'_B = R''_B = 0{,}666\ P$

VIGA DE DOS TRAMOS, APOYADA EN LOS EXTREMOS Y EMPOTRADA EN LOS CENTROS DIAGRAMA 62

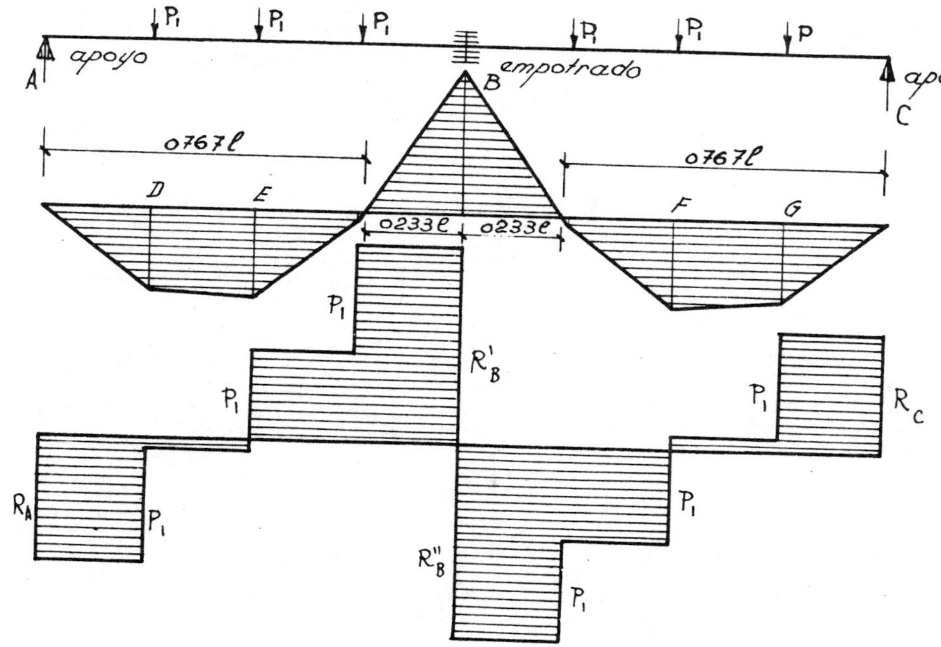

$M_E = M_F = \frac{Pl}{11,2}$

$M_D = M_G = \frac{Pl}{11,6}$

$M_B = \frac{Pl}{6,5}$

$P_1 = P_1$

$P_1 + P_1 + P_1 = P$ en cada tramo

$R_A = R_C = 0345P$

$R_B = R'_B + R''_B = 1,310P$

$R'_B = R''_B = 0,655P$

VIGA DE DOS TRAMOS, APOYADA EN LOS EXTREMOS Y EMPOTRADA EN LOS CENTROS

DIAGRAMA 63

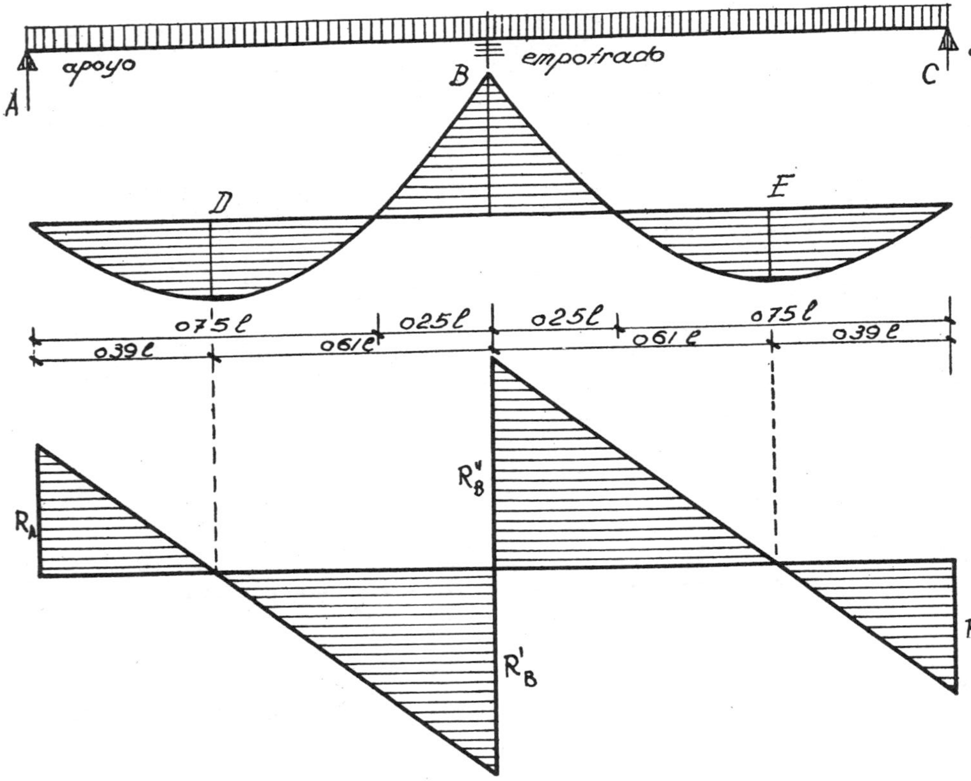

$$M_B = \frac{P\ell}{8}$$

$$M_D = M_E = \frac{P\ell}{14{,}5}$$

$$R_A = R_C = 0{,}37\,P$$

$$R_B = R'_B + R''_B = 1{,}26\,P$$

$$R'_B = R''_B = 0{,}63\,P$$

VIGA DE DOS TRAMOS, APOYADA EN LOS EXTREMOS Y EMPOTRADA EN LOS CENTROS DIAGRAMA 64

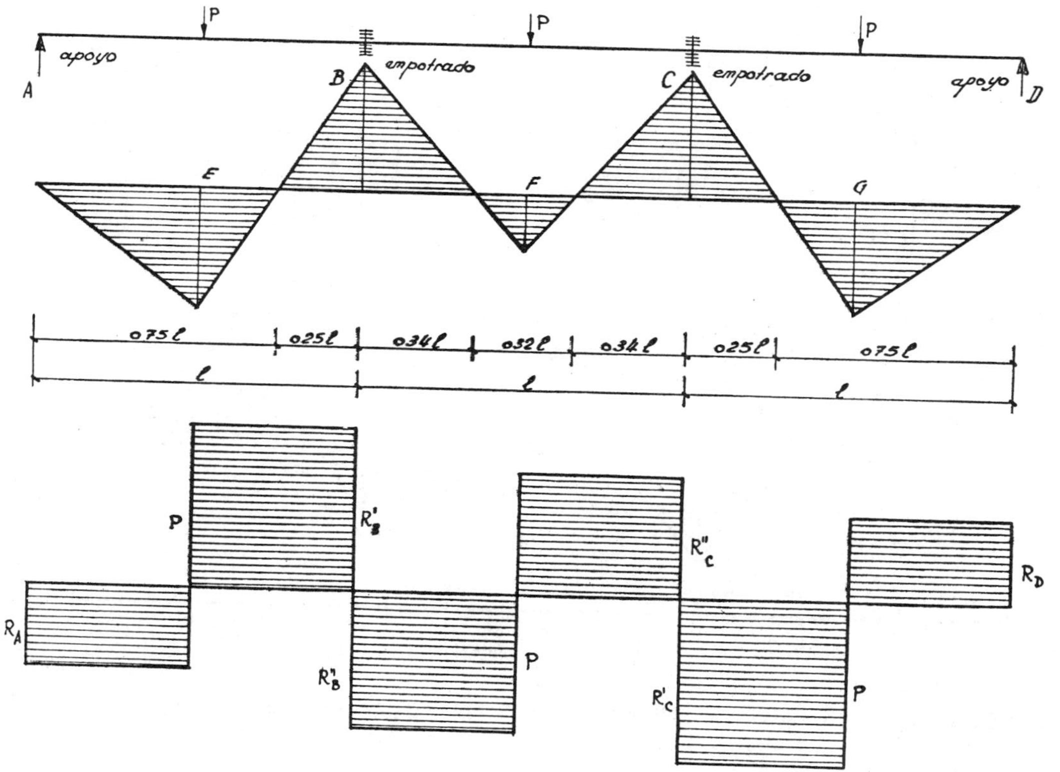

$M_B = M_C = \frac{P\ell}{6,5}$

$M_E = M_G = \frac{P\ell}{6}$

$M_F = \frac{P\ell}{13,5}$

$R_A = R_D = 035P$

$R_B = R'_B + R''_B = 1,15P$

$R_C = R'_C + R''_C = 1,15P$

$R''_B = R''_C = 050P$

$R'_C = R'_B = 065P$

VIGA DE TRES TRAMOS, APOYADA EN LOS EXTREMOS Y EMPOTRADA EN LOS CENTROS — DIAGRAMA 65

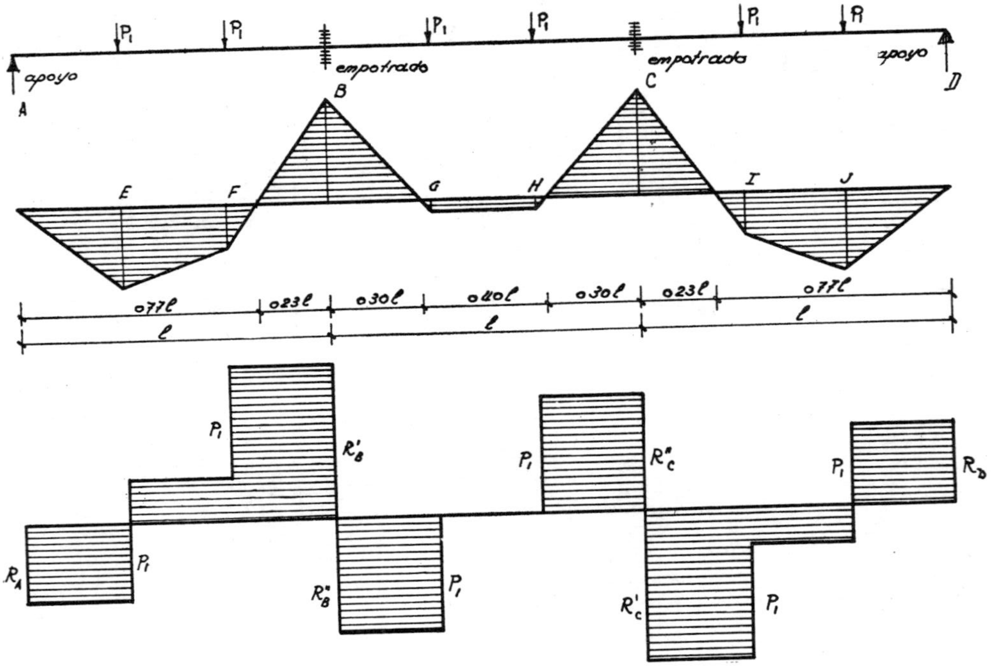

$P_1 = P_1$

$P_1 + P_1 = P$ en cada tramo

$M_B = M_C = \frac{Pl}{7}$

$M_E = M_J = \frac{Pl}{9}$

$M_F = M_I = \underline{Pl}$

$R_A = R_D = 0365\,P$

$R_B = R'_B + R''_B = 1{,}135\,P$

$R_C = R'_C + R''_C = 1{,}135\,P$

$R'_B = R'_C = 0635\,P$

$R''_C = R''_B = 050\,P$

VIGA DE TRES TRAMOS, APOYADA EN LOS EXTREMOS Y EMPOTRADA EN LOS CENTROS   DIAGRAMA 66

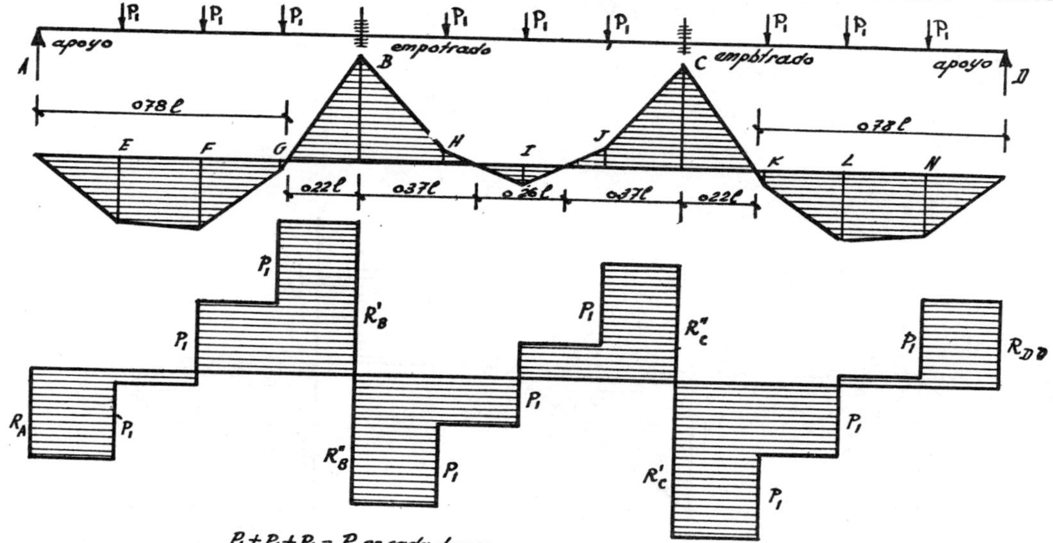

$P_1 + P_1 + P_1 = P$ en cada tramo

$P_1 = P_1 = P_1$

$M_B = M_C = \frac{Pl}{7.5}$

$M_F = M_L = \frac{Pl}{10,5}$

$M_E = M_N = \frac{Pl}{11,4}$

$M_I = \frac{Pl}{45}$

$M_H = M_J = \frac{Pl}{55}$

$R_A = R_D = 0375 P$

$R_B = R'_B + R''_B = 1,125 P$

$R_C = R'_C + R''_C = 1,125 P$

$R''_C = R''_B = 050 P$

$R'_C = R'_B = 0625 P$

VIGA DE TRES TRAMOS, APOYADA EN LOS EXTREMOS Y EMPOTRADA EN LOS CENTROS DIAGRAMA 67

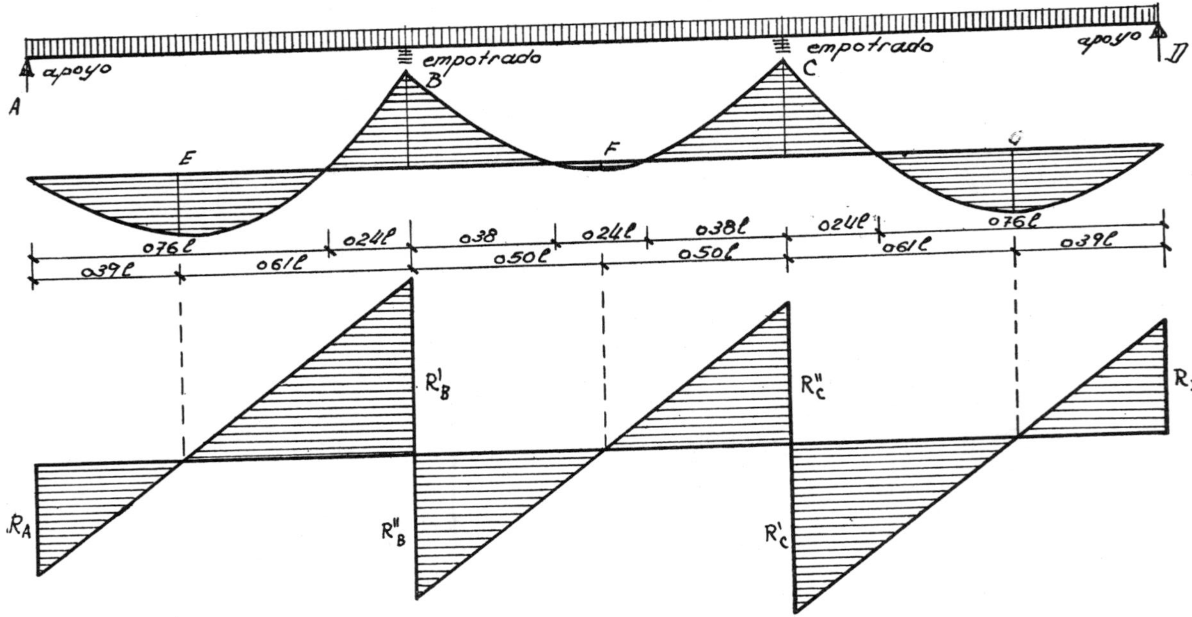

$M_B = M_C = \frac{Pl}{10}$

$M_E = M_G = \frac{Pl}{13}$

$M_F = \frac{Pl}{100}$

$R_A = R_D = 0395\ P$

$R_B = R'_B + R''_B = 1{,}105\ P$

$R_C = R'_C + R''_C = 1{,}105\ P$

$R''_B = R''_C = 050\ P$

$R'_C = R'_B = 0605\ P$

X. Volumen y peso de vigas pilares y placas de hormigón

VOLUMEN EN m_3 DE PILARES Y VIGAS DE HORMIGON

TABLA 63

Sección cm m²	0,25 ml	0,50 ml	0,75 ml	1,00 ml	2,00 ml	2,50 ml	3,00 ml.	3,50 ml.	4,00 ml.	4,50 ml.
20 × 20 = 0,0400	0,0100	0,020	0,030	0,0400	0,080	0,100	0,120	0,140	0,160	0,180
25 × 25 = 0,0625	0,0156	0,031	0,046	0,0625	0,125	0,156	0,187	0,218	0,250	0,281
30 × 30 = 0,0900	0,0225	0,045	0,067	0,0900	0,180	0,225	0,270	0,315	0,360	0,405
35 × 35 = 0,1225	0,0300	0,061	0,091	0,1225	0,245	0,306	0,367	0,428	0,490	0,551
40 × 40 = 0,1600	0,0400	0,080	0,120	0,1600	0,320	0,400	0,480	0,560	0,640	0,720
45 × 45 = 0,2025	0,0500	0,101	0,151	0,2025	0,405	0,506	0,607	0,708	0,810	0,911
50 × 50 = 0,2500	0,0625	0,125	0,187	0,2500	0,500	0,625	0,750	0,873	1,000	1,125
55 × 55 = 0,3025	0,0756	0,151	0,226	0,3025	0,605	0,756	0,907	1,058	1,210	1,361
60 × 60 = 0,3600	0,0900	0,180	0,270	0,3600	0,720	0,900	1,080	1,260	1,440	1,620
65 × 65 = 0,4225	0,1050	0,211	0,316	0,4225	0,845	1,056	1,267	1,478	1,690	1,901
70 × 70 = 0,4900	0,1225	0,245	0,367	0,4900	0,980	1,225	1,470	1,715	1,960	2,205
15 × 20 = 0,0300	0,0075	0,015	0,022	0,0300	0,060	0,073	0,090	0,105	0,120	0,135
15 × 25 = 0,0375	0,0093	0,018	0,028	0,0375	0,075	0,093	0,112	0,131	0,150	0,168
15 × 30 = 0,0450	0,0112	0,022	0,033	0,0450	0,090	0,112	0,135	0,157	0,180	0,202
15 × 35 = 0,0525	0,0131	0,026	0,039	0,0525	0,105	0,131	0,157	0,183	0,210	0,236
15 × 40 = 0,0600	0,0150	0,030	0,045	0,0600	0,120	0,150	0,180	0,210	0,240	0,270
15 × 45 = 0,0675	0,0168	0,033	0,050	0,0675	0,133	0,168	0,202	0,236	0,270	0,303
20 × 30 = 0,0600	0,0150	0,030	0,045	0,0600	0,120	0,150	0,180	0,210	0,240	0,270
20 × 35 = 0,0700	0,0175	0,035	0,052	0,0700	0,140	0,175	0,210	0,245	0,280	0,315
20 × 40 = 0,0800	0,0200	0,040	0,060	0,0800	0,160	0,200	0,240	0,280	0,320	0,360
20 × 45 = 0,0900	0,0225	0,045	0,067	0,0900	0,180	0,225	0,270	0,315	0,360	0,405
20 × 50 = 0,1000	0,0250	0,050	0,075	0,1000	0,200	0,250	0,300	0,350	0,400	0,450
20 × 55 = 0,1100	0,0275	0,055	0,082	0,1100	0,220	0,275	0,330	0,385	0,440	0,495
20 × 60 = 0,1200	0,0300	0,060	0,090	0,1200	0,240	0,300	0,360	0,420	0,480	0,540
25 × 30 = 0,0750	0,0187	0,037	0,056	0,0750	0,150	0,187	0,225	0,262	0,300	0,337
25 × 35 = 0,0875	0,0218	0,043	0,065	0,0873	0,175	0,218	0,262	0,306	0,350	0,393
25 × 40 = 0,1000	0,0250	0,050	0,075	0,1000	0,200	0,250	0,300	0,330	0,400	0,450
25 × 45 = 0,1125	0,0281	0,056	0,084	0,1125	0,225	0,281	0,337	0,393	0,450	0,506
25 × 50 = 0,1250	0,0310	0,062	0,093	0,1250	0,250	0,312	0,375	0,437	0,500	0,562
25 × 55 = 0,1375	0,0343	0,068	0,103	0,1375	0,275	0,343	0,412	0,481	0,550	0,618
25 × 60 = 0,1500	0,0375	0,075	0,112	0,1500	0,300	0,375	0,450	0,525	0,600	0,675
25 × 65 = 0,1625	0,0400	0,081	0,121	0,1625	0,325	0,406	0,487	0,568	0,650	0,731
25 × 70 = 0,1750	0,0437	0,087	0,131	0,1750	0,350	0,437	0,525	0,612	0,700	0,787
25 × 75 = 0,1875	0,0468	0,093	0,140	0,1875	0,375	0,468	0,562	0,656	0,750	0,843
30 × 35 = 0,1050	0,0262	0,052	0,078	0,1050	0,210	0,262	0,315	0,367	0,450	0,472
30 × 40 = 0,1200	0,0300	0,060	0,090	0,1200	0,240	0,300	0,360	0,420	0,480	0,540
30 × 45 = 0,1350	0,0337	0,067	0,101	0,1350	0,270	0,337	0,405	0,472	0,540	0,607
30 × 50 = 0,1500	0,0375	0,075	0,112	0,1500	0,300	0,375	0,450	0,525	0,600	0,675
30 × 55 = 0,1650	0,0410	0,082	0,123	0,1650	0,330	0,412	0,495	0,577	0,660	0,742
30 × 60 = 0,1800	0,0450	0,090	0,135	0,1800	0,360	0,450	0,540	0,630	0,720	0,810
30 × 65 = 0,1950	0,0487	0,097	0,146	0,1950	0,390	0,487	0,585	0,682	0,780	0,877
30 × 70 = 0,2100	0,0525	0,105	0,157	0,2100	0,420	0,525	0,630	0,735	0,840	0,945
30 × 75 = 0,2250	0,0562	0,112	0,168	0,2250	0,450	0,562	0,675	0,787	0,900	1,012
30 × 80 = 0,2400	0,0600	0,120	0,180	0,2400	0,480	0,600	0,720	0,840	0,960	1,080
35 × 40 = 0,1400	0,0350	0,070	0,105	0,1400	0,280	0,350	0,420	0,490	0,560	0,630
35 × 45 = 0,1575	0,0393	0,080	0,118	0,1575	0,315	0,393	0,472	0,551	0,630	0,708
35 × 50 = 0,1750	0,0437	0,087	0,131	0,1750	0,350	0,437	0,525	0,612	0,700	0,787
35 × 55 = 0,1925	0,0480	0,096	0,144	0,1925	0,385	0,481	0,577	0,673	0,770	0,866
35 × 60 = 0,2100	0,0525	0,105	0,157	0,2100	0,420	0,525	0,630	0,735	0,840	0,945
35 × 65 = 0,2275	0,0560	0,113	0,170	0,2275	0,455	0,568	0,682	0,796	0,910	1,023
35 × 70 = 0,2450	0,0610	0,122	0,183	0,2450	0,490	0,612	0,735	0,857	0,980	1,102
35 × 75 = 0,2625	0,0650	0,131	0,196	0,2625	0,525	0,656	0,787	0,918	1,050	1,181
35 × 80 = 0,2800	0,0700	0,140	0,210	0,2800	0,560	0,700	0,840	0,980	1,120	1,260

TABLA 63 (Continuación)

Sección cm	5,00 ml	5,50 ml	6,00 ml	6,50 ml	7,00 ml	7,50 ml	8,00 ml	8,50 ml	9,00 ml	10,00 ml
20 × 20	0,200	0,220	0,240	0,260	0,280	0,300	0,320	0,340	0,360	0,400
25 × 25	0,312	0,343	0,375	0,406	0,437	0,468	0,500	0,531	0,562	0,625
30 × 30	0,450	0,495	0,540	0,585	0,630	0,675	0,720	0,765	0,810	0,900
35 × 35	0,612	0,673	0,735	0,796	0,857	0,918	0,980	1,041	1,102	1,225
40 × 40	0,800	0,880	0,960	1,040	1,120	1,200	1,280	1,360	1,440	1,600
45 × 45	1,012	1,113	1,215	1,316	1,417	1,518	1,620	1,721	1,822	2,025
50 × 50	1,250	1,375	1,500	1,625	1,750	1,875	2,000	2,125	2,250	2,500
55 × 55	1,512	1,663	1,815	1,966	2,117	2,268	2,420	2,571	2,722	3,025
60 × 60	1,800	1,980	2,160	2,340	2,520	2,700	2,880	3,060	3,240	3,600
65 × 65	2,112	2,323	2,535	2,746	2,957	3,168	3,380	3,591	3,802	4,225
70 × 70	2,450	2,695	2,940	3,185	3,430	3,675	3,920	4,165	4,410	4,900
15 × 20	0,150	0,165	0,180	0,195	0,210	0,225	0,240	0,255	0,270	0,300
15 × 25	0,187	0,206	0,225	0,243	0,262	0,281	0,300	0,318	0,337	0,375
15 × 30	0,225	0,247	0,270	0,292	0,315	0,337	0,360	0,382	0,405	0,450
15 × 35	0,262	0,288	0,315	0,341	0,367	0,393	0,420	0,446	0,472	0,525
15 × 40	0,300	0,330	0,360	0,390	0,420	0,450	0,480	0,510	0,540	0,600
15 × 45	0,337	0,371	0,405	0,438	0,472	0,506	0,540	0,573	0,607	0,675
20 × 30	0,300	0,330	0,360	0,390	0,420	0,450	0,480	0,510	0,540	0,600
20 × 35	0,350	0,385	0,420	0,455	0,490	0,525	0,560	0,595	0,630	0,700
20 × 40	0,400	0,440	0,480	0,520	0,560	0,600	0,640	0,680	0,720	0,800
20 × 45	0,450	0,495	0,540	0,585	0,630	0,675	0,720	0,765	0,810	0,900
20 × 50	0,500	0,550	0,600	0,650	0,700	0,750	0,800	0,850	0,900	1,000
20 × 55	0,550	0,605	0,660	0,715	0,770	0,825	0,880	0,935	0,990	1,100
20 × 60	0,600	0,660	0,720	0,780	0,840	0,900	0,960	1,020	1,080	1,200
25 × 30	0,375	0,412	0,450	0,487	0,525	0,562	0,600	0,637	0,675	0,750
25 × 35	0,437	0,481	0,525	0,568	0,612	0,656	0,700	0,743	0,787	0,875
25 × 40	0,500	0,550	0,600	0,650	0,700	0,750	0,800	0,850	0,900	1,000
25 × 45	0,562	0,618	0,675	0,731	0,787	0,843	0,900	0,956	1,012	1,125
25 × 50	0,625	0,687	0,750	0,812	0,875	0,937	1,000	1,062	1,125	1,250
25 × 55	0,687	0,756	0,825	0,893	0,962	1,031	1,100	1,168	1,237	1,375
25 × 60	0,750	0,825	0,900	0,975	1,050	1,125	1,200	1,275	1,350	1,500
25 × 65	0,812	0,893	0,975	1,056	1,137	1,218	1,300	1,381	1,462	1,625
25 × 70	0,875	0,962	1,050	1,137	1,225	1,312	1,400	1,487	1,575	1,750
25 × 75	0,937	1,031	1,125	1,218	1,312	1,406	1,500	1,593	1,687	1,875
30 × 35	0,525	0,577	0,630	0,682	0,735	0,787	0,840	0,892	0,943	1,050
30 × 40	0,600	0,660	0,720	0,780	0,840	0,900	0,960	1,020	1,080	1,200
30 × 45	0,675	0,742	0,810	0,877	0,945	1,012	1,080	1,147	1,215	1,350
30 × 50	0,750	0,825	0,900	0,975	1,050	1,125	1,200	1,275	1,350	1,500
30 × 55	0,825	0,907	0,990	1,072	1,155	1,237	1,320	1,402	1,485	1,650
30 × 60	0,900	0,990	1,080	1,170	1,260	1,350	1,440	1,530	1,620	1,800
30 × 65	0,975	1,072	1,170	1,267	1,365	1,462	1,560	1,657	1,755	1,950
30 × 70	1,050	1,555	1,260	1,365	1,470	1,575	1,680	1,785	1,890	2,100
30 × 75	1,125	1,237	1,350	1,462	1,575	1,687	1,800	1,912	2,025	2,250
30 × 80	1,200	1,320	1,440	1,560	1,680	1,800	1,920	2,040	2,160	2,400
35 × 40	0,700	0,770	0,840	0,910	0,980	1,050	1,120	1,190	1,260	1,400
35 × 45	0,787	0,866	0,945	1,023	1,102	1,181	1,260	1,338	1,417	1,575
35 × 50	0,875	0,962	1,050	1,137	1,225	1,312	1,400	1,487	1,575	1,750
35 × 55	0,962	1.058	1,155	1,251	1,347	1,443	1,540	1,636	1,732	1,925
35 × 60	1,050	1,155	1,260	1,365	1,470	1,575	1,680	1,785	1,890	2,100
35 × 65	1,137	1,251	1,365	1,478	1,592	1,706	1,820	1,933	2,047	2,275
35 × 70	1,225	1,347	1,470	1,592	1,715	1,837	1,960	2,082	2,205	2,450
35 × 75	1,312	1,443	1,575	1,706	1,837	1,968	2,100	2,231	2,362	2,625
35 × 80	1,400	1,540	1,680	1,820	1,960	2,100	2,240	2,380	2,520	2,800

TABLA 63 (Conclusión)

Sección cm m³	0,25 ml	0,50 ml	0,75 ml	1,00 ml	2,00 ml	2,50 ml	3,00 ml	3,50 ml	4,00 ml	4,50 ml
35 × 85 = 0,2975	0,074	0,148	0,223	0,297	0,595	0,743	0,892	1,041	1,190	1,338
35 × 90 = 0,315	0,078	0,157	0,236	0,315	0,630	0,787	0,945	1,102	1,260	1,417
35 × 95 = 0,332	0,083	0,166	0,249	0,332	0,662	0,830	0,996	1,162	1,328	1,494
35 × 100 = 0,350	0,0875	0,175	0,262	0,350	0,700	0,875	1,050	1,225	1,400	1,575
40 × 45 = 0,180	0,045	0,090	0,135	0,180	0,360	0,450	0,540	0,630	0,720	0,810
40 × 50 = 0,200	0,050	0,100	0,150	0,200	0,400	0,500	0,600	0,700	0,800	0,900
40 × 55 = 0,220	0,055	0,110	0,165	0,220	0,440	0,550	0,660	0,770	0,880	0,990
40 × 60 = 0,240	0,060	0,120	0,180	0,240	0,480	0,600	0,720	0,840	0,960	1,080
40 × 65 = 0,260	0,065	0,130	0,195	0,260	0,520	0,650	0,780	0,910	1,040	1,170
40 × 70 = 0,280	0,070	0,140	0,210	0,280	0,560	0,700	0,840	0,980	1,120	1,260
40 × 75 = 0,300	0,075	0,150	0,225	0,300	0,600	0,750	0,900	1,050	1,200	1,350
40 × 80 = 0,320	0,080	0,160	0,240	0,320	0,640	0,800	0,960	1,120	1,280	1,440
40 × 85 = 0,340	0,085	0,170	0,255	0,340	0,680	0,850	1,020	1,190	1,360	1,530
40 × 90 = 0,360	0,090	0,180	0,270	0,360	0,720	0,900	1,080	1,260	1,440	1,620
40 × 95 = 0,380	0,095	0,190	0,285	0,380	0,760	0,950	1,140	1,330	1,520	1,710
40 × 100 = 0,400	0,100	0,200	0,300	0,400	0,800	1,000	1,200	1,400	1,600	1,800
40 × 110 = 0,440	0,110	0,220	0,330	0,440	0,880	1,100	1,320	1,540	1,760	1,980
40 × 120 = 0,480	0,120	0,240	0,360	0,480	0,960	1,200	1,440	1,680	1,920	2,160
40 × 130 = 0,520	0,130	0,260	0,390	0,520	1,040	1,300	1,560	1,820	2,080	2,340
45 × 50 = 0,225	0,056	0,112	0,168	0,225	0,450	0,562	0,675	0,787	0,900	1,012
45 × 55 = 0,2475	0,061	0,123	0,185	0,247	0,495	0,618	0,742	0,866	0,990	1,113
45 × 60 = 0,270	0,067	0,135	0,202	0,270	0,540	0,675	0,810	0,945	1,080	1,215
45 × 65 = 0,2925	0,073	0,146	0,219	0,292	0,585	0,731	0,877	1,023	1,170	1,316
45 × 70 = 0,315	0,078	0,157	0,236	0,315	0,630	0,787	0,945	1,102	1,260	1,417
45 × 75 = 0,3375	0,084	1,168	0,253	0,337	0,675	0,843	1,012	1,181	1,350	1,518
45 × 80 = 0,360	0,090	0,180	0,270	0,360	0,720	0,900	1,080	1,260	1,440	1,620
45 × 85 = 0,3825	0,095	0,191	0,286	0,382	0,765	0,956	1,147	1,338	1,530	1,721
45 × 90 = 0,405	0,101	0,202	0,303	0,405	0,810	1,012	1,215	1,417	1,620	1,822
45 × 95 = 0,4275	0,106	0,213	0,320	0,427	0,855	1,068	1,282	1,496	1,710	1,923
45 × 100 = 0,450	0,112	0,225	0,337	0,450	0,900	1,125	1,350	1,575	1,800	2,025
45 × 110 = 0,495	0,123	0,247	0,371	0,495	0,990	1,237	1,485	1,732	1,980	2,227
45 × 120 = 0,540	0,135	0,270	0,405	0,540	1,080	1,350	1,620	1,890	2,160	2,430
45 × 130 = 0,585	0,146	0,292	0,438	0,585	1,170	1,462	1,755	2,047	2,340	2,632
50 × 55 = 0,275	0,068	0,137	0,206	0,275	0,550	0,687	0,825	0,962	1,100	1,237
50 × 60 = 0,300	0,075	0,150	0,225	0,300	0,600	0,750	0,900	1,050	1,200	1,350
50 × 65 = 0,325	0,081	0,162	0,243	0,325	0,650	0,812	0,975	1,137	1,300	1,462
50 × 70 = 0,350	0,087	0,175	0,262	0,350	0,700	0,875	1,050	1,225	1,400	1,575
50 × 75 = 0,375	0,093	0,187	0,281	0,375	0,750	0,937	1,125	1,312	1,500	1,687
50 × 80 = 0,400	0,100	0,200	0,300	0,400	0,800	1,000	1,200	1,400	1,600	1,800
50 × 85 = 0,425	0,106	0,212	0,318	0,425	0,850	1,062	1,275	1,487	1,700	1,912
50 × 90 = 0,450	0,112	0,225	0,337	0,450	0,900	1,125	1,350	1,575	1,800	2,025
50 × 95 = 0,475	0,118	0,237	0,356	0,475	0,950	1,187	1,425	1,662	1,900	2,137
50 × 100 = 0,500	0,125	0,250	0,375	0,500	1,000	1,250	1,500	1,750	2,000	2,250
50 × 110 = 0,550	0,137	0,275	0,412	0,550	1,100	1,375	1,650	1,925	2,200	2,475
50 × 120 = 0,600	0,150	0,300	0,450	0,600	1,200	1,500	1,800	2,100	2,400	2,700
50 × 130 = 0,650	0,162	0,325	0,487	0,650	1,300	1,625	1,950	2,275	2,600	2,925
50 × 140 = 0,700	0,175	0,350	0,525	0,700	1,400	1,750	2,100	2,450	2,800	3,150
50 × 150 = 0,750	0,187	0,375	0,562	0,750	1,500	1,875	2,250	2,625	3,000	3,375

PESO DE PILARES DE HORMIGON ARMADO **TABLA 64**

Peso del m_3 = 2 400 kg.

Sección cm	m²	1,00 ml	2,50 ml	2,75 ml	3,00 ml	3,25 ml	3,50 ml	3,75 ml	4,00 ml	4,25 ml	4,50 ml	4,75 ml	5,00 ml	5,25 ml
20 × 20	= 0,04	96	240	264	288	312	336	360	384	408	432	456	480	504
25 × 25	= 0,0625	150	375	412	450	487	525	562	600	637	675	712	750	787
30 × 30	= 0,09	216	540	594	648	702	756	810	864	918	972	1026	1080	1134
35 × 35	= 0,1225	294	735	808	882	955	1029	1102	1176	1249	1323	1396	1470	1543
40 × 40	= 0,16	384	960	1056	1152	1248	1344	1440	1536	1632	1728	1824	1920	2016
45 × 45	= 0,2025	486	1215	1336	1458	1579	1701	1822	1944	2065	2187	2308	2430	2551
50 × 50	= 0,25	600	1500	1650	1800	1950	2100	2250	2400	2550	2700	2850	3000	3150
55 × 55	= 0,3025	726	1815	1996	2178	2359	2541	2722	2904	3085	3267	3448	3630	3811
60 × 60	= 0,36	864	2160	2376	2592	2808	3024	3240	3456	3672	3888	4104	4320	4536
65 × 65	= 0,4225	1014	2535	2788	3042	3295	3549	3802	4056	4309	4563	4816	5070	5323
70 × 70	= 0,49	1176	2940	3234	3528	3822	4116	4410	4704	4998	5292	5586	5880	6174

Sección cm	5,50 ml	5,75 ml	6,00 ml	6,25 ml	6,50 ml	6,75 ml	7,00 ml	7,25 ml	7,50 ml	7,75 ml	8,00 ml	8,25 ml	8,50 ml
20 × 20	528	552	576	600	624	648	672	696	720	744	768	792	816
25 × 25	825	862	900	937	975	1012	1050	1087	1125	1162	1200	1237	1275
30 × 30	1188	1242	1296	1350	1404	1458	1512	1566	1620	1674	1728	1782	1836
35 × 35	1617	1690	1764	1837	1911	1984	2058	2131	2205	2278	2352	2425	2499
40 × 40	2112	2208	2304	2400	2496	2592	2688	2784	2880	2976	3072	3168	3264
45 × 45	2673	2794	2916	3037	3159	3280	3402	3523	3645	3766	3888	4009	4131
50 × 50	3300	3450	3600	3750	3900	4050	4200	4350	4500	4650	4800	4950	5100
55 × 55	3993	4174	4356	4537	4719	4900	5082	5263	5445	5626	5808	5989	6171
60 × 60	4752	4968	5184	5400	5616	5832	6048	6264	6480	6696	6912	7128	7344
65 × 65	5577	5830	6084	6337	6591	6844	7098	7351	7605	7858	8112	8365	8619
70 × 70	6468	6762	7056	7350	7644	7938	8232	8526	8820	9114	9408	9702	9996

NOTA: La altura del pilar no pasará de 15 veces la dimensión de la base.

PESO DE PLACAS DE HORMIGON ARMADO **TABLA 65**

Ancho = 1,00 mm. Peso del m_3 = 2 400 kg.

Espesor de la placa cm	1,00 ml	1,25 ml	1,50 ml	1,75 ml	2,00 ml	2,25 ml	2,50 ml	2,75 ml	3,00 ml	3,25 ml	3,50 ml	3,75 ml	4,00 ml
5	120	150	180	210	240	270	300	330	360	390	420	450	480
5,5	132	165	198	231	264	297	330	363	396	429	462	495	523
6	144	180	216	252	288	324	360	396	432	468	504	540	576
6,5	156	195	234	273	312	351	390	429	468	507	546	585	624
7	168	210	252	294	336	378	420	462	504	546	588	630	672
7,5	180	225	270	315	360	405	450	495	540	585	630	675	720
8	192	240	288	336	384	432	480	528	576	624	672	720	768
8,5	204	255	306	357	408	459	510	561	612	663	714	765	816
9	216	270	324	378	432	486	540	594	648	702	756	810	864
9,5	228	285	342	399	456	513	570	627	684	741	798	855	912
10	240	300	360	420	480	540	600	660	720	780	840	900	960
10,5	252	315	378	441	504	567	630	693	756	819	882	945	1008
11	264	330	396	462	528	594	660	726	792	858	924	990	1036
11,5	276	345	414	483	552	621	690	759	828	897	966	1035	1104
12	288	360	432	504	576	648	720	792	864	936	1008	1080	1152
12,5	300	375	450	525	600	675	750	825	900	975	1050	1125	1200
13	312	390	468	546	624	702	780	858	936	1014	1092	1170	1248
13,5	324	405	486	567	648	729	810	891	972	1053	1134	1215	1296
14	336	420	504	588	672	756	840	924	1008	1092	1176	1260	1344
14,5	348	435	522	609	696	783	870	957	1044	1131	1218	1305	1392
15	360	450	540	630	720	810	900	990	1080	1170	1260	1350	1440
15,5	372	465	558	651	744	837	930	1023	1116	1209	1302	1395	1488
16	384	480	576	672	768	864	960	1056	1152	1248	1344	1440	1536
17	408	510	612	714	816	918	1020	1122	1224	1326	1428	1530	1632
18	432	540	648	756	864	972	1080	1188	1296	1404	1512	1620	1728
19	456	570	684	798	912	1026	1140	1254	1368	1482	1596	1710	1824
20	480	600	720	840	960	1080	1200	1320	1440	1560	1680	1800	1920
21	504	630	756	882	1008	1134	1260	1386	1512	1638	1764	1890	2016
22	528	660	792	924	1056	1188	1320	1452	1584	1716	1848	1980	2112
23	552	690	828	966	1104	1242	1380	1518	1656	1794	1932	2070	2208
24	576	720	864	1008	1152	1296	1440	1584	1728	1872	2016	2160	2304

PESO DE VIGAS DE HORMIGON ARMADO

TABLA 66

Peso del m_3 = 2 400 kg.

Sección cm = Area m²	1 ml	1,50 ml	2 ml	2,50 ml	3,00 ml	3,50 ml	4,00 ml	4,50 ml	5,00 ml	5,50 ml.	6,00 ml.	6,50 ml.	7,00 ml.
					Peso en kg								
20 × 30 = 0,060	144	216	288	360	432	504	576	648	720	792	864	936	1008
20 × 35 = 0,070	168	252	336	420	504	588	672	766	840	924	1008	1092	1176
20 × 40 = 0,080	192	288	384	480	576	672	768	864	960	1056	1152	1248	1344
20 × 45 = 0,090	216	324	432	540	648	756	864	972	1080	1188	1296	1404	1512
20 × 50 = 0,100	240	360	480	600	720	840	960	1080	1200	1320	1440	1560	1680
20 × 55 = 0,110	264	396	528	660	792	924	1056	1188	1320	1452	1584	1716	1848
20 × 60 = 0,120	288	432	576	720	864	1008	1152	1296	1440	1584	1728	1872	2016
25 × 30 = 0,075	180	270	360	450	540	630	720	810	900	990	1080	1170	1260
25 × 35 = 0,0875	210	315	420	525	630	735	840	945	1050	1155	1260	1365	1470
25 × 40 = 0,100	240	360	480	600	720	840	960	1080	1200	1320	1440	1560	1680
25 × 45 = 0,1125	270	405	540	675	810	945	1080	1215	1350	1485	1620	1755	1890
25 × 50 = 0,125	300	450	600	750	900	1050	1200	1350	1500	1650	1800	1950	2100
25 × 55 = 0,1375	330	495	660	825	990	1155	1320	1485	1650	1815	1980	2145	2310
25 × 60 = 0,150	360	540	720	900	1080	1260	1440	1620	1800	1980	2160	2340	2520
25 × 65 = 0,1625	390	585	780	975	1170	1365	1560	1755	1950	2145	2340	2535	2730
25 × 70 = 0,175	420	630	840	1050	1260	1470	1680	1890	2100	2310	2520	2730	2940
25 × 75 = 0,1875	450	675	900	1125	1350	1575	1800	2025	2250	2475	2700	2925	3150
30 × 35 = 0,105	252	378	504	630	756	882	1008	1134	1260	1386	1512	1638	1764
30 × 40 = 0,120	288	432	576	720	864	1008	1152	1296	1440	1584	1728	1872	2016
30 × 45 = 0,135	324	486	648	810	972	1134	1296	1458	1620	1782	1944	2106	2268
30 × 50 = 0,150	360	540	720	900	1080	1260	1440	1620	1800	1980	2160	2340	2520
30 × 55 = 0,165	396	594	792	990	1188	1386	1584	1782	1980	2178	2376	2574	2772
30 × 60 = 0,180	432	648	864	1080	1296	1512	1728	1944	2160	2376	2592	2808	3024
30 × 65 = 0,195	468	702	936	1170	1404	1638	1872	2106	2340	2574	2808	3042	3276
30 × 70 = 0,210	504	756	1008	1260	1512	1764	2016	2268	2520	2772	3024	3276	3528
30 × 75 = 0,225	540	810	1080	1350	1620	1890	2160	2430	2700	2970	3240	3510	3780
30 × 80 = 0,240	576	864	1152	1440	1728	2016	2304	2592	2880	3168	3456	3744	4032
35 × 40 = 0,140	336	504	672	840	1008	1176	1344	1512	1680	1848	2016	2184	2352
35 × 45 = 0,1575	378	567	756	945	1134	1323	1512	1701	1890	2079	2268	2457	2646
35 × 50 = 0,175	420	630	840	1050	1260	1470	1680	1890	2100	2310	2520	2730	2940
35 × 55 = 0,1925	462	693	924	1155	1386	1617	1848	2079	2310	2541	2772	3003	3234
35 × 60 = 0,210	504	756	1008	1260	1512	1764	2016	2268	2520	2772	3024	3276	3528
35 × 65 = 0,2275	546	819	1092	1365	1638	1911	2184	2457	2730	3003	3276	3549	3822
35 × 70 = 0,245	588	882	1176	1470	1764	2058	2352	2646	2940	3234	3528	3822	4116
35 × 75 = 0,2625	630	945	1260	1575	1890	2205	2520	2835	3150	3465	3780	4095	4410
35 × 80 = 0,280	672	1008	1344	1680	2016	2352	2688	3024	3360	3696	4032	4368	4704
40 × 45 = 0,180	432	648	864	1080	1296	1512	1728	1944	2160	2376	2592	2808	3024
40 × 50 = 0,200	480	720	960	1200	1440	1680	1920	2160	2400	2640	2880	3120	3660
40 × 55 = 0,220	528	792	1056	1320	1584	1848	2112	2376	2640	2904	3168	3432	3696
40 × 60 = 0,240	576	864	1152	1440	1728	2016	2304	2592	2880	3168	3456	3744	4032
40 × 65 = 0,260	624	936	1248	1560	1872	2184	2496	2808	3120	3432	3744	4056	4368
40 × 70 = 0,280	672	1008	1344	1680	2016	2352	2688	3024	3360	3696	4032	4368	4704
40 × 75 = 0,300	720	1080	1414	1800	2160	2520	2880	3240	3600	3960	4320	4680	5040
40 × 80 = 0,320	763	1152	1536	1920	2304	2688	3072	3456	3840	4224	4608	4992	5376

Indice de tablas

Indice de diagramas

Indice general

I. FATIGAS DE TRABAJO EN EL HORMIGÓN ARMADO

II. ESFUERZO CORTANTE QUE ABSORBEN LOS ESTRIBOS Y HIERROS DOBLADOS

III. TABLAS DE PLACAS

IV. TABLAS DE VIGAS DE SECCIÓN RECTANGULAR

V. TABLAS DE VIGAS DE SECCIÓN RECTANGULAR FUNCIÓN DEL MOMENTO MÁXIMO

VI. TABLAS DE PILARES CON ARMADURA LONGITUDINAL

VII. TABLAS DE ZAPATAS DE HORMIGÓN EN MASA

VIII. TABLAS DE ZAPATAS DE HORMIGÓN ARMADO

IX. DIAGRAMAS DE VIGAS APOYADAS EMPOTRADAS Y CONTINUAS

X. VOLUMEN Y PESO DE VIGAS, PILARES Y PLACAS DE HORMIGÓN